Bernie Krause

DAS GROSSE ORCHESTER DER TIERE

Bernie Krause

DAS GROSSE ORCHESTER DER TIERE

Vom Ursprung der Musik in der Natur

Aus dem Englischen
von Gabriele Gockel
und Sonja Schuhmacher
Kollektiv Druck-Reif

MALIK NATIONAL GEOGRAPHIC

Mehr über unsere Autoren und Bücher:
www.malik.de

Bibliografische Information der Deutschen Nationalbibliothek
Die Deutsche Nationalbibliothek verzeichnet diese Publikation in der Deutschen Nationalbibliografie; detaillierte bibliografische Daten sind im Internet über http://dnb.d-nb.de abrufbar.

MALIK NATIONAL GEOGRAPHIC

Erstmals im Taschenbuch
April 2015

Die Originalausgabe erschien 2012 unter dem Titel »The Great Animal Orchestra« bei Little, Brown, New York.
Umschlaggestaltung: Dorkenwald Grafik-Design, München; nach einem Entwurf von Allison J. Warner, © 2012 Hachette Group, Inc.
Umschlagfotos: De Agostini Picture Library / Getty Images (Affe), Imagezoo / Getty Images (Blätter), iStock Vectors / Getty Images (Muster), Dorling Kindersley / Getty Images (Insekten und Vogel)
Autorenfoto: Tim Chapman
Satz: Fotosatz Amann, Memmingen
Litho: Lorenz & Zeller, Inning a. A.
Papier: Naturoffset ECF
Druck und Bindung: CPI books GmbH, Leck
Printed in Germany ISBN 978-3-492-40557-7

Das Papier wurde aus chlorfrei gebleichtem Zellstoff hergestellt.

Für Kat, R. Murray Schafer und im Andenken
an Paul Shepard und Joe Axelrod

Die in diesem Buch erwähnten Klangbeispiele
können Sie unter der Internetadresse
www.piper.de/tiereorchester nachhören.
Die Beispiele sind im Buch mit diesem Symbol
gekennzeichnet: 1.1
Die erste Nummer gibt das Kapitel an,
die zweite die jeweilige Tonspur.

INHALT

SONETT VIII

Du bist Musik dem Ohr, und doch zur Last
Ist dir Musik? Ist Lust mit Lust entzweit?
Das Schöne feind dem Schönen? Ist verhaßt
Die Freude dir, nur lieb die Traurigkeit?
Verletzt der Töne Ineinanderweben,
Des Wohllauts volle Harmonie dein Ohr,
Es ist, weil milden Vorwurf sie erheben,
Daß deine Stimme schweigt in ihrem Chor.
Horch, wie ein Ton dem andern sich vermählt,
In einem Takte alle Saiten schwingen,
Wie Vater, Mutter, Kind, die glückbeseelt
Ein Jubellied vereinigt alle singen.
Und wortlos sagt vielfältiger Verein
Dir eine Mahnung: »Nichts bist du allein!«

WILLIAM SHAKESPEARE (übers. v. Max Josef Wolff, 1903)

PRÄLUDIUM

Echos der Vergangenheit

ES IST DIE ZEIT VOR 16 000 JAHREN, und in den Weiten Amerikas wimmelt es vor Leben. Riesengürteltiere, Amerikanische Geparden, Säbelzahntiger, Riesenbiber, Mastodonten, Kamele, Rentiere, *Canis dirus* und Riesenfaultiere, die, auf den Hinterbeinen stehend, über vier Meter groß sind – eine Fülle von Wildtieren bevölkert den ganzen nordamerikanischen Kontinent. Menschen sind noch nicht bis hierher vorgedrungen, wohl aber Vögel in großer Zahl – darunter Bindentaucher, Störche, Kanadagänse, Enten, Krickenten, Amerikanerkrähen, Truthähne, Virginiawachteln und Schlammläufer –, und sie erfüllen die Lüfte mit Flug und Gesang, während Laubfrösche, *Hyla crucifer*, Insekten und Reptilien das Schallfeld mit dem komplexen Klangteppich ihrer Stimmen füllen.

Wir befinden uns am Ende der letzten Eiszeit, die Vorderflanke des Wisconsin-Gletschers zieht sich allmählich zum nördlichen Polarkreis zurück. Mit der Erwärmung erwacht auch die Pflanzenwelt zum Leben. Kiefern, Eichen, Fichten sind ebenso wie Lärchen, Espen, Grautannen und Pappeln weit nach Norden vorgedrungen und mit ihnen niedrige Gehölze und Gräser. Die Vorläufer des borealen Waldes haben in der westlichen Erdhalbkugel Wurzeln geschlagen – er liebt kalte Winter und warme Sommer und ist erfüllt von nichtmenschlichen Lebewesen, deren individuelle Stimmen zu einer lautstarken kollektiven Symphonie verschmelzen.

Im Herzen des jungen Waldes, unter einem tiefblauen Himmel mit ein paar Federwolken, leuchtet, durchweht von einer milden Sommerbrise, ein Gebiet an einem kleinen Bach in üppigem Grün, ein Habitat, das dicht bevölkert ist mit allerhand Kreaturen; zu dieser Zeit erreicht die Zahl der Tiere – der Arten ebenso wie die der einzelnen Geschöpfe – einen in der Geschichte unseres Planeten einmaligen Höhepunkt. Allein in diesem grünen Habitat singen tagsüber wie nachts Tausende Lebewesen im Chor. Schon das Schauspiel ist beeindruckend, der Klang jedoch ein wahres Wunder.

Dieser Ort erzählt eine komplexe Klanggeschichte voller wichtiger Botschaften für alle fühlenden Wesen in Hörweite. In der Morgen- und Abenddämmerung schwellen die Geräusche zu ihrer höchsten Lautstärke an – eine Laut-leise-laut-Progression, die modernen Hörern unterschiedlichster Musikrichtungen vertraut wäre.

Tiere heulen, meckern, knurren, zirpen, gurren, trillern. Sie zwitschern, gackern, klacken, stöhnen, jaulen, brüllen, piepsen, seufzen, pfeifen, mähen, quaken, glucksen, krächzen, hecheln, bellen, schnurren, krähen, summen, kreischen, schreien, zischen, kratzen, rülpsen, schnattern, singen Melodien, stampfen mit den Füßen, hüpfen durch die Luft und schlagen mit den Flügeln – und sie tun es so, dass jede Stimme deutlich zu hören und von anderen zu unterscheiden ist. Die einzigen Geräusche, die noch lauter sind als ihr gemeinsamer Chor, sind das Heulen des Windes bei einem großen Unwetter, das Krachen des Donners, ein ausbrechender Vulkan. Das Plätschern des Wassers – der nahe gelegene Bach – ist hier die einzige konstante nichtbiologische Erkennungsmelodie.

Dann bewegt sich mit einem Mal der Boden, ein leises, Unheil verkündendes Grollen lässt für einen Moment die Blätter in den oberen Stockwerken der Bäume rasseln wie Hunderte gedämpfte Kastagnetten. Insekten und Frösche verstummen urplötzlich. Die Vögel hingegen schreien auf, geben die wohlgeordnete Hierarchie ihres Chors auf und zerstreuen sich in alle Richtungen. Die Lüfte bersten von Alarmrufen und stakkatoartigen Flügelschlägen. Mit jeder Faser spüren die Tiere eine unbekannte Gefahr. Umherziehende Räuber tauchen auf und steigern die Spannung des Augenblicks.

Ein jeder Organismus wird eingehüllt in weitere Wellen von Schallenergie – starke Schwingungen von überall her: von oben, rundum und unter dem Erdboden. Raubtiere nutzen die Gunst der Stunde, um jene zu jagen, die weniger flink sind und, verblüfft über das Beben der Erde, an Ort und Stelle verharren. Die dominanten Opportunisten – Löwen, Bären, Raubvögel und Teratornis (mit einer Flügelspannweite von fünf Metern) – nähern sich mit donnerndem Stampfen und den kräftigen Schneidetönen aufflatternder Flügel, wenn sie sich in die Luft erheben und, durch die Vegetation herabstürzend, ihrer doppelt verängstigten Beute nachstellen. Dann folgen die Todesschreie der Erlegten, eine neue Botschaft, die den Augenblick zerreißt.

Die Gewässer der Welt – ihre Ozeane, Seen, Flüsse, Meeresarme und Mangrovensümpfe – sind voller Fische, Amphibien, Reptilien, Weichtiere, Säugetiere und Krebse; hinzu kommen Seeanemonen und aus Kalkskeletten aufgebaute Korallenformationen, die viele Gemeinschaften kleinerer Organismen schützen und nähren. Ökosysteme, die durch Meeresorganismen gespeist werden, gibt es an allen Meeresküsten. Wie die Habitate an Land sind auch sie zum Bersten mit Klängen erfüllt.

Der Sankt-Lorenz-Golf, wo der gleichnamige Strom in den Atlantik mündet, ist die Heimat Tausender Arten. Der Kabeljau ist im Durchschnitt an die zwei Meter lang und wiegt über 90 Kilogramm. Aber er kommt beim Schwimmen kaum voran, ohne mit anderen zu kollidieren, weil sich so viele Fische in diesem Gewässer tummeln. So mancher Blauflossenthunfisch stellt den Kabeljau in den Schatten, denn erwachsene Tiere sind bis zu vier Meter lang und können 650 Kilogramm und mehr wiegen. Zahlreich sind auch kleinere Fische wie Hering und Schellfisch, überdies Kapelan, Lachs, Heilbutt, Makrele, Blaubarsch, Meeresschildkröten und sogar Winzlinge wie der Stint. Flussaufwärts leben Felsenbarsch und Stör – manche Exemplare erreichen ein Gewicht von 900 Kilogramm – und die Forelle. Die Ozeanfische ernähren Robben, Delfine und die größeren Zahnwale, während sich die Bartenwale mit Krill, Ruderfußkrebsen und Rankenfußkrebsen begnügen.

Eine Fülle von Klängen durchdringt die Weiten dieser maritimen Umwelt. Manche Fische erzeugen mit ihrer Schwimmblase akustische Signale. Andere zeigen ihre Anwesenheit durch Zähneknirschen an. Durch das Oszillieren ihrer Schwanzflosse erzeugt jede Fischspezies eine einzigartige Druckwelle – ein charakteristischer Klang, den andere im Golf, vor allem Räuber, erkennen. Da Wasser die Sicht begrenzt, sind Geräusche für Überleben und Fortpflanzung dieser Tiere ebenso entscheidend wie für die Lebewesen an Land. Von winzigen Geschöpfen wie Urtierchen, Ruderfußkrebsen und Phytoplankton bis hin zu riesigen Walen erzeugt jede Spezies ihr eigenes Klangzeichen. Die Gewässer der Welt sind gesättigt mit lebhaftem Geplapper, mit Seufzen, Trommeln, Glissandos, Rufen, Stöhnen, Grunzen und Klicken.

Näher am Äquator bieten zahllose Korallenriffe ungeheure Lebensräume. Und auch hier pulsiert eine Klangwelt. Seeanemonen, Mönchsfisch, Dreifleck-Preußenfisch und Clownfisch; Papageienfisch, Lippfisch, Kugelfisch, Meerbarbenkönig, Grunzer, Drückerfisch, Füsilier, Seebarbe, Falterfisch, Roter Trommler, zahlreiche Arten des Doktorfisches, Stachelmakrele, Hai, Knallkrebs und Schwarzer Trommler – ein jeder hat einen eigenen akustischen Fingerabdruck, der, gemeinsam mit den übrigen, vor dem akustischen Hintergrund der Wellenschläge an der Wasseroberfläche einen Chor bildet. Draußen auf dem offenen Meer ertönt das Lied von Buckelwal, Blauwal und Glattwal so laut, dass ihre Stimme, wenn keine Landmassen im Weg sind und Wetter und Ozeanströmungen günstig zusammenspielen, den Erdball in nicht einmal sieben Stunden umrunden kann. Das einzige Geräusch, das lauter ist als dieses vereinte Aufgebot von Säugern, Fischen und Schalentieren, ist das Toben eines Hurrikans, Taifuns oder Tsunamis.

Das große Nahrungsangebot der Meereswelt versorgt unzählige Küstenvogelpopulationen und sorgt damit für großen Rabatz. Da ist der Riesenalk, auch Speerschnabel genannt, ein stattlicher Vogel, der als hervorragender Schwimmer längst das Fliegen aufgegeben hat. Im nahen Ozean ist der Tisch so reichlich gedeckt, dass der Riesenalk keine Energie für Flüge zu fernen Futterplätzen verschwenden muss. Da ertönt das raue *Ou-ou-ou* des Sturmtauchers, in das sich die einzigartigen Stimmen von Papageientaucher, Möwe, Seeschwalbe, Tölpel, Sturmvogel, Raubmöwe, Dreizehenmöwe, Eissturmvogel, Lumme und Kormoran mischen, sodass in dem Lärm die einzelnen Vokalisten nicht mehr voneinander unterscheidbar scheinen. Aber das ist eine eigentümliche Täuschung: Dies sind die Klänge von Überleben, Fortpflanzung und Verständigung, und jede Spezies hat sich so entwickelt, dass ihre Stimme deutlich von den anderen zu unterscheiden ist – und dabei noch das Donnern turbulenter Meereswellen übertönt.

In Mangrovensümpfen – salztoleranten Wäldern an den subtropischen und tropischen Küsten eines jeden Kontinents außer der Antarktis und Europas – gedeihen eigenartige Gemeinschaften aus Insekten, Säugern, Vögeln und Schalentieren. Wenn in dem mesoamerikanischen Organismenkollektiv Ebbe herrscht, lassen sich Krebse von den Zweigen und Stämmen der Bäume plumpsen und landen mit dem charakteristischen *Plop* eines großen, flachen, runden Steines auf dem schlammigen Sediment darunter. Von der nächsten Flut überspült, kehren die Krebse auf die Stämme und Zweige zurück. Bei Einbruch der Nacht schwillt der Chor der Frösche an, und Fledermäuse senden mit einem *Ping* das Signal der Echoortung aus, um im Dunkeln essbare Insekten auszumachen. Rankenfußkrebse, die sich an freiliegende Felsen und Mangrovenwurzeln klammern, winden sich in ihren Schalen und erzeugen dabei leise hohe Knallgeräusche, die im ganzen Habitat über und unter Wasser widerhallen. Sogar nachts, wenn die Lebewesen von Dunkelheit umgeben sind, werben zahlreiche Stimmen hartnäckig darum, erkannt zu werden.

Oberhalb des nördlichen Polarkreises bedeckt immer noch Gletschereis einen Großteil des Landes, obwohl sich der Planet allmählich erwärmt. Dort ist es kalt und trostlos, fünf bis zehn Grad kälter, als es 16 000 Jahre später sein wird. Die zurückweichenden Eisschichten nehmen Sporen und Samen der freigelegten Landschaft mit. Sie werden zwar in der Zukunft der Arktis auf den fruchtbar gewordenen Moränen den borealen Wald keimen lassen, aber noch gibt es auf der Eisfläche kaum akustische Lebenszeichen. Doch ganz still ist es auch hier nicht: Explosionsgeräusche werden laut, wenn sich Gletscherspalten – tiefe, lange Risse – in der Eisfläche bilden. Die Eismasse zerbricht, weil sie unter hohem Druck zusammengepresst wird und Phasen des Tauens und der Schnee-Akkumulation durchläuft. Neben dem verblüffenden Knallen und Stöhnen des Eises, dem allgegenwärtigen Wind und den häufigen Stürmen geben kalbende Gletscher an den Gestaden der Flüsse, Fjorde und Meere mit explosiv donnernden Salven riesige Wälle gefrorenen Wassers frei, und die herabstürzenden Brocken erzeugen in den Gewässern gewaltige Wellen. Hinzu kommt das Geräusch der Gletscherbewegung an sich: ein leichtes, unheimliches Schwingen, verursacht durch seinen unermüdlichen Vormarsch – langsam, schleichend, eher spür- als hörbar.

Ungefähr auf halbem Weg zum Südpol, weit entfernt von der zurückweichenden Eiskante und nur wenige Breitengrade vom Äquator entfernt, befinden sich die tropischen Regenwälder, die biologisch dichtestbesiedelten Gebiete des Planeten. Auch hier passen sich Flora und Fauna der Erwärmung der Erde an, und manche Spezies werden durch andere ersetzt, die mit dem neuen Klima besser zurechtkommen. Allerdings gedeihen Tiere und Pflanzen hier in einem Maße, dass es kaum vorstellbar ist, wie auch nur eine weitere Art Platz finden sollte. Nahezu 15 Prozent der Erdoberfläche sind von Regenwäldern bedeckt, die Schätzungen zufolge 15 bis 20 Millionen Spezies der Tier- und Pflanzenwelt beherbergen. Hier herrscht ein geradezu ausgelassener Lärm.

Säuger, Reptilien und Amphibien – von Jaguaren und Brillenbären bis zu Krokodilen und sogar einigen Fröschen – artikulieren sich in vergleichsweise tiefen Tonskalen, während andere Frösche und einige Vögel im unteren bis mittleren Bereich trällern und klimpern. Wieder andere – Insekten sowie weitere Frösche, Vögel und Säuger – lassen ihre Stimmen in mittelhohen bis hohen Tönen erklingen. So viele Tierstimmen werben so laut um Aufmerksamkeit, dass es scheinbar an ein Wunder grenzt, wenn ein Tier ein anderes seines Clans hören, geschweige denn die Geräusche einer anderen Spezies, ob Freund oder Feind, zuordnen kann.

Der ganze Planet ist erfüllt von einem kraftvollen Widerhall, der ebenso umfassend und weitreichend wie fein ausbalanciert ist. Jeder Ort mit seinen gewaltigen Populationen an Pflanzen und Tieren wird zur Konzerthalle, und überall führt ein einzigartiges Orchester eine unvergleichliche Symphonie auf, wobei sich die Töne einer jeden Spezies harmonisch in die Partitur einfügen. Es ist ein hoch entwickeltes, von der Natur geschaffenes Meisterwerk.

Auch Menschen machen sich akustisch bemerkbar. Inzwischen haben sie sich auf Wanderschaft begeben, breiten sich über den Planeten aus, hinterlassen greifbare, sichtbare und hörbare Symbole ihres Daseins, wo immer sie hingehen – feine Piktogramme und Felszeichnungen, Werkzeuge aus Knochen, Jagd- und Abhäutinstrumente und Hinweise auf Vorratskammern zur Lagerung von überschüssigem Getreide, das sie nach ersten Aussaatversuchen ernten konnten. Sie schließen sich zu immer größeren Gruppen zusammen, aber im Wesentlichen sind sie nach wie vor Jäger. Der Wald wispert ihnen zu, lockt sie hinein und zeigt ihnen, wo die jagdbaren Tiere zu finden sind. In diesem Stadium ihrer Entwicklung üben die Habitate mit ihrer Fülle von Klängen den wichtigsten akustischen Einfluss auf die Menschen aus. Die Geräusche der Fauna – von mikroskopisch kleinen bis zu riesenhaften Organismen – und des nichtbelebten Teils der Landschaft übertönen die eher gemäßigten von Menschen erzeugten Laute. Sie haben erst begrenzte sprachliche Fähigkeiten, um auszudrücken, was sie fühlen, entlehnen aber etwas von dem, was sie rundum hören, um ihre Emotionen zu vermitteln. Vielleicht können diese modernen Menschen durch ihre Körperbewegungen und ihre Stimmen – die das überall hörbare, geglückte Leben widerhallen lassen – die anderen Geschöpfe davon überzeugen, dass sie alle bloß ein Zweig einer einzigen Klangfamilie sind.

Hier stimmt sich das große Orchester der Tiere ab und offenbart die akustische Harmonie der Wildnis. Es ist der Ausdruck tiefster Zusammengehörigkeit der natürlichen Klänge und Rhythmen des Planeten, die Basslinie dessen, was wir heute in der noch verbliebenen Wildnis hören, und wahrscheinlich ist ein jedes Musikstück, an dem wir uns erfreuen, und ein jedes Wort, das wir sprechen, irgendwann aus dieser kollektiven Stimme hervorgegangen. Es gab eine Zeit, da war dies die einzige Quelle akustischer Inspiration. 0.1

KAPITEL EINS

Klang als mein Mentor

BEI AUFNAHMEN SPÄTABENDS im Amazonas-Regenwald, mehrere Kilometer vom Camp entfernt, waren meine Kollegin Ruth Happel und ich allein. Außer unseren Taschenlampen hatten wir keine Lichtquelle. In der Hoffnung, die Hintergrundgeräusche der Nacht an verschiedenen Orten einzufangen, gingen wir, vertieft in den Klangteppich, unseren Pfad entlang. Unterwegs bemerkten wir auch den unverkennbaren Markierduft eines Jaguars. Zwar sahen oder hörten wir das Tier nicht, aber wir wussten, es war in der Nähe, vielleicht in einer Distanz von nur wenigen Metern. Offenbar folgte es uns.

Der moschusartige Katzengeruch war ständig gegenwärtig. Unsere Sinne waren geschärft, aber wir hatten beide keine Angst und spürten keine unmittelbare Gefahr. Im Abstand von 50 Metern ließen wir uns schließlich nieder und zeichneten das akustische Gewebe des nächtlichen Regenwalds auf – untermalt vom zarten Geräusch der Regentropfen auf Laub, führten Insekten, Vögel, Frösche und Säuger ihren Chorgesang auf, wie sie es von Anbeginn Tag und Nacht getan hatten.

Nach ungefähr einer Stunde packten wir unsere Geräte zusammen, wanderten tiefer in den Wald hinein und suchten lauschend nach Schauplätzen mit noch vielschichtigeren Klangkombinationen. Dann, es war gegen Mitternacht, beschlossen wir, uns zu trennen, um eine noch größere Vielfalt an Nachtgeräuschen einzufangen, die wir in diesem wunderbar üppigen Gebiet zu entdecken hofften. Ruth folgte dem Weg in eine Richtung, ich in der anderen.

Nach einem Marsch von 15 Minuten setzte ich mich an den Rand des Pfads und begann, den tropischen Chor der Frösche, Insekten und Reptilien aufzuzeichnen. Erst jetzt hörte ich in meinen Kopfhörern das leise Knurren der Katze. Offenbar hatte sie sich für mich entschieden und war mir nachgegangen. Da ich die Lautstärke des Kopfhörers so weit aufgedreht hatte, dass ich die fragile akustische Komposition des Waldes en détail mitbekam, war ich auf meinen ungebetenen Begleiter nicht eingestimmt – noch war mir bewusst gewesen, wie nah er herangekommen war. Die unerwartete Stimmlage seines Knurrens in meinem Kopfhörer verriet mir, dass er höchstens eine Armeslänge von den Mikrofonen entfernt war, die ich zehn Meter weiter unten am Weg aufgebaut hatte. 1.1

Dank eines Adrenalinstoßes von einer Sekunde auf die andere in höchster Alarmbereitschaft, spürte ich, wie sich meine Brust krampfhaft zusammenzog. Während ich über einen Fluchtweg nachsann – es gab keinen –, versuchte ich, mich zu beruhigen. In diesem Augenblick dachte ich, mein Herz klopfe so laut, dass es das Tier aufschrecken würde. Aber ich rührte mich absolut nicht und hielt im Dunkeln den Atem an.

Mir kam es vor wie Stunden, aber es war wohl nicht mehr als eine Minute, die ich, geradezu hypnotisiert von der Macht der Stimme, den Atemzügen, dem Magenknurren der Katze, ausharrte. Dann, so plötzlich wie er aufgetaucht war, entschwand der Jaguar lautlos in den Wald, und zurück blieben die rhythmischen Wellen des Chors der Frösche, das Surren der Insekten und das nunmehr etwas abgeebbte Pochen meines Herzens.

* * *

Es war ein glücklicher Zufall, der mich auf die Spur der Naturgeräusche führte. Ursprünglich war ich Gitarrist und spielte als Studiomusiker bei Sessions aller Art in Boston und New York. Als Mitte der 1960er-Jahre Musiker mit Synthesizern zu experimentieren begannen, zog ich nach Kalifornien, um am Mills College als Gasthörer Veranstaltungen zu elektronischer Musik zu besuchen. Dort lernte ich Paul Beaver kennen, einen Studiomusiker und Konzertorganisten aus Los Angeles, der für Filme wie *Der Schrecken vom Amazonas* und *Krieg der Welten* bizarre Soundeffekte kreiert hatte.

Die wunderlich klingenden Werkzeuge, die Paul für sein spezielles Gewerbe verwendete, waren frühe synthesizerartige Instrumente wie das Ondes Martenot, das Hammond Novachord und das Theremin, das eine gespenstisch schwankende Sopranstimme erzeugte, und eigene Erfindungen, darunter ein zwei Oktaven umfassender Keyboard-Synthesizer, verwendbar für schrille Science-Fiction-Effekte, den er »Kanarienvogel« nannte. Wir fanden sofort zu einer kreativen Synergie und gründeten das Duo Beaver and Krause. Gemeinsam führten wir den Synthesizer in Popmusik und Film ein, brachten fünf eigene Alben heraus und lieferten Musik und Effekte für viele Spielfilme – darunter *Rosemary's Baby, Apocalypse Now, Die Dämonischen* und *Performance* – sowie für Fernsehserien wie *Kobra, übernehmen Sie, Twilight Zone* und *Verliebt in eine Hexe (Bewitched)*. Wir arbeiteten so viel –

manchmal achtzig Stunden die Woche –, dass ich mich nur an einen einzigen Aufnahmetag deutlich erinnere, und zwar mit den Doors für *Strange Days*. Zu Beginn der Session war die Musik voller Spannung und Energie. Aber im Lauf eines langen Abends wurden die Tracks zunehmend fragmentiert und schienen auseinanderzufallen. Als mir schließlich klar wurde, dass der Qualitätsverlust keine Ermüdungserscheinung war, schwor ich mir, künftig die Finger von Drogen zu lassen. Man schrieb das Jahr 1967.

1968 wurden Paul und ich von Warner Brothers für mehrere Platten unter Vertrag genommen. Den Anfang machten wir mit *In a Wild Sanctuary*, das erstmals ein Musikstück enthielt, in dem über lange Strecken Naturgeräusche als Komponenten der Orchestrierung eingebaut wurden; auch dass Ökologie zum Thema gemacht wurde, war ein Novum. Aber Vorreiter zu sein hieß, dass wir die Geräusche selbst sammeln mussten. Aus Angst um seinen blauen zweireihigen Kammgarnanzug und seine eleganten Halbschuhe – in denen Paul auch den Hitzewellen in Los Angeles trotzte – verweigerte er Expeditionen in die Wildnis und überließ diese Aufgabe mir.

Der Schriftsteller Thomas Hardy meinte einmal, es gebe zufällige Begegnungen, die den Lauf unseres Lebens änderten. Eine unerwartete Begegnung mit einem Menschen. Ein verlorener oder ungelesener Brief. Die lebhaften Farben eines Sonnenuntergangs. Eine Musikdarbietung. Dieses erste Projekt schien voller Möglichkeiten, solch einen Hardy'schen Zufall zu erleben, und ich machte mich mit einem tragbaren Rekorder und zwei Mikrofonen auf den Weg, um in und um San Francisco, wo ich damals lebte, Aufnahmen zu machen.

Im Oktober gab es zu der Zeit kaum Vögel zu belauschen – die meisten waren schon flügge und auf und davon, oder sie schwiegen. Dennoch, als ich an einem wunderschönen

Herbsttag des Jahres 1968 im Schutzgebiet Muir Woods mein Mikrofon einschaltete, veränderte der mich einhüllende Raum mein akustisches Feingefühl. Der Sommernebel löste sich nach einer Weile auf, die Herbstsonne drang durch die Wipfel der altehrwürdigen Küstenmammutbäume und malte Lichtflecken auf den Boden. Abgesehen von ein paar kleinen Flugzeugen und gelegentlich einem Auto in der Ferne, stammte das gedämpfte Hintergrundgeräusch – ein stetiges meditatives Wispern – von einer sanften Brise in den oberen Regionen des Waldes. Obwohl ich anfangs Angst davor hatte, allein zu sein – und sei es in einem Naherholungsgebiet wie Muir Woods –, wurde ich nach einer Weile vollkommen ruhig.

Wie ein Fernglas holten Mikrofone und Kopfhörer das Geräusch in unmittelbare Nähe und offenbarten mir Einzelheiten, die für mich vollkommen neu waren. Einige Vögel flogen droben durch den Stereoraum der Mikrofone – von rechts nach links –, der langsame Rhythmus der Schneidetöne ihrer wogenden Flügel war ein durchlässiger Mix aus Schwirren und abebbendem Zischen. Mit meinem tragbaren Aufnahmegerät war ich kein aus der Ferne Lauschender; vielmehr war ich in einen neuen Raum hineingezogen und ein integraler Teil der Erfahrung selbst geworden. Es war einer jener Augenblicke, auf die man zurennt und sie mit offenem Geist voll und ganz bejaht, voller Angst, es könnte gleich wieder vorüber sein, und in dem Wissen, etwas erlebt zu haben, nach dem man sich immer wieder sehnen wird.

Allein mit meinem Rekorder am Boden hockend und bemüht, klein und unauffällig zu erscheinen, wurde ich von jedem neuen Geräusch überrascht. Viele der subtilen akustischen Texturen rundum wirkten durch meine Stereokopfhörer überstark, denn ich hatte die Monitorpegel aufgedreht, um nichts zu versäumen. Die Wirkung war unmittelbar und heftig. Verlockende, erhebende Eindrücke von Leichtigkeit und Raum. Die Umgebungsgeräusche wurden in winzige Einzelheiten aufgelöst, die ich mit meinen Ohren allein niemals wahrgenommen hätte – das Geräusch meines Atems, die sachte Bewegung meines Fußes, der eine bequemere Position sucht, ein Schniefen, ein Vogel, der neben mir auf dem Boden landet, Laub aufwirbelt und dann mit seinen Flügelschlägen die Luft in kurzen, raschen Stößen bewegt, als er alarmiert wieder abhebt.

Schon damals wurde mir klar, dass Naturgeräusche einen riesigen Vorrat wertvoller Informationen bereithalten könnten, die nur darauf warten, entwirrt zu werden. Bis dahin war mir die Erkenntnis verschlossen geblieben, dass die Welt der Natur mit einer solchen Fülle wundersamen Geplappers durchdrungen ist. Wie sollte man das auch wissen? Viele von uns unterscheiden nicht zwischen dem Akt des Zuhörens und dem des Hörens. Es ist eine Sache, passiv zu hören, etwas ganz anderes ist es, mit ganzer Hingabe und aktiv zu lauschen. 1.2

Meine Ohren *hörten* zwar Geräusche, aber sie waren nicht geschult, die vielen Feinheiten einer ungezähmten Natur zu unterscheiden. Schon immer hatte ich meine Ohren als Filter benutzt, um Lärm auszublenden, und nicht als Pforten, durch die große Informationsmengen Einlass finden. Ein hochsensibles Mikrofonsystem erlaubt mir die Unterscheidung zwischen den Geräuschen, die ich wahrnehmen, und denen, welchen ich nachlauschen sollte. Über Kopfhörer vernehme ich Ausschnitte des akustischen Gewebes in so wunderbar klaren Details, dass es mich immer noch überrascht, wie viel ich früher versäumt habe. Zwei Stereomikrofone verwandeln den akustischen Raum – und wenn ich eine Lautstärke wähle, die ein wenig über der liegt, die ich ohne Hilfsmittel höre, bekomme ich einen Eindruck von dem, was »nicht von dieser Welt« ist, vielleicht ähnlich dem, was Astronomen wahrnehmen, wenn sie über das Hubble-Teleskop Bilder einer explodierenden Supernova aus fernen Winkeln des Universums empfangen.

Dorothea Lange, amerikanische Fotojournalistin der Weltwirtschaftskrise der 1930er-Jahre, sagte einmal, eine Kamera sei ein Hilfsmittel, um ohne Kamera sehen zu lernen. Nun, dann ist ein Rekorder ein Hilfsmittel, um ohne Rekorder hören zu lernen. Als ich erstmals einen Frühlingschor in der Morgendämmerung durch den Kopfhörer verstärkt hörte, erkannte ich sofort, dass ich bis dahin mit meinen unfokussierten Ohren einen erlesenen Teil der Wirklichkeitserfahrung versäumt hatte. Klangverstärkung ermöglichte mir, die Sprache der Wildnis auf eine Weise zu dechiffrieren, wie es mir nur mit musikalisch geschultem, »kultiviertem« Zuhören nicht möglich gewesen wäre. Während ich dasaß und aufzeichnete, spürte ich oft den plötzlichen Drang, mich an der Aufführung zu beteiligen. Und ein Gefühl der Unvollständigkeit nagte an mir, als ich an diesem Tag aus dem Wald kam. Es war eine Kombination aus wichtigen Geheimnissen, die unausgesprochen oder ungehört blieben, und dem Gefühl, durch einen glücklichen Zufall auf einen Entdeckerpfad gelangt zu sein, der einer göttlichen Offenbarung gleichkam.

Während der Arbeit an unserem fünften Titel, der aktualisierten Version eines früheren Hits für Nonesuch Records, brach Paul bei einem Konzert in Los Angeles im Januar 1975 auf der Bühne zusammen. Einen Tag später starb er an einem Gehirnaneurysma. Todunglücklich über den Verlust meines Freundes und Musikpartners, stellte ich das Album (*Citadels of Mystery*) gemeinsam mit Andy Narell und anderen befreundeten Studiomusikern fertig. Damals durchdachte ich erneut meine beruflichen Möglichkeiten. Meiner Meinung nach war die letzte wirklich produktive Phase in der Plattenindustrie vorbei. Die Launen und den Hochmut Hollywoods hatte ich gründlich satt – allein bei der Produktion von *Apocalypse Now* war ich über ein halbes Dutzend Mal gefeuert und wieder engagiert worden –, also entschloss ich mich zu einem Neuanfang. Mit vierzig Jahren ließ ich die mir vertraute Musikwelt hinter mir und promovierte in Creative Arts mit einem Projekt in mariner Bioakustik.

Man könnte meinen, ich hätte die Welt der Musik für die Welt der Naturgeräusche aufgegeben. Aber ich habe sie dort erst wirklich entdeckt.

Ohne Wasser würde es Leben, wie wir es kennen, nicht geben. Es bringt die allerältesten Geräusche hervor, und es ist äußerst schwierig, es akustisch einzufangen und nachzuahmen. Sein Gurgeln, Zischen, Plätschern, Brüllen, Krachen, seine multirhythmische Periodizität dienen, seit die erste Musik gesungen und die ersten Worte gesprochen wurden, als Blaupause für menschliche Melodien.

Viele Jahrtausende Musikgeschichte vergingen, ehe ein Komponist eine Orchesterkomposition schaffen konnte, die annähernd den Eindruck von Meer vermittelte – Claude Debussy mit seinen symphonischen Skizzen *La Mer*, uraufgeführt 1905. Jedoch erforderte sein Werk immer noch die programmatische Aufbereitung durch Wort und Bild, um einigermaßen erfolgreich zu sein. Spielen Sie Teile der Komposition einmal Leuten vor, die das Werk noch nie gehört haben und den Titel nicht kennen, und fragen Sie sie, welche Vorstellung es ihrer Meinung nach vermitteln soll. Ich selbst habe Ende der 1990er-Jahre einen solchen Versuch durchgeführt: Ich spielte den sechsminütigen zweiten Satz (»Jeux de vagues« – Spiel der Wellen) einer siebten Klasse vor. Die Antworten lauteten zum Beispiel: »Weltraumreise«, »Musik zu einem Film über das Landleben«, »eine Szene aus dem Leben einer Dinosaurierfamilie« und »ein Western« oder auch einfach »todlangweilig«. Keiner der Schüler ahnte, dass die Musik eine Impression vom Meer oder auch nur allgemein von Wasser geben sollte.

Auf den ersten Blick scheint das Vorhaben, akustische Aufnahmen vom Wasser zu machen, unkompliziert: Stelle ein Mikrofon an der Küste auf, und drücke den Aufnahmeknopf. Aber sosehr ich mich anstrengte, meine ersten Versuche, den Klang des Wassers einzufangen, wollten einfach nicht recht gelingen. Wir sind so visuell orientiert, dass die meisten Menschen, die einigermaßen gut sehen, dazu neigen zu hören, was sie vor Augen haben. Wenn wir den Blick auf die Wogen weit draußen im Meer richten, filtern Ohren und Hirn in der Regel alles heraus außer dem Donnern und Krachen der Wellen, die Ferne und unglaubliche Kraft suggerieren. Schauen wir hingegen auf die Vorderflanke der Wellen, die an den Strand spülen und im Sand zu unseren Füßen brechen, hören wir die Bläschen knistern und prasseln, während das Geräusch der
1.3 fernen Brecher in den Hintergrund tritt.

Mikrofone haben jedoch weder Augen noch Hirn. Ohne Unterschied nehmen sie alle Geräusche in ihrer Reichweite auf. Wenn ich also, überlegte ich, die Klänge einer Meeresküste wiedergeben will, muss ich eine ganze Reihe verschiedener Aufnahmen aus unterschiedlichen Distanzen machen: ein paar Hundert Meter vom Ufer entfernt, auf halbem Weg zwischen den grasbewachsenen Dünen und dem Ufer und direkt am Ufer. Mithilfe einer Klangbearbeitungssoftware, mit der ich zu Hause alle Aufnahmen auf unterschiedlichen Ebenen kombiniere, kann ich auf diese Weise Tonmaterial erzeugen, das ganz ähnlich klingt wie die magischen Klänge der Meereswellen. Aber was ist es eigentlich, auf die kleinste Einheit reduziert, was ich da aufnehme? Was ist Klang?

Klang ist ein Medium, das, abgesehen von seinen physikalischen Eigenschaften – Frequenz, Amplitude, Klangfarbe und Dauer –, schwer zu beschreiben ist. Dennoch spielt er eine Schlüsselrolle für die Art und Weise, wie Gesellschaften sich ausdrücken; er ist grundlegend für die kollektive Stimme der natürlichen Welt, für die Musik und für Geräusche aller Art.

Die Grundelemente des Klangs entziehen sich unserem sprachlichen Zugriff, und für die meisten Menschen ist Klang schon seit jeher ein Rätsel. Auf die Bitte, Klang zu beschreiben, antwortete der Komponist, Naturforscher und Philosoph R. Murray Schafer: »Woher soll ich das wissen? Ich habe noch nie einen Klang gesehen.« Damit benannte Schafer die Schwierigkeit: Wie oft benutzen wir Ausdrücke wie »Ich *sehe* hier ein großes Problem«? Unsere Sprache ist stark vom Optischen geprägt, und Paul und ich hatten als Filmkomponisten oft mit Regisseuren zu tun, die ihre Wünsche für die Musik in visuellen Begriffen ausdrückten: dunkel, hell, leuchtend, tiefbraun und trüb gefärbt.

Wir nehmen Klang körperlich auf, aber er kann weder gesehen noch berührt oder gerochen werden, was den Sounddesigner und Oscarpreisträger Walter Murch veranlasste, von einem »Schattensinn« des Menschen zu sprechen – einer Sinneswahrnehmung, die in einem ätherischen, amorphen Bereich existiert. Als Film-Sounddesigner verknüpfen Murch und seine Kollegen Klang – sei es als Dialog, Effekt oder Musik – mit der viel konkreteren visuellen Realität des Bildes, und geben damit beiden Elementen einen neuen Kontext.

Erst in relativ junger Zeit haben Menschen versucht, die Geheimnisse des Klangs zu lüften. Da Klang, wie gesagt, nicht leicht in Begriffe zu fassen ist, ließen auch die Erkenntnisse darüber lange auf sich warten. Etwa 500 v. Chr. beschrieb Pythagoras erstmals die Harmonien einer schwingenden Saite und bahnte damit den Weg zu den Gesetzen der Akustik. Etwa zwei Jahrhunderte später zeigte Aristoteles, dass Luft für die Leitung von Schall unverzichtbar ist. In den vergangenen zwei Jahrtausenden entdeckten Wissenschaftler, darunter etwa die Erbauer der griechischen und römischen Amphitheater und später Galilei und Newton, verschiedene Aspekte des Klangs.

Aber erst Mitte des 19. Jahrhunderts lieferte Hermann Helmholtz in seinem Buch *Die Lehre von den Tonempfindungen als physiologische Grundlage für die Theorie der Musik* eine präzise Darstellung des Klangs. Helmholtz beleuchtete alle Aspekte seines Themas – von der Musik bis zur Physik – und fasste seine Erkenntnisse in diesem Buch zusammen. Als Kind der 1820er-Jahre war er von schwacher Gesundheit gewesen, und da seine Familie verhältnismäßig arm war und dem Sohn das hoch angesehene Studium der Naturwissenschaften und Mathematik nicht finanzieren konnte, rieten ihm seine Eltern, zunächst einmal Medizin zu studieren, um so Zugang zu den Institutionen zu erhalten, die ihm die erwünschte Bildung verschaffen konnten. Nach Abschluss seines Medizinstudiums war Helmholtz für kurze Zeit Wundarzt bei der preußischen Armee. Zu Beginn seiner Karriere beschäftigte er sich nicht nur mit Akustik, sondern machte auch bedeutende Entdeckungen auf den verschiedensten Gebieten wie Physik, Chemie, Optik, Elektrizität, Meteorologie und theoretische Mechanik. Eine seiner wichtigsten Erkenntnisse gewann er jedoch in der Physiologie, wo er Methoden zur Messung der Nervenleitgeschwindigkeit entwickelte, indem er Froschschenkel durch elektrische Impulse stimulierte.

Die Beine, obgleich vom Körper abgetrennt, bewegten sich, sobald sie unter schwachen Strom gesetzt wurden. Helmholtz konnte die exakte Zeitspanne messen, die zwischen dem Reiz und der Bewegung verstrich, und damit die genaue Geschwindigkeit der Nervenreaktionen ermitteln. Als einflussreicher Lehrer – zu seinen Schülern zählte Heinrich Hertz, nach dem die physikalische Einheit für die Frequenz benannt ist – widmete Helmholtz einen Großteil seiner Forschungstätigkeit den Geheimnissen der Musik.

Was mich besonders fasziniert, sind seine Schriften zur Akustik, vor allem aber seine Beschreibung des berühmten, nach ihm benannten Resonators, der, ähnlich wie ein Prisma das Licht in seine Spektralfarben zerlegt, einzelne Schallfrequenzen einer komplexen akustischen Struktur herauslöst und identifiziert. Ebenfalls erstaunlich – obwohl fast ein Nebengedanke angesichts der Bedeutung des Resonators – ist der vom englischen Übersetzer Alexander John Ellis beigefügte Anhang über instrumentale Grundstimmungen, die vor der Zweitveröffentlichung des Buches in verschiedenen Orten Europas gesammelt wurden. Obwohl die Stimmgabel – eine Gabel mit zwei Zinken, seit Anfang des 18. Jahrhunderts in Gebrauch, die, wenn sie angeschlagen wird, einen klaren, obertonarmen Ton erzeugt – vielfach zum Stimmen benutzt wurde, entdeckte Helmholtz, dass der Kammerton a1 zwischen 373,1 Hz in Paris und 505 Hz in Sachsen schwankte. Man stelle sich eine Sopranistin vor, die versucht, bei einem Kammerton a1 von 500 Hz das hohe Es zu singen, das sie am Abend zuvor erreicht hat – das entspricht beinahe einem hohen Fis nach gegenwärtiger Stimmung: nahezu unmöglich. Heute verwenden die meisten Orchester den Kammerton a1 = 440 Hz, obwohl Mitte der 1960er-Jahre, als ich zum ersten Mal nach Hollywood kam, das Los Angeles Philharmonic

Orchestra dafür bekannt war, auf a1 = 442 Hz zu stimmen, während manche europäischen Orchester noch den dunkleren Kammerton a1 = 438 Hz benutzten.

Eine Erklärung für die merkwürdig abweichenden Kammertöne ist die unterschiedliche Härte europäischer Hölzer, aus denen Resonanzkorpus und Resonanzboden für Zupf- und Streichinstrumente hergestellt wurden. Härteres, dichteres Holz ließ eine höhere Spannung der Saiten zu und damit eine höhere Stimmung des Instruments, das dann »hellere« Töne erzeugte.

Während ich immer mehr Zeit in der Wildnis verbrachte, fand ich in Helmholtz' Schriften viele Denkanstöße. Der Mensch hatte verschiedene Instrumente ersonnen, die einander ergänzten, und bei meiner Arbeit mit Tierlauten stellte sich mir die Frage, warum sich bestimmte Spezies in ähnlicher Weise auf eine Stimmlage festlegten, die höher oder tiefer war als eine andere. Verwenden Tiere als Chorsänger in einem bestimmten Habitat eine oder mehrere Tonhöhen als grobe Referenz? Wie und warum entwickelt sich ihr jeweiliger Stimmumfang? Welche Rolle spielen Physiologie und Umgebung?

* * *

Nicht zuletzt dank Helmholtz' historischen Studien zum Klang und seinen Beiträgen zur Akustik wissen wir, dass Schall als Druckwelle durch Luft, Festkörper oder Flüssigkeiten übertragen wird; und dass zu den Attributen von Klängen Frequenz (manchmal als Tonhöhe bezeichnet, aber das ist ein eher relativer Begriff), Klangfarbe, Amplitude und Hüllkurve zählen. Doch obwohl ich zwei Drittel meines Lebens damit zugebracht hatte, Musik zu machen und zu komponieren, stieß ich erst durch meine Arbeit mit Synthesizern auf die einzelnen Komponenten und begann zu begreifen, wie sie zusammenwirken. Um Töne zu erzeugen, die sich zu einer Komposition fügen, musste ich genau wissen, wie alle vier Klangeigenschaften zusammenspielten. Wenn Klang – an sich eine sehr abstrakte Größe – irgendwie definiert werden soll, dann durch diese vier Parameter und die Verortung der Ergebnisse in einem erkennbaren Umfeld, das ihm Form gab.

Menschen mit einem guten Gehör nehmen Frequenzen zwischen 20 Hz (20 Schwingungen pro Sekunde) und 20 000 Hz wahr. Der tiefste Ton eines Klaviers liegt bei 27,5 Hz, der höchste bei etwa 4186 Hz. Tiere haben unterschiedliche Hörfelder herausgebildet, den größten finden wir bei den Walen. Sie können Stimmsignale von wahrscheinlich unter 10 Hz (Blauwal) bis zu dokumentierten 200 kHz (Gangesdelfin) – fast vier Oktaven über dem höchsten für uns wahrnehmbaren Ton – erzeugen und hören. Andere Tiere liegen irgendwo dazwischen; ein großer Prozentsatz bewegt sich im Bereich des menschlichen Hörvermögens.

Die Tonhöhe steht in engem Zusammenhang mit der Frequenz, ist aber nicht dasselbe. Die Tonhöhe dient vor allem zur Einordnung von Klängen oder Tönen, die eine Tonleiter bilden. Während die Frequenz eine physikalische Eigenschaft des Klangs ist – sie gibt für eine Schallwelle die Zahl ihrer Schwingungen pro Sekunde an –, bezieht sich die Tonhöhe auf das, was wir hören. Die chromatische Tonleiter zum Beispiel besteht aus zwölf Tonhöhen mit identischem Abstand. Wenn wir die Tonleiter hinaufsteigen, hören wir jeden Ton um einen Halbtonschritt höher als den vorherigen. Aber die Veränderung der Frequenz von einem Ton zum nächsten ist nicht gleich – jede Erhöhung um einen Halbtonschritt erfordert einen größeren Frequenzsprung als die vorherige. Geht man zum Beispiel auf dem Klavier vom C zum Cis (261,626 Hz zu 277,183 Hz – ein Abstand von 15,56 Schwingungen), ist dazu ein kleinerer Sprung nötig als beim Schritt vom Cis zum D (277,183 Hz zu 293,665 Hz – ein Abstand von 16,48 Hz). Der größere Abstand zwischen Cis und D beruht darauf, dass die Hörrinde in unserem Gehirn die Klänge, die an unser Ohr dringen, unterschiedlich verarbeitet und wahrnimmt. Unser Hirn täuscht uns vor, dasselbe Halbtonintervall zwischen Tönen wahrzunehmen, während der Abstand der Frequenzen umso mehr wächst, je höher die Töne auf der Tonleiter ansteigen.

Die Klangfarbe oder das Timbre ist die charakteristische Stimme eines jeden Instruments und jeder biologischen Klangquelle. Nicht nur Musikinstrumente haben ganz besondere Klangmerkmale, sondern auch jeder lebende Organismus und die meisten menschengemachten Maschinen. Der Unterschied zwischen dem Klang einer Geige und dem einer Trompete ist so markant wie der zwischen einer Zikade und einer Wanderdrossel oder zwischen einer Katze und einem Hund – oder zwischen einem Rolls-Royce und einem Formel-1-Rennwagen.

Als Paul Beaver und ich anfingen, Klänge auf einem analogen Synthesizer zu reproduzieren, mussten wir erst einmal herausfinden, wie die Stimme der einzelnen Instrumente erzeugt wird. Anfangs hatten wir keine Ahnung, wie kompliziert das war. Teil unseres Problems war der Versuch einer Definition der Klangfarbe oder des Timbres der einzelnen Instrumente. In der nichtelektronischen, rein physikalischen Welt bestehen Instrumente aus Metall, aus Holz oder aus einer Kombination beider. Manche haben außerdem Saiten und/oder Häute, und viele werden durch Blasen, Schlagen, Zupfen oder Reiben gespielt. Die verschiedenen Musikinstrumente haben unterschiedliche Formen, und jede resoniert oder »klingt« anders.

Die meisten Instrumente erzeugen ziemlich komplexe Töne und eine Reihe von mitschwingenden Obertönen, die zu unserer Wahrnehmung ihrer Klangfarbe beitragen. Diese Obertöne entstehen bei jeder auf dem Instrument gespielten Note und definieren seinen einzigartigen, unvergesslichen Klang. Eine Klarinette zum Beispiel bringt Obertöne hervor, bei denen einige harmonische Beitöne wegfallen – und zwar jene Obertöne, die ein ganzzahliges Vielfaches der auf dem Instrument gespielten Frequenz des Grundtons darstellen. Eine Geige hingegen erzeugt ganz andere Obertöne. Wenn der kolophonierte Bogen abwärts vom Frosch bis zur Spitze über eine Saite gezogen wird – Musiker sprechen vom Abstrich – und sie damit in Schwingung versetzt, produziert die Saite Obertöne, bei denen jeder Beiton in absteigender Lautstärke zu hören ist und damit die spezielle Klangfarbe der Geige erzeugt. Durch das Zusammenwirken ihres einzigartigen physikalischen Aufbaus und der Techniken, darauf Klänge zu erzeugen, liefert jedes singende, klingende oder lärmende Gebilde – sei es ein Tier oder ein aus toten Materialien geschaffener Gegenstand – eine unverwechselbare Resonanz.

Die Lautstärke oder Amplitude wird in Dezibel gemessen. Ein Dezibel oder dB ist die kleinste wahrnehmbare Einheit, die für den Menschen eine Veränderung anzeigt. Wenn Sie eine Mücke im Abstand von drei Metern vorbeifliegen hören, dann sind Sie imstande, die leisesten für Menschen hörbaren Geräusche wahrzunehmen – um die 5 dBA. (Das A in dBA bedeutet, dass die Messung darauf kalibriert ist, wie ein »normales« menschliches Ohr akustische Signale über den gesamten Frequenzbereich verarbeitet.) Viele Menschen tragen bei etwa 115 dBA – der Lautstärke eines Pressluftbohrers – einen Hörschaden davon. Wenn der Lärm anhält, versagen die Haarzellen in der Hörschnecke, was zu Taubheit führen kann. Manche Menschen erleiden schon bei einem viel geringeren Niveau Schmerzen und Schädigungen. Bei mir lösen Geräusche über 90 dBA Unbehagen, wenn nicht sogar Schmerzen aus. Ich reagiere eben besonders empfindlich auf Klänge und ganz besonders auf laute Geräusche.

Tiere wie der Zahnwal können Laute erzeugen, die, an der Luft ausgestoßen, dieselbe Wirkung entfalten würden wie ein zehn Zentimeter vor Ihrem Ohr abgefeuertes Großkalibergewehr. Aber in Relation zum Gewicht ist einer der Lautesten im Tierreich seltsamerweise der vier Zentimeter lange Pistolenkrebs. Viele Schnorchler und Sporttaucher sind mit seiner Stimme vertraut, weil der Krebs an fast allen Meeresküsten, Riffen und Mündungsgebieten vorkommt. Er erzeugt ein knisterndes Geräusch, das die gesamte Unterwasserregion durchdringt, und mit seiner großen Zange stößt er ein Signal aus, das unter Wasser 200 dB erreichen und überschreiten kann – was an der Luft einem Schalldruck von 165 dB entsprechen würde. Ein Schritt von 6 dB bedeutet eine Verdoppelung oder Halbierung der Intensität, wir können also die Lautstärke des Krebses mit der eines Symphonieorchesters vergleichen, das in lauten Augenblicken um die 110 dBA erreicht. Mit dem bescheidenen, einfachen Krebs kann es nicht einmal die Rockband Grateful Dead aufnehmen, bei deren Konzerten eine Lautstärke von über 130 dB gemessen wurde. Merkt euch das, Deadheads: Der Krebs ist um annähernd das Fünffache lauter – und zwar ganz ohne Lautsprechertürme auf der Bühne!

Das lauteste menschliche Geräusch, das ich je gemessen habe, war der Schrei einer Frau. Bei drei Meter Abstand maß ich 117 dB – ein bisschen mehr als die Lautstärke, die ein durchschnittliches, schmerzhaft lautes Rockkonzert zustande bringt. Aber mit Ausnahme eines Vulkanausbruchs von der Größenordnung eines Krakatao oder eines krachenden Donners gibt es kaum an der Luft erzeugte Naturgeräusche, die Hörschäden verursachen könnten.

Die vierte wichtige Schalleigenschaft, die akustische Hüllkurve, bestimmt Gestalt und Textur eines Klangs über einen Zeitraum – vom Augenblick, in dem er hörbar wird, bis zu seinem Verklingen. Ganz gleich, wo man lebt oder was man hört – egal, ob es ein ganzer Lebensraum wie der Regenwald ist oder nur ein einziger Vogel, ob es ein auf der Gitarre oder dem Klavier gespielter Ton oder ein von einem Orchester dargebotener Akkord ist –, jeder Klang und jede Serie von Klängen hat einen Anfangs- und einen Endpunkt und kann zwischen den beiden Punkten leiser oder lauter werden. Die gesamte Schalldauer einschließlich der gesamten Veränderung des Klangcharakters ist die akustische Hüllkurve.

Körperschall wie Gewehrschüsse oder ein Rahmenschlag auf der Rührtrommel steigt sehr rasch an – er entwickelt sich in Mikrosekunden aus dem Nichts zu großer Lautstärke –, und er klingt auch schnell wieder ab, je nachdem, ob die Umgebung, in der er erzeugt wird, hallig ist oder nicht. Andere Geräusche wie das Crescendo auf einer Geige oder das Zirpen von Zikaden im tropischen Regenwald steigen hingegen langsam von ganz leise bis zum lautesten Punkt an. Diese beiden Geräuschtypen können eine Weile anhalten, ehe sie allmählich wieder leiser werden und schließlich nicht mehr zu hören sind. Die Hüllkurve kann zugleich die Klangfarbe eines instrumentalen Klangs bestimmen und den glatten, feinen Klang einer Stahlsaitengitarre in eine vulgäre Verzerrung umwandeln oder ermöglichen, dass eine Trompete im Lauf einer artikulierten Phrase ein Plärren, ein Brummen oder einen gedämpften Klang hervorbringt.

Während diese Klangelemente bei jedem akustischen Signal – sei es durch Tiere, Menschen, Musikinstrumente oder Maschinen erzeugt – zu finden sind, bilden sie nur einen Teil der Gesamtheit von Geräuschen an einem bestimmten Standort. Das Wort »Soundscape« (Klanglandschaft) tauchte erstmals gegen Ende des letzten Jahrhunderts auf; es bezeichnet sämtliche Geräusche, die in einem bestimmten Moment an unser Ohr dringen. Der Ausdruck geht auf R. Murray Schafer zurück, der sich mit den Klängen verschiedener Lebensräume beschäftigte. Schafer suchte nach Methoden, die Klangerfahrung in neue, nichtvisuelle Zusammenhänge zu bringen. Gleichzeitig wollte er uns ermuntern, wo wir auch leben, der akustischen Struktur unserer Umwelt mehr Aufmerksamkeit zu schenken.

Schafer und seine Kollegen an der Simon Fraser University in Vancouver zeigten, dass jede Klanglandschaft durch ihre besondere Kombination von Stimmen einen einzigartigen Ort in Raum und Zeit repräsentiert, sei er urban, ländlich oder natürlich. Aufgrund der spezifischen geologischen und architektonischen Gegebenheiten des Stanley Park in Vancouver, wo Schafer und seine Freunde in den 1970er-Jahren arbeiteten und aufnahmen, entstand sonntags zur Morgendämmerung eine Klanglandschaft, in der sich Geräusche der Parktiere mit denen des geringen Verkehrsaufkommens mischten und die sich ganz anders anhörte als der Klangmix desselben Ortes an einem Nachmittag unter der Woche oder während des morgendlichen Berufsverkehrs. Die Vögel der Jahreszeit, die Amphibien und Insekten, kombiniert mit dem Straßen- und Luftverkehr – gesteigert durch die passiven akustischen Merkmale der Landschaft und der Vegetation –, erzeugten eine akustische Signatur, die charakteristisch war für diesen Standort zu einer bestimmten Zeit und unter bestimmten Bedingungen.

Natürliche Klanglandschaften bestehen aus den Stimmen ganzer ökologischer Systeme. Jeder lebende Organismus – vom kleinsten bis zum größten – und jeder Ort dieser Erde hat eine eigene akustische Signatur. Das Individuelle einer Klanglandschaft wird durch verschiedene Faktoren bestimmt: In hügeligen Habitaten wird der Klang meist stärker gehalten. In flachen, offenen und trockenen Gebieten zerstreuen sich Klänge schneller und scheinen sich zu verlieren. Die Akustik eines bestimmten Standorts kann sich auch im Lauf der Jahreszeiten erheblich ändern, je nach Dichte und Art der vorherrschenden Vegetation (zum Beispiel der Nadeln von Koniferen im Unterschied zu den breiten Blättern der laubabwerfenden Pflanzen) und je nach den geologischen Merkmalen des Gebiets (zum Beispiel felsig, hügelig, bergig oder flach). Schall wird von durchnässten oder besonders geformten Blättern bestimmter Pflanzen zurückgeworfen (sodass Fledermäuse als Bestäuber angelockt werden), ebenso von Baumrinden und einem von Regen oder Tau nassen Boden. Auf diese Weise weht ein Widerhall durch das gesamte Habitat. Bei Trockenheit geht es im Wald hingegen eher leise zu, denn die Schallwellen reichen nicht so weit und halten nicht so lange an.

Mitte der 1990er-Jahre, kurz vor dem Ausbruch sozialer und politischer Unruhen in Simbabwe, nahm ich dort im Urwald eine spektakuläre morgendliche Klanglandschaft auf. Es war ein Baumbestand, der über sehr lange Zeit intakt geblieben war. Wie unser Führer Derek Solomon, ein bewanderter Landschaftsökologe und Naturforscher, erklärte, hatten sich vermutlich weite Gebiete des Waldes und seine Stimme seit Zehntausenden von Jahren kaum verändert. Damals bekam ich eine ungefähre Vorstellung davon, wie es in einem trockenen Wald mit vorwiegend laubabwerfenden Bäumen zugegangen sein muss, als unsere ältesten Vorfahren vor Millionen Jahren in Afrika auftauchten.

Im Morgenkonzert erklangen die fein abgestimmten Rufe eines Ensembles von Kap-Sperlingskäuzen, die sich wie träge Kaliforniermöwen anhörten, einer Afrika-Zwergohreule mit ihrer leisen, langsamen Folge kurzer gurgelnder Rufe, von Natalfrankolinen mit ihren rasch aufeinanderfolgenden Kuss-Quiek-Lauten, die den Rhythmus unterstrichen, von Fleckennachtschwalben mit einem schnellen Auf und Ab von Pfeiftönen mittlerer Lautstärke – drei bis fünf Wiederholungen nacheinander –, von Sudanhornraben, die schrille, sich wiederholende Tschilpsequenzen singen, von Bartheckensängern mit ihrer melodiösen dreinotigen Phrase, gefolgt von einem hohen Tschilpen; von Rotscheitel-Cistensängern, die gedehnte, hohe bis mittelhohe Sequenzen singen; von einem Weißflankenbatis mit seinem bedächtigen, quasi um Halbtonschritte absteigenden Stakkatogesang; und dazu noch, neben rund dreißig weiteren Vogelspezies, Paviane sowie Dutzende Insektenarten. Der akustische Moment war so reich an kontrapunktischen und fugenartigen Elementen, dass einem spontan komplizierte Kompositionstechniken von Johann Sebastian Bach in den Sinn kamen (wie in seinem Präludium und Fuge in a-Moll).

Aber das war kein gewöhnliches Morgenkonzert. Schon in unserem Camp im nahe gelegenen Gonarezhou-Nationalpark war mir aufgefallen, dass ich, anders als im tropischen Regenwald, trotz der Wärme kaum schwitzte. Alles hörte sich unglaublich »trocken« an, die geringe Luftfeuchtigkeit erweckte den Eindruck, als säße man in einem schalldichten Aufnahmestudio ohne Hall – jedes Geräusch wurde rasch absorbiert. Wir befanden uns hier in einem Habitat, in dem es seit Wochen nicht geregnet hatte, also gab es keine reflektierenden Flächen und somit auch keinen Hall. Aber die Paviane, ständig auf der Bühne präsent, ließen sich ihren Auftritt nicht nehmen: Sie hatten sich einen Kopje gesucht – eine der Granitfelszungen, die bis zu hundert Meter jäh aus dem Wald oder der Ebene herausragen – und nutzten deren teilweise nach innen gewölbte Oberfläche, um ihre abrupten Schreie durch den Wald hallen zu lassen; es dauerte sechs bis sieben Sekunden, ehe sie verklangen. An diesem speziellen Ort kam es zu einer einzigartigen Klangkombination, und die Stimmen der Paviane schufen ein unheimlich anmutendes Missverhältnis in der Klanglandschaft – die trockenen, nichthallenden Rufe der vielen Vögel und Insekten im Kontrast zu den lang widerhallenden Stimmen der wenigen Paviane. 1.4

Die akustischen Merkmale einer Landschaft üben einen erheblichen Einfluss darauf aus, wie stimmfähige Organismen einen Lebensraum besiedeln. Manche Insekten, Vögel und Säugetiere machen sich gern bemerkbar, wenn es im Habitat trocken wird – am Vormittag, wenn der Wald die Oberflächenfeuchtigkeit abgegeben hat und die Klanglandschaft durch die akustischen Eigenschaften der Trockenheit geprägt wird. Andere machen sich das unbewegte Wasser eines Teichs oder Sees zunutze, das ihre Stimmen weit trägt und deren Widerhall eine magische, traumhafte Wirkung verleiht. Das gilt vor allem für den frühen Morgen und die späte Nacht im Frühling und Sommer: Wenn sich das Wetter ändert und der Wind auffrischt, gibt es keinen Widerhall mehr, und die

Landschaft hüllt sich in eine gedämpfte Atmosphäre, als hielte sie den Atem an.

Als erfahrener Lauscher liebe ich vor allem die Geräusche der Tiere, die sich auf nächtlichen Gesang spezialisiert haben. Wenn sich Tau auf den Boden, das Laub und die Zweige der Bäume legt, hat man das Gefühl, in einem prächtigen, hallenden Theater zu sitzen – ein günstiger Effekt für nachtaktive Landbewohner, deren Stimmen große Distanzen überwinden müssen. Kojoten und Wölfe lassen ihr Geheul wahrscheinlich deshalb nachts ertönen, weil ihre Klangsignatur dann wider-
1.5 hallt und weit trägt.

Die Freude am Widerhall der eigenen Stimme ist ein Grund, warum viele Menschen gern unter der Dusche singen – der Hall ist eine Schalleigenschaft, die offenbar viele Wesen besonders anspricht. Der Wapiti des amerikanischen Westens brunftet im Herbst und nutzt oft den zu dieser Jahreszeit deutlicheren Hall des Waldes, um mit seinem modulierten Bellen die Illusion eines großen Reviers zu erzeugen und seinen Harem zu schützen. Sein Ruf ist in allen Wapiti-Habitaten der Vereinigten Staaten zu hören – vor allem im Grand-Teton- und im Yellowstone-Nationalpark. Hyänen, Paviane, viele Froscharten und die Pauraquenachtschwalbe rufen gern nachts, wenn die klimatischen und geografischen Bedingun-
1.6 gen so zusammenwirken, dass ein Widerhall entsteht.

In Meereshabitaten beeinflussen Wassertemperatur, Salzgehalt, Strömungen und die Gestalt des Meeresbodens die Schallübertragung auf subtile und tief greifende Weise. Die Meeresgrundkontur in Senken der Glacier Bay im Südosten Alaskas verstärkt Geräusche und gibt ihnen einen Halleffekt. Die Folge ist, dass Signale, sei es von Schiffen oder Tieren, überlebensgroß erscheinen. Hingegen entsteht in Binnenseen und zum Beispiel Korallenriffen wenig Widerhall. Einmal hörte ich einen Vortrag des Biologen Roger Payne über die Gesänge der Buckelwale, die er und seine damalige Frau Katy in den 1960er-Jahren entdeckt hatten. Womöglich, so meinte Payne, weise die gesangliche Syntax, die männliche Buckelwale jeweils in einer Saison erlernten, Themen und Strukturen auf, die sich sonst nur in den komplexesten menschlichen Musikformen finden.

Als ich vor einiger Zeit meine analogen Bandaufnahmen katalogisierte und digitalisierte, hatte ich einen Traum, besser gesagt, einen Albtraum, in dem es um Klänge ging. In dem Traum ging ich um die Morgendämmerung in mein Studio und stellte fest, dass all meine Umweltaufnahmen auf Tausende kleiner CDs übertragen worden waren, und auf jeder befand sich nur ein kleiner Ausschnitt einer einzelnen Tierstimme, die aus dem Kontext der Klanglandschaft herausgerissen war. Die CDs lagen in einer knöcheltiefen Schicht auf dem Boden verstreut, und ich konnte mir nicht vorstellen, wie in aller Welt ich die Teile wieder zusammensetzen sollte. Noch heute packt mich das Entsetzen, wenn ich daran denke.

Ein paar Jahre später stieß ich zufällig auf das Buch *Finding Beauty in a Broken World* von Terry Tempest Williams über Mosaike, die, aus vielen Bruchstücken zusammengesetzt, ein prachtvolles Ganzes ergeben. Dasselbe gilt für grafische Darstellungen, Wörter und die Tongestaltung beim Film, nicht aber für natürliche Klanglandschaften. Was uns aus der Wildnis entgegentritt, ist etwas Ganzes – ein sich unablässig entfaltendes multidimensionales akustisches Gewebe. Natürliche Klanglandschaften verändern sich von Tag zu Tag. Auch mit der besten Technik können wir diese klanglichen Momente nur teilweise erfassen, und der Hauptgrund dafür ist, dass sich die Stimmen dieses Chors immer ein wenig anpassen, um

Sendung und Empfang zu optimieren – eine Art unaufhörlicher Selbstbearbeitungsmechanismus. Deshalb ist es extrem schwierig, diese Chorexpressionen aus ihren einzelnen abstrakten Bestandteilen wiederherzustellen, solange wir nicht imstande sind, die Infrastruktur zu erfassen, die vorgibt, wie sich jede Stimme in die sich wandelnde bioakustische Komposition einfügt.

Außer durch Notenschrift und Musikdarbietungen gab es bis in die neuere Zeit – das heißt bis Mitte des 19. Jahrhunderts – kein Instrumentarium, um Klänge festzuhalten und aufzubewahren. Die früheste bekannte Notenschrift, die um 2000 v. Chr. im Nahen Osten auftauchte, erlaubte es, eine Serie oder Kombination von Noten genau wiederzugeben, womit mehrfache Aufführungen möglich wurden. Wir können uns heute noch an der Musik Mozarts erfreuen, weil sie aufgeschrieben und immer wieder aufgeführt wurde – und nicht, weil wir ihn haben spielen hören.

Die erste mechanische Aufzeichnung von Klängen erfolgte 1860, als der Pariser Drucker Édouard-Léon Scott de Martinville den Phonautographen erfand. Darauf folgte fast zwei Jahrzehnte später eine Erfindung von Thomas Edison. Sein Phonograph konnte im Unterschied zu früheren Prototypen den aufgezeichneten Schall auch wiedergeben.

Brauchbare Techniken zur Reproduktion von Naturgeräuschen wurden einige Jahre nach der Erfindung des analogen Tonbandgeräts mit Vormagnetisierung 1948 durch Ampex entwickelt. Basierend auf einer zehn Jahre älteren deutschen Erfindung, waren die Geräte der Ampex-Ära erstmals in der Lage, mit einer elektromechanischen Vorrichtung Geräusche einzufangen und wiederzugeben, die den gesamten Umfang des menschlichen Hörens abdeckten – und das auf einem wenige Millimeter breiten Band. Dieses Band hatte drei Elemente: das Trägermaterial aus dünnem Kunststoff, eine sehr dünne Beschichtung aus Eisen-, Eisenoxid- und/oder Chromoxidkristallen sowie eine Art Haftmittel, um das Oxid auf dem Trägermaterial zu fixieren. Das Oxid bestand aus winzigen magnetisierbaren Partikeln, jedes etwa so groß wie ein einziges Partikel des Rauchs einer Zigarette. Wird das Tonband gleichmäßig an dem elektromagnetisch geladenen Schreibkopf vorbeigeführt, so werden die sonst in zufälligen Mustern liegenden Oxidpartikel neu geordnet, sodass sie sich vom Wiedergabekopf »lesen« lassen und als analoger oder kontinuierlicher Strom die eingefangenen Geräusche reproduzieren.

Tonbänder in verschiedenen Formen – sei es für Spulengeräte oder als Musikkassetten und Mini-Audiokassetten – waren bis Mitte der 1980er-Jahre das wichtigste Medium, bis das Digital Audio Tape (DAT) auf den Markt kam, ein Übergangsformat, das Elemente analoger und digitaler Systeme verband. Innerhalb kürzester Zeit wurde die Welt der Aufzeichnungstechnik von digitalen Systemen dominiert, zunächst komplizierten, schweren und netzbetriebenen, später extrem leichten, mobilen, hochqualitativen Handgeräten. Seit 2005 werden im Studio und im Außenbereich praktisch nur noch Digitalgeräte eingesetzt – sei es mit Festplatte oder CompactFlash-Speicherkarten oder beidem –, und daran hat sich bis heute nichts geändert. Jedes Mal, wenn ich meine, ich hätte jetzt das ultimative System, werde ich durch ein neueres, besseres verführt.

Aber ungeachtet all der Technologien für die Aufnahme und Wiedergabe dramatischer Hörereignisse haben sich Tonleute mit Interesse an der Natur bisher kaum mit Klanglandschaften als Gesamtstruktur beschäftigt. Abgesehen von der begrenzten Verwendung in Film- und TV-Soundtracks, waren

Aufnahmen eines ganzen Lebensraums praktisch unbekannt, als ich Ende der 1960er-Jahre anfing. Vielmehr war die Geräuschfragmentierung – akustische Schnappschüsse einzelner Tierstimmen wie in meinem Albtraum – seit den Anfängen dieses Handwerks das vorherrschende Modell für Außenaufnahmen gewesen. Im 20. Jahrhundert bestand die Aufgabe im Außenbereich tätiger Tonleute weitgehend darin, kurze individuelle Klangquellen aus der Gesamtheit des akustischen Gefüges herauszulösen.

Die Technik der Klangfragmentierung war eigentlich ein Produkt der Forschung. Wissenschaftler stellten in den 1920er-Jahren fest, dass man die einzelne Stimme eines Vogels mit einem Schallspiegel, dem Vorläufer des Parabolspiegels, isolieren und das Signal auf die Lichttonspur eines Movietone-Rekorders aufnehmen konnte, das ursprünglich für den Film entwickelt worden war. Daraufhin beschlossen Arthur Allen und Peter Paul Kellogg vom Cornell University Lab of Ornithology gemeinsam mit einigen Kollegen, den seltenen Elfenbeinspecht aufzuspüren und seine Rufe aufzunehmen. Im Frühjahr 1935 bestiegen die Vogelkundler einen von einem Maultier gezogenen Karren, auf dem sich das zentnerschwere Aufnahmegerät befand, und begaben sich in ein von Alligatoren verseuchtes Sumpfgebiet in Georgia. Der Vogel und sein Nest wurden endlich entdeckt, und den Forschern gelang eine klare Aufzeichnung des inzwischen vermutlich ausgestorbenen Tiers.

Unterdessen machte auch Ludwig Koch in Großbritannien und im übrigen Europa Aufnahmen von einzelnen Vögeln; dabei arbeitete er mit einer Art Vitaphone-Verfahren – wobei die Tonaufnahme auf einer Wachsplatte mittels einer Nadel von innen nach außen aufgezeichnet und abgespielt wird. Das von diesen Wissenschaftlern eingeführte Modell der aus dem

Zusammenhang gelösten Einzelspezies, ein im Grunde engstirniges akademisches Aufnahmeformat, wird heute, fast acht Jahrzehnte später, immer noch favorisiert. Ausgehend von der Idee der *Lifelist* – dem Entdecken und Identifizieren einzelner Vogel- und Säugetierarten, in neuerer Zeit auch von Fröschen und Insekten –, hat sich die Methode, möglichst viele Tierlaute zu sammeln, fest etabliert.

Anfangs zwang mich diese einseitige Ausrichtung auf einzelne Klangfragmente – wie übrigens auch jeden anderen, vom beiläufig Lauschenden bis hin zum wissenschaftlichen Forscher –, meine Recherchen auf die Grenzen einzelner Naturlaute zu beschränken, ganz gleich, woher er rührte. Aber das Klangfragment-Modell verzerrt das Bild von der Natur, weil es keinen umfassenden Blick auf die lebendige Landschaft ermöglicht. Die Folge ist, dass ein wichtiger Zusammenhang zwischen den menschlichen und nichtmenschlichen Hörwelten meist unbeachtet bleibt.

Die Bedeutung der Klanglandschaft als Zugang zu ökologischer und musikalischer Bildung wurde mir erstmals bewusst, als ich mit dem Aufnahmegerät in den äquatorialen Wäldern Afrikas, Lateinamerikas und Asiens unterwegs war. Es langweilte mich, einzelne Spezies aufzuspüren und einkanalige Monowiedergaben zu hören, und ich besann mich deshalb auf meine Ausbildung als Musiker, stellte zwei Stereomikrofone auf und kauerte mich ins Gebüsch. Als die Nacht kam, war ich wie bezaubert, ja selig, dass ich in diesen 3-D-Sound eintauchen durfte. Es war die Befreiung von der alten monotonen Einspurtechnik, und der Klang gab mehr Aufschluss über den Ort als jedes Foto. Die eingefangene Klangwelt – reiche, das gesamte Frequenzspektrum mit subtilen Strukturen, mannigfachen Tempi und Solisten füllende Texturen – intensivierte mit ihren unendlich vielfältigen, feinen Nuancen mein Erleben des Habitats. Es waren Klangpunkte, die durch den akustischen Raum transportiert wurden. Für mich, der ich mit offenen Ohren lauschte, weckten sie eine tiefe Demut und gaben mir ein heiliges Geschenk: eine Erinnerung an lebendigen Klang zu einem bestimmten Zeitpunkt an einem bestimmten Ort. Noch heute gibt es mir die größte Befriedigung, die ich kenne.

KAPITEL ZWEI

Stimmen zu Lande

DER WALLOWA-SEE IM NORDOSTEN OREGONS gilt den Nez-Percé-Indianern als heilig. Hier begann 1877 auch ihre Flucht unter der Führung von Chief Joseph und anderen Häuptlingen, die im Lauf von drei Monaten und einem Marsch über fast 2800 Kilometer fünf amerikanische Armeen austricksten und besiegten. In ihrem Schlepptau befanden sich sämtliche Stammesmitglieder mit ihren Kindern. Auf dem Bear-Paw-Schlachtfeld, nur 70 Kilometer von der kanadischen Grenze und der Freiheit entfernt, wurden sie schließlich geschlagen.

Als ich im Oktober 1971 erstmals den idyllisch gelegenen See am Fuß des Chief Joseph Mountain im Wallowa-Whitman National Forest besuchte, glitzerte das vereiste Ufer in der frühen Morgensonne. Angus Wilson, ein Stammesältester der Nez Percé, den ein Kollege und ich erst kurz zuvor kennengelernt hatten, führte uns zu einer Musikstunde in seine heiligen Lehrgründe und wies uns genau an, wo wir uns hinsetzen sollten. Dann entfernte er sich ein wenig, während mein Freund und ich warteten. Wilson hatte am Abend zuvor Anspielungen auf die Abgründe unseres musikalischen Unwissens gemacht und damit unsere Neugier geweckt. Er hatte uns eine Unterweisung angeboten, uns aber auch gewarnt, sie erfordere ein hohes Maß an Geduld und die Trennung von lang gehegten Überzeugungen. Da sagten wir nicht Nein.

An einem Fluss, der Richtung Süden aus einem Tal kam und den See speiste, warteten wir, in der Hocke kauernd und zitternd – die Temperaturen lagen im Minusbereich, und wir waren zu dünn bekleidet, um uns ohne Decke auf den Boden zu setzen. In Erwartung eines überraschenden Ereignisses suchten wir mit den Augen ungeduldig das Tal mit dem dichten Wald aus Murraykiefern, Douglastannen, westamerikanischen Lärchen, Gelbkiefern und niedrigem Gebüsch ab. Bis auf das Geschrei von ein paar Raben blieb es zunächst ziemlich ruhig. Nichts rührte sich. Während der dreistündigen Fahrt von Lewiston in Idaho hierher hatte Wilson nicht viel gesprochen. Und als wir dann unser Ziel erreichten, hatte er uns nur angekündigt, wir müssten uns ein wenig die Beine in den Bauch stehen, aber alles komme zu seiner Zeit.

Nach etwa einer halben Stunde pfiff vom hohen Pass südlich von uns ein Wind herüber und gewann mit jedem Augenblick an Kraft. Die flussaufwärts durch die enge Schlucht wehenden Böen wurden aufgrund des Venturi-Effekts zu heftigen Windstößen zusammengepresst, die unsere kauernden Körper streiften und es uns im Verein mit der eisigen Temperatur endgültig ungemütlich machten. Doch dann geschah es. Plötzlich umfing uns ein Klang, der aus einer riesigen Flöte zu kommen schien. Aber es war eigentlich kein Akkord, sondern vielmehr eine Mischung aus Tönen, Seufzern und Ächzlauten im Mitteltonbereich, die einander überlagerten und gelegentlich, wenn sie beinahe dieselbe Tonlage erreichten, rhythmisch klangen. Zugleich entstanden komplexe harmonische Obertöne, verstärkt durch den Widerhall vom See und von den umliegenden Bergen. In solchen Momenten wurden die anschwellenden Toncluster seltsam dissonant und drängten alle anderen Sinneseindrücke in den Hintergrund.

Wenngleich keineswegs unangenehm, war dieses akustische Erlebnis dennoch verwirrend. Das Geräusch kam aus dem Nichts und überdeckte die natürliche Klanglandschaft, und wir konnten dem Hall nichts Sichtbares zuordnen. Wir sahen uns verwirrt und ein wenig beklommen an. Keiner von uns hatte jemals etwas Derartiges gehört – geschweige denn, dass wir daran gedacht hätten, Aufnahmen zu machen, die das gesamte Ereignis erfassten.

Es verging einige Zeit, bis sich Angus langsam wieder in Bewegung setzte und mit einer gewissen arthritisartigen Steifheit zu uns zurückkehrte. Er fragte uns, ob wir wüssten, woher die Klänge gekommen seien. Der Unterkühlung nahe, schüttelten wir beide den Kopf. Angus stellte sich zwischen meinen Freund und mich und bedeutete uns, aufzustehen und mit ihm zum Flussufer zu gehen. Erneut fragte er uns, ob wir irgendeine Ahnung hätten, was geschehen sei. Erst in diesem Augenblick wurde uns klar, was wir hätten hören und sehen sollen. Wir standen vor einer Ansammlung von Schilfrohren, die im Lauf der Jahreszeiten durch Wind und Wetter abgeknickt waren. Wenn die Luft daran vorbeistreifte, gerieten die oben offenen Halme in Schwingung, wobei ein wunderbares Geräusch entstand – halb Kirchenorgel, halb riesige Panflöte. In diesem Moment löste sich jegliche Spannung in meinen unterkühlten Schultern. Ohne dieses Erlebnis wären wir nie auf den Gedanken gekommen, uns mit Schilfrohr zu beschäftigen, das an einem entlegenen See in Oregon wächst.

Als Angus merkte, dass bei uns der Groschen gefallen war, zog er ein Messer aus dem Futteral an seinem Gürtel und stapfte in voller Montur in das Seichtgewässer. Dort schnitt er ein Stück von einem Schilfrohr ab, schnitzte ein paar Löcher und eine Kerbe hinein und begann zu spielen. Nachdem er eine kurze Melodie vorgetragen hatte – die wir trotz der Minusgrade aufzeichnen konnten –, wandte er sich zu uns und sagte mit gemessener Stimme: »Jetzt wissen Sie, woher wir unsere Musik haben. Und Sie die Ihrige.« Ich empfand Demut und musste mir eingestehen, dass dies zweifellos meine denkwürdigste Musikstunde war.

* * *

Selbst wo eine Klanglandschaft zu bestimmten Zeiten von Tiergeräuschen dominiert wird, zeigt intensives Lauschen, dass die *Geophonie* – natürliche Klänge aus nichtbiologischen Elementen wie Wind, Wasser, Erdbewegung und Regen – nicht nur die einzelne Stimmäußerung beeinflusst, sondern auch die Darbietung sämtlicher Tiere in einem Habitat zusammengenommen. Die Geräusche der Geophonie waren die ersten Laute auf unserem Planeten – das Element der Klanglandschaft, vor dessen Hintergrund sich alle Tierstimmen und sogar bedeutende Aspekte der Klangkultur des Menschen bildeten. Jeder akustisch empfängliche Organismus musste der Geophonie Rechnung tragen, musste eine Bandbreite finden, in der sich seine Klick-, Hauch- und Zischlaute, sein Brüllen, Singen oder Rufen gegen die nichtbiologischen Naturlaute behaupteten. Der Mensch orientierte sich genauso wie die Tierwelt an den geophonischen Stimmen, weil sie wichtige Botschaften über Nahrung, Raum und Spiritualität vermittelten.

Schon die Geophonie an sich ist wunderschön und hochkomplex, und es lohnt sich, sie näher zu erforschen. Wahrscheinlich waren die ersten natürlichen Geräusche, mit denen fühlende Wesen in Interaktion traten, die des Wassers. Wenn die Fossilien der ersten Meeresgeschöpfe – die Rangeomorphe –, die in Felsformationen gefunden wurden, Auskunft über die Ursprünge des Lebens auf der Erde geben, fand diese Interaktion wahrscheinlich vor sage und schreibe 550 bis 600 Millionen Jahren in einem Meeresmilieu in der Nähe der heutigen Küste von Neufundland statt. Sicher belegt ist, dass Organismen zum Leben schon immer Wasser benötigten. Da das Leben im Wasser entstand, muss der durch dieses Instrument erzeugte Klang der erste gewesen sein, den jeder sich bildende reaktionsfähige Organismus vernahm.

Als ich im Nordwesten Amerikas am Columbia River arbeitete, erzählte mir ein Bewohner der Gegend von einer benachbarten Gruppe von Ureinwohnern, deren Gemeinschaftsleben sich vollständig um einen Wasserfall drehte – einen Widerhall aus ihrer Schöpfungsgeschichte. Der Wasserfall beseelte ihr Leben als Gruppe und gab jeder Generation Kraft. Als ich dem Mann erklärte, ich würde gern mehr darüber erfahren, stellte er mich Elizabeth Woody vor, einer Angehörigen des besagten Stammes.

Die Ältesten des Wy-am-Stammes, so berichtete sie mir, erzählten von einer Tausende Jahre umspannenden Zeit, in der man das ganze Jahr über bei den Celilo-Fällen gefischt habe (*Wy-am* bedeutet »Echo des herabstürzenden Wassers«), unmittelbar auf der Westseite des Columbia River, wo er die Hälfte seines Wegs hinter sich hat. Die Celilo-Fälle spielten nicht nur eine zentrale Rolle für den Stamm, sie galten als heilige Stimme, die göttliche Botschaften übermittelt. Zu jeder Jahreszeit lieferte der breite, lebenswichtige Fluss an der Kaskade Unmengen Fisch – Königslachs im Frühjahr; Königs- und Rotlachs im Sommer; Königs- und Silberlachs sowie Stahlforelle im Herbst. In günstigen Fällen konnten die Stammesmitglieder am Tag eine Tonne fangen und benötigten kaum mehr als ein paar Schnüre, um sowohl die engere Familie als auch entferntere Angehörige mit Fisch für ein ganzes Jahr zu versorgen.

Am Morgen des 10. März 1957 ordnete das U. S. Army Corps of Engineers, um die Navigation auf dem Fluss zu erleichtern, die Schließung der massiven Stahltore des gerade erst errichteten Dalles-Damms an, sodass der natürliche Abwärtsfluss des Columbia River unterbunden wurde. Sechs Stunden später waren der heilige Wasserfall und das Fanggebiet der Wy-am etwa 12,5 Kilometer stromaufwärts vollständig überspült. Obwohl vorgewarnt, standen die Stammesältesten am Flussufer und sahen voller Entsetzen zu, wie ihre jahrhundertealte blühende Existenz in weniger als einem Tag zunichtewurde. An den Ufern bei Celilo, dem kleinen gleichnamigen Dorf, war die Trauer grenzenlos. Und doch weinten die Stammesführer nicht um den Verlust des Lachses. Sie weinten, weil sie nicht mehr die weise Stimme des Flusses vernehmen würden. Die Celilo-Fälle schwiegen von nun an.

»Der Ort wurde verehrt wie die eigene Mutter«, sagte Elizabeth Woody. »Ohne die Celilo-Fälle mit ihrem Schweigen lebe ich wie eine Waise, der man von der Freundlichkeit und Großmütigkeit ihrer Mutter erzählt.«

Es gibt unzählige Mythen vom Wasser und von seinem Einfluss auf unsere Wahrnehmung der Natur, und sie sind hochkomplex und variantenreich.[1] Am allermeisten schätze ich jene, die einen Zusammenhang mit der menschlichen und tierischen Welt und der Geophonie herstellen. Bei Gruppen, die an großen Flüssen leben, herrschen Flutmythen vor – wie beispielsweise die Schilderungen der Sintflut im Gilgamesch-Epos und natürlich auch in der Schöpfungsgeschichte des Alten Testaments.

Wie mehrfach angesichts der weiten Wanderungen der Menschen festgestellt wurde, sind es jedoch nicht nur die großen Naturereignisse, die unsere Geschichte geprägt haben. Wir haben vielleicht erst spät die Wunder des terrestrischen Orchesters erkannt, noch viel später aber die Fülle der lebendigen Klänge in den Flüssen, Tümpeln, Sümpfen, Seen, Felsen und Meeren der Welt. Zwar vernahmen Seefahrer bereits in der Antike durch die Hülle ihrer Holzschiffe gelegentlich die Stimmen der Wale. Heute aber sind wir aufgrund der enormen technischen Fortschritte und unserer unverbesserlichen Neugier in der Lage, Hydrofone (Unterwassermikrofone) in die Gewässer der Erde abzusenken, sodass wir immer mehr über ein Element erfahren, das über zwei Drittel der Erde bedeckt.

Klangökologen, die Aufnahmen an den Küsten verschiedener Kontinente und an Dutzenden von Meeresstränden gemacht haben, weisen immer wieder auf die klanglichen Feinheiten hin, die wir allzu leicht überhören – und die erst allmählich von den Feldforschern erkannt werden. Je nach dem Neigungswinkel der Strände, der Wassertiefe vor und direkt an der Küstenlinie, abhängig von Strömungen, von der Zusammensetzung des geologischen Materials, dem jeweiligen Wetter, dem Salzgehalt, der Wassertemperatur, den allgemeinen klimatischen Verhältnissen, der terrestrischen Umgebung, der geologischen Gestalt und einer Reihe anderer dynamischer Elemente haben die Wasserklänge an den Meeresufern eine jeweils eigene akustische Signatur. Die Wassertiefe verändert sich von einem Strandabschnitt zum nächsten, und sie ist entscheidend dafür, ob die Wellen in der Ferne brechen oder nahe am Ufer. Ich bin immer wieder verblüfft darüber, wie sehr sich die Meeresgeräusche am Ufer von Coney Island in Brooklyn – auch in ihrer gesamten Dynamik – von denen am Strand des tansanischen Daressalam am Indischen Ozean, am Ocean Beach in San Francisco, am Praia Beach auf den Azoren, der Ostküste Englands, an den Sandstränden von Martha's Vineyard oder von Ipanema in Rio de Janeiro unterscheiden.

Bis ich Side-by-Side-Aufnahmen hörte, die an den Ufern verschiedener Strände jeweils bei Ebbe und Flut entstanden waren, war mir nie in den Sinn gekommen, dass Küstenmilieus so unterschiedlich klingen können. Wildhabitate an Land, ja. Aber Sandstrände am Meer? Als meine Eltern mich zum ersten Mal nach Coney Island mitnahmen, wo in den 1940er- und 1950er-Jahren seichte Wellen mit langen Pausen dazwischen an Land gespült wurden, war ich erstaunt über die Sanftheit des Klangs. Angesichts des offenen und weiten Raums und weil sich meine Eltern nur bei allerruhigstem Wetter hinauswagten, war Coney Island für mich eine prägende akustische Erfahrung, mit der ich später alle anderen vergleichen sollte.

In Daressalam am Indischen Ozean spülen bei ruhigem Wetter von Osten her kleine Wellen in raschem, stakkatohaftem Rhythmus ans Ufer, die an das beständige Plätschern an einem Binnensee erinnern. Der Strand fällt steil ab, was dazu führt, dass die Wellen beim Auftreffen auf das Land sofort brechen. Unter all meinen Aufnahmen an Meeresufern klingt keine wie diese. Die Wellen, die auf der anderen Seite der Welt an die wenigen Sandstrände von Big Sur – etwa in der Mitte zwischen der nördlichen und südlichen Grenze Kaliforniens gelegen – und an den Ocean Beach in San Francisco gespült werden, sind weitaus stabiler und kräftiger. Selbst bei ruhigstem Wetter lösen ihr Rollen und dröhnendes Krachen widersprüchliche Empfindungen aus – den Eindruck reinster
2.1 Schönheit und einer seltsamen, dunklen Bedrohung.

Praia Beach auf der Azoreninsel Faial im Atlantik ist von Portugal aus etwa ein Drittel der Strecke bis Nordamerika entfernt. Das in Äonen vulkanischer Aktivität aufgeworfene Eiland hat felsige Küsten. Die von den geologischen Formationen zurückgeworfenen Geräusche verstärken den Klang jeder auftreffenden Welle mit einem scharfen, perkussiven Krachen. Auf der leeseitigen Küste der Insel gelegen, ist der Praia Beach geschützter als andere. Meist wird der Wellenschlag durch die Dünung hervorgerufen und nicht durch Wind. Er ist rhythmisch und lauter, und die Pausen zwischen den Aufschlägen sind ein wenig kürzer als in Big Sur. 2.2

Während die Ufer von Coney Island relativ ruhig sind, haben die Wellen an der Ostküste Englands bei Aldeburgh selbst an den freundlichsten und friedlichsten Tagen einen nahezu wütenden Klang. Das könnte einerseits daran liegen, dass der Strand hier relativ steil in die Nordsee abfällt, und andererseits daran, dass die kleinen Steine am Ufer durch die Wellen aneinanderstoßen. Selbst ein geringer Wellenschlagverbreitet eine gewisse Unruhe. 2.3

Die Klanglandschaften an den Stränden von Martha's Vineyard weisen große Unterschiede auf – von den geschützten, seichten Buchten am Vineyard und am Nantucket Sound im nördlichen Teil der Insel bis zu dem imposanten, beständigen Dröhnen und leisen Rumpeln an der Atlantikküste im Süden.

Die Wellen von Ipanema in Rio de Janeiro treffen aufgrund des mäßigen Strandgefälles und der periodischen Dünungen, die von Nordost kommen, in relativ kurzen Intervallen auf das Ufer. Den Klang dieser Wellen mit dem langsamen Rhythmus empfinde ich stets als verlockend, und es zieht mich regelrecht in die Brandung. Im Winter rollen, vor allem aufgepeitscht durch den Wind aus dem südlichen Atlantik, oft drei bis vier Meter hohe Wellen an den Strand.

Natürlich können die Klänge des Wassers aufgrund von Veränderungen im Umfeld eine andere Färbung bekommen, und sie hängen auch von den geografischen Gegebenheiten unter Wasser ab. Martyn Stewart, ein Freund von mir und ebenfalls Tonmann, der nach der BP-Ölkatastrophe an die Küste von Louisiana im Golf von Mexiko gefahren war, beschrieb mir den seltsamen Klang der Brandung an den betroffenen Stränden. Sie habe, meinte er, eine schlürfende, schlammige, träge Signatur, fast so, als erstickte das Wasser oder ränge nach Luft. Abgesehen davon, dass sich anfangs keinerlei Laute von Wildtieren bemerkbar machten, war das gedämpfte Schwappen der Wasser-Öl-Mischung am Strand der verheerendste Eindruck, den er mitbrachte – was er hörte, schockierte ihn mehr als das, was er sah. Ein ähnlich frappierendes Hörerlebnis hatte ich im Prinz-William-Sund unmittelbar nach der 1989 durch die *Exxon-Valdez* ausgelösten Ölpest im Spätfrühling und im Sommer. Nie zuvor hatte ich ein Gebiet in Alaska so gespenstisch ruhig erlebt.

In Süßwasserseen, egal, wie groß, sind die Wellen, die ans Ufer treffen, kleiner, im Ton höher, und sie folgen rascher aufeinander als an Meeresstränden – an einem ruhigen Tag hört man ihr Plätschern in einer weitaus schnelleren Frequenz. Diese Unterschiede sind zum Teil darauf zurückzuführen, dass Salzwasser eine größere Dichte hat als Süßwasser. Die Wellen von Süßwasserseen haben ihre eigene unverkennbare akustische Signatur, und sie unterscheiden sich voneinander wie eine Schneeflocke von der anderen: Ihr Klang hängt vom umgebenden Habitat, der Position unserer Ohren im Verhältnis zur Klangquelle, vom Wetter, von der Jahreszeit und einer Fülle anderer, bereits geschilderter Faktoren ab. Der Wellenschlag von Salz- und Süßwasser beeinflusst die Rufe und Gesänge von Watvögeln wie Möwen, Keilschwanz-

Regenpfeifern und allen anderen Wasservögeln. Jede Spezies muss eine Stimme entwickeln, die die wechselnden Geräusche des Meers oder Sees mit ihren unverkennbaren Wellenbewegungen übertönt. Wer an einem See aufgewachsen ist und dieser Kulisse intensiv gelauscht hat, wird die jeweiligen jahreszeitlichen Eigenarten der Klanglandschaft heraushören. 2.4

Meeresstrände und Seeufer sind aber nicht die einzigen vom Wasser geprägten natürlichen Klangräume. Flüsse und Bäche, die noch durch lebensfähige Auenlandschaften fließen, liefern ein breites Stimmenspektrum – je nach Terrain, Vegetation, Tages- und Jahreszeit, Niederschlägen und Durchflussrate. Jeder Bach hat seine eigene Stimme, und die Variationen sind meist subtilerer Art als an den Meeresufern. Dennoch regen Flüsse und Bäche in der Tierwelt zu ähnlich kreativen stimmlichen Äußerungen an. Die Grauwasseramsel ist ein mittelgroßer Vogel, der häufig unter Wasserfällen oder in der Nähe von Gewässern mit raschem Durchfluss lebt und brütet. Ihre Stimme – sie gibt aufgeregte Laute von sich – übertönt ohne Weiteres das Rauschen herabstürzenden Wassers und erreicht eine Lautstärke wie nur wenige andere in der Vogelwelt.

Das Wetter leistet ebenfalls einen Beitrag zum wechselnden Klangspektrum der Geophonie. In tropischen Regenwäldern warnten uns unsere Führer, nicht Schlangen, Jaguar oder kleine Kriechtiere seien die große Gefahr bei unserer Arbeit, sondern die Bäume. Durch den Regen wird das Laubdach schwer, und da hier die meisten Bäume ein flaches Wurzelgeflecht haben und die fruchtbare Humusschicht nur Zentimeter tief ist, stürzen kopflastige Bäume im unpassenden Augenblick um. Ich kann ein Lied davon singen. Einmal krachte ein Baum kaum einen Meter von mir entfernt herunter. Klar wurde mir das erst, als der Stamm neben meinem Mikrostativ landete, in dessen unmittelbarer Nähe ich kauerte.

Ein Gewitter kann dramatisch sein und den Eindruck drohenden Unheils vermitteln. Als ich in den 1980er-Jahren eine Reihe kommerzieller CDs mit Naturaufnahmen produzierte, teilte man mir mit, in Japan fänden Musikalben, auf denen Gewitter zu hören sind, keinen Platz in den Regalen, weil sich die Kunden vom Donner bedroht fühlten; sie dächten dabei an Krieg. Aber die Macht eines erst in der Ferne rumpelnden, sich dann dröhnend nähernden Gewitters kann auch Gutes verheißen – beispielsweise das Ende einer Dürre. Es kann trocken klingen (beispielsweise in einer offenen Wüste), hallend (in vielen Regenwäldern) oder von Regen und Wind begleitet sein. Ich liebe die Dramatik des Gewitterlärms, der heftig und düster klingt, aber aus der Ferne auch beruhigend wirken kann. Wo immer sich die Gelegenheit bietet, nehme ich den
2.5 Donner auf. Aber es ist nicht leicht, ihn einzufangen. Den lautesten Schlag vermag man fast nie genau vorherzusagen. Bei zu hoher Aussteuerung kann auch der beste Rekorder überlastet werden, während bei zu niedriger Aussteuerung das leisere Nachgrummeln nicht erfasst wird.

Auch Regen klingt sehr unterschiedlich je nach der Umgebung – städtisch, ländlich oder natürlich – und der Stärke des Niederschlags. Bestimmte Wetterdynamiken, ob zu Land oder auf dem Meer, erzeugen Klänge, die selbst Klangökologen gelegentlich entgehen, die aber äußerst variantenreich sind. Über tropischen Regenwäldern ziehen fast jeden Nachmittag Sturmzellen hinweg, auch in der »Trockenzeit«. Die herunterprasselnde Regenwand klingt wie ein sich nähernder Güterzug, der sich mit bemerkenswerter Geschwindigkeit voranbewegt. Nach etwa einer Minute vom ersten Donnergrollen an hat der Wolkenbruch eine buchstäblich atemberaubende Stärke erreicht. Da das Laubdach enorm dick ist, kommt das Dröhnen zunächst von oben, wo der Regen zuerst auftrifft. Oft dringt der Schauer mit seiner ganzen Kraft gar nicht bis zum Waldboden vor, und man hört nur das melodische Trommeln auf die Blätter – dessen Klang von der Größe der Regentropfen abhängt – und hin und wieder das Auftreffen von Wassertropfen auf den kleinen Pfützen, die sich am Boden gebildet haben. Mit hochqualitativen Stereorekordern oder Surround-Systemen sind wir in der Lage, diese nahen und fernen Regenereignisse zugleich aufzuzeichnen. Doch so schnell, wie sie auftauchte, ist die Sturmzelle auch wieder abgezogen. Das Ganze dauert nicht mehr als drei oder vier Minuten. 2.6

Sofern nicht gerade Bäume auf die Mikros herabgestürzt sind, hört man nun, wie die Insekten des Regenwalds zu summen und zu surren beginnen – erst eines, dann Dutzende und schließlich Tausende. Wie auf das Stichwort einer unsichtbaren Kraft hin füllen dann die Vögel die noch unbesetzten akustischen Räume mit einer Darbietung, die sich dynamisch aufbaut wie Gabriel Faurés *Requiem*, bis der Wald wieder belebt ist von einer komplexen Klangtextur, die ansteigt, ihren Höhepunkt erreicht und dann wieder verebbt, wenn sich die nächste Sturmzelle bildet oder der Spätnachmittag in die kurze Dämmerung übergeht. Um Momente wie diese zu erleben, gehe ich am liebsten in die Urwälder Sumatras oder im mittleren Amazonasgebiet, wo sich die Darbietung fast jeden Tag in der einen oder anderen Form wiederholt.

In der Stadt hingegen klingt Regen völlig anders. In der Regel zerstreut oder absorbiert kein Laubdach die Regengüsse, und die Tropfen fallen direkt auf Asphalt oder andere harte künstliche Flächen. Oft spritzt der Regen gegen Häuserfassaden und hallt von Mauern wider, oder er trommelt auf

Metalldächer. Wenn man genau hinhört, erkennt man sofort den Unterschied zwischen den in freier Natur aufgenommenen Regenfällen und Niederschlägen in der Stadt – auch ohne verräterischen Autoverkehr und das Geräusch von Reifen, die durch die Pfützen auf dem nassen Asphalt pflügen.

Schnee erzeugt ebenfalls ein unverkennbares akustisches Milieu, das in seiner Vielfalt genauso facettenreich ist wie die Bedingungen, unter denen Schnee auftritt. Es ist extrem schwierig, das Geräusch einer fallenden Schneeflocke aufzunehmen – für Tonleute eine Feinarbeit in der Stille, für die man so viel Geduld aufbringen muss wie für ein Gourmet-Menü. Ähnlich wie bei den wenigen Luftmolekülen, die durch eine herabgleitende Feder oder ein Staubpartikelchen bewegt werden, kann man aber mit sehr viel Glück einen solchen Augenblick durchaus einfangen. Einigen Kollegen ist es bereits gelungen, allerdings nicht so, dass man den fallenden Schnee ohne Weiteres mit einem normalen Sound-System hören kann. Ich nehme Schneefall immer bei kaltem und feuchtem Wetter auf. Leider ist das Problem dabei, dass viele Mikrofone weder das eine noch das andere mögen. Am besten gelingen Aufnahmen von fallendem Schnee, wenn sich die Temperatur nahe dem Gefrierpunkt bewegt – dann sind die Flocken meist groß, feucht und schwer. Wenn es mir gelungen ist, meine Mikrofone richtig zu positionieren – meist nehme ich kleine Modelle, die ich an die Zweige niedriger Büsche hefte –, kann ich die ganz leichte Vibration der Zweige bei der Landung der Schneeflocken aufzeichnen. Man hört einen leisen, gedämpften Klopflaut, der charakteristisch für
2.7 Schnee ist.

In unserem Wortschatz gibt es nur ein Wort für »Schnee«, das alle Formen abdeckt – sofern man nicht ein Barry Lopez ist, der in seinem Buch *Arktische Träume* Schnee beschreibt.

Differenzierende Begriffe sind meist visueller Art – fast nie kommt uns bei Schnee eine Klangerfahrung in den Sinn, außer vielleicht dass wir die Stille betonen, die damit einhergeht. Während im Westen der Mythos verbreitet ist, dass die Sprache der Inuit Dutzende von Wörtern für die verschiedensten Schneephänomene bereithält, zeigt ein sorgfältiger Blick auf das Vokabular dieser Arktisbewohner, dass sie nur etwa ein halbes Dutzend kennen. Wie Lopez zeigt, können wir etwa die Unterschiede zwischen feinem und feuchtem Schnee, Raureif, Pulverschnee und klebrigem Schnee, Schneewehen, Schneestürmen, Harsch, Schneeschmelze, Nadeleis, Schnee, der auf ein stehendes Gewässer fällt, und Griesel wahrnehmen.

Vor ein paar Jahren realisierte R. Murray Schafer im Auftrag des Südwestfunks eine Klangskulptur mit dem Titel *Wintertagebuch*, in dem die subtilen Aspekte der Interaktion des Menschen mit der Winterlandschaft eingefangen waren. Schafer nahm die verschiedenen Elemente seiner Komposition »live« auf. Das Werk beginnt mit dem Geräusch von Schritten auf verharschtem Schnee, die durch ein ländliches Schallfeld von einem Klangraum zum nächsten wandern. Nach einem Segment, in dem man hört, wie Schnee geschaufelt wird, werden wir über eine lange Zeit von Stille eingehüllt, bis das Pfeifen eines Zugs in weiter Ferne unser Ohr wieder zu einem von Menschen erzeugten Ton lenkt, der für manche schön klingt. Die Klanglandschaft oszilliert zwischen alles absorbierender Stille ohne jeglichen Hall und Percussion-Instrumenten, menschlichen Rufen, den Darbietungen von Ureinwohnern und schmelzendem Eis, das auf Metall tropft – all das in einer Schneekulisse –, bis wir von einem Gefühl höchster Leichtigkeit und Gelassenheit erfüllt sind.

In den 1990er-Jahren war ich als Reiseleiter in Süd- und Nordamerika, Afrika und Indonesien unterwegs, um der Natur zu lauschen und Aufnahmen zu machen. Bei einer Kajakfahrt im Südosten Alaskas schlugen wir unser Lager am Südufer des Russell-Fjords auf, etwa 800 Meter vom Hubbard-Gletscher entfernt, von dem uns die Fahrrinne trennte. In den drei oder vier Tagen unseres Aufenthalts dort brachen von der Gletscherzunge ständig mächtige Eisbrocken von etwa 100 Metern ab, die donnernd in den Fjord sanken. Diese Eismassen verdrängten riesige Wassermengen, sodass hohe Wellen entstanden, die nach etwa einer Minute – und einer Reise von etwa 800 Metern – an das Felsufer unter der Stelle krachten, wo wir unsere Zelte aufgeschlagen und unsere Freiluftküche eingerichtet hatten. Der Respekt einflößende Lärm erinnerte uns daran, unsere Kajaks ein gutes Stück von der Wellenlinie wegzuziehen, damit sie nicht fortgerissen wurden.

Nach ein paar Tagen interessierte mich, ob die Gletschermasse als Ganzes, während sie sich fortbewegte und unter sich eine Moräne entstehen ließ, vielleicht akustische Energie erzeugte. Nach einer Beratung mit unserem Führer kamen wir zu dem Schluss, es sei gefahrlos, wenn wir hinüberpaddelten und von der kalbenden Gletscherzunge aus etwa einen Kilometer über das Eismassiv gingen, um zu erforschen, ob man etwas hören konnte. Ein sich ständig bewegender Gletscher ist eine geophysikalische Klangquelle – eine Kategorie, zu der auch Lawinen, Erdbeben und heiße Schlammlöcher gehören. Welche Geräusche wir von diesen Phänomenen wahrnehmen, hängt von unserer Position im Verhältnis zur Klangquelle sowie von den physikalischen Eigenschaften des Umfelds ab. Als wir den Fjord überquert und eine Strecke auf dem Gletscher zurückgelegt hatten, stieg ich in eine Gletscherspalte und stellte in einer flachen Schmelzwasserpfütze

ein Hydrofon auf. Während der Rest der Gruppe in sicherer Entfernung blieb, gelang es mir, ein dunkles und anhaltendes leises Grollen einzufangen, das ich in dem Moment eher spürte als hörte – verursacht durch das Fließen des Gletschers mit einer Geschwindigkeit von einigen Zentimetern pro Stunde. Damit wurde diese Signatur zum ersten Mal aus dieser Position aufgezeichnet. (Eine Warnung: Eine Gletscher- 2.8
spalte hinunterzuklettern ist kein empfehlenswerter Freizeitsport!)

Da die Geräusche von Bodenbewegungen meist sehr niedrige Frequenzen und scharfe, laute Spitzen haben, sind sie nur schwer einzufangen. Doch wenn es gelingt, erhält man einen unvergesslichen Klang. Mammoth Lakes ist ein hochaktives seismisches Gebiet in der kalifornischen Sierra Nevada, wo es periodisch zu Schwarmbeben kommt. Im Jahr 1989 gab es hier allein in zwei Tagen über 300 kleine Beben – was keineswegs ungewöhnlich ist. Anfang der 2000er-Jahre konnte ich dort eine nahezu ununterbrochene Folge kräftiger Stöße aufzeichnen. Etliche davon, mit einer Stärke von 3,5 bis 5,5 auf der Richterskala, wurden damit erstmals mit speziellen Mikrofonen aufgenommen, die – in Anlehnung an das Wort »Hydrofon« – als »Geofone« bezeichnet werden oder auch als »Kontaktmikrofone«, da sie direkt auf die Vibrationsquelle gesetzt werden. Mit diesen Geräten konnte ich nun die Bodenbewegung als reproduzierbare Geophonie aufzeichnen – als Klang, den jeder tatsächlich hören konnte.

Auch wenn es aufregend war, das Geräusch der Bodenbewegung aufzunehmen, gehört zu meinen Lieblingsklängen einer, den wir tatsächlich nicht konservieren können: der des Windes. Besser gesagt, wir können den Wind selbst nicht einfangen, sondern nur seine Auswirkungen. Ich gerate regelrecht in Verzückung angesichts der feinen Unterschiede, je nachdem, ob der Wind durch Blätter oder Gräser rauscht, um Aststümpfe säuselt, über offenes Schilf an einem See oder Fluss streicht oder die Nadeln und Zweige von Koniferen in einem Wald streift.

John Muir, der Naturforscher, der Ende des 19. und Anfang des 20. Jahrhunderts die kalifornische Sierra Nevada durchwanderte und nach dem das Naturschutzgebiet Muir Woods in Kalifornien benannt ist, behauptete, er könne seinen Standort allein durch den Wind bestimmen, der durch die Fichtenwälder wehe. So schwärmte er 1874 von solch einem Augenblick:

> Selbst als die große Hymne zu ihrer höchsten Lautstärke angeschwollen war, konnte ich die verschiedenen Klänge einzelner Bäume heraushören – der Fichte, der Tanne, der Pinie und der blattlosen Eiche – und sogar das unendlich zarte Rascheln des trockenen Grases zu meinen Füßen. Ein jedes drückte sich auf seine Weise aus – sang sein je eigenes Lied und vollführte seine eigenen Gesten – und brachte damit eine Vielfalt hervor, die ich in keinem anderen Wald vorgefunden habe.

Ein starker Wind sorgt dafür, dass die Zweige der Bäume bisweilen aneinanderreiben, stöhnen und ächzen. Je nach seiner Stärke erzeugt Wind im Mikrofon ein Knacken und Rumpeln, wenn er die hochempfindliche Kapsel – das wichtigste Element, das Klangwellen erkennt und in elektrische Energie oder digitale Signale umwandelt – überlastet. Mikrofonkapseln registrieren die geringfügigsten Veränderungen im Luftdruck – Veränderungen, die die meisten Menschen und viele Tiere nicht wahrnehmen. Wenn das Geräusch des Windes gedämpft und leise ist, erinnert es mich gelegentlich an das Atmen von Lebewesen; es wird zum Kreuzungspunkt zwischen der Welt der Tiere und einer lebendig klingenden Erde. Dieser *spiritus* (das lateinische Wort für »Atem«) ist eine Schnittfläche aller elementaren Quellen der Klanglandschaft. In vielen Kulturen gilt das, was wir vom Wind wahrnehmen – ob in den Bäumen eines Waldes oder als Atmen einer Kreatur –, als Wurzel der Spiritualität.

Als wahrhaft ätherischer geophonischer Klang ist der Wind eine Art mystische Kraft, die wir in wechselnder Gestalt von tosend bis leicht, von stürmisch bis hin zur sanften, beständigen Brise erleben. Kommen andere Wetterelemente hinzu, gewinnt er vielleicht die Macht eines Tornados oder Hurrikans oder die Kraft, die der Atem eines Wals entfaltet. Einmal hatte ich das Glück, den Wind in der Wüste des amerikanischen Südwestens aufnehmen zu können: Zahllose spektakuläre Sturmzellen, denen jeweils starke Böen vorangingen, zogen über unser Camp in New Mexico. Als ich die Klanglandschaft des Frühlings aufzeichnen wollte, hörte ich bei dem Versuch, durch einen Stacheldrahtzaun zu kriechen, der mir den Weg versperrte, genau an der Stelle, wo ich die Drähte auseinanderspreizte, zufällig etwas, das wie ein verzerrtes Pfeifen klang. Der Wind, der in starken Böen wehte, streifte über zwei tief angebrachte verrostete Drähte, die der Zufall so platziert hatte, dass sie »sangen« (das heißt, sie vibrierten so, dass sie einen Ton erzeugten). Ich stellte ein paar kleine Mikrofone ins Gras, um sie vor dem Wind zu schützen, und konnte so einen der seltenen Momente einfangen, die sich jeder Tonmann erhofft – einen Augenblick des reinsten Sinneseindrucks ohne jegliche Hintergrundgeräusche. 2.9

Wenn ich diese Aufnahmen abspiele, bin ich auch nach Jahren immer noch verblüfft darüber, wie »dürr« und »heiß« sie klingen. Die dichten, hell klingenden Töne lassen meine Lippen trocken werden. Ich besitze auch Aufnahmen vom Wind, die Kälte oder eine Bedrohung vermitteln – ein eisiger Klang, der sich ins Unheilvolle kehrt, und zwar dann, wenn sich die Frequenz des schrillen Heulens verändert und sich ein Wetterereignis ankündigt. Aufnahmen von Wind werden häufig in Filmen verwendet, um bestimmte Stimmungen zu erzeugen. So werden Gefühle und Emotionen in *Kein Land für alte Männer* wie auch in Robert Altmans Film *McCabe & Mrs. Miller* durch die Soundeffekte des Windes transportiert. Eine Eröffnungsszene in Altmans Film ist die Totale einer Pionierstadt im winterlichen amerikanischen Westen. Der Wind hat genau die richtige Frequenz, um die Bühne für die bevorstehenden Ereignisse zu bereiten und den kalten Hauch von drohendem Unheil zu vermitteln.

Wind, der um den Globus peitscht; Wasser in Flüssen, Seen und Meeren; Bodenbewegungen; Vulkanausbrüche; Stürme an Land – all diese Elemente zusammen erzeugten einst eine Klanglandschaft ohne biologisches Leben. Doch dann erlebte diese Welt umwälzende Veränderungen.

Vor ungefähr 600 Millionen Jahren waren Geophonien die einzigen Klänge auf dem Planeten, und es gab keine Lebewesen, die sie hätten hören können. Als aber Leben entstand und sich über Millionen von Jahren einfache Organismen zu komplexeren und stimmfähigen Geschöpfen entwickelten, veränderten sich die Klanglandschaften. Zu Wasser, Wind und dem Grollen des Planeten gesellten sich Bakterien, Viren, Insekten, Fische, Reptilien, Vögel, Amphibien und Säugetiere, die alle ihren Platz in einer neuen Klangordnung fanden, in einer vor Leben berstenden Welt.

KAPITEL DREI

Der orchestrierte Klang des Lebens

ES WAR MEIN DRITTER TAG im Camp der verstorbenen Dian Fossey in Karisoke, Ruanda – ein abgeschiedener Ort, wo man sich rasch auf den Kontakt mit der Tierwelt einstimmt. Damals, einige Zeit vor den verheerenden Wirren der 1990er-Jahre, existierten hier inmitten der Virunga-Vulkane – trotz gelegentlicher Wilderei und Entwaldungsdruck – geschützte »Biome« oder Ökosysteme, die sich als sehr widerstandsfähig erwiesen, und es gibt sie noch heute.

Als ich das Camp 1987 besuchte, nahm die Zahl der Berggorillas allmählich wieder zu, und die Wilderer hielten sich seit einiger Zeit zurück, während die Regierung mit ausländischen Organisationen wie Dian Fosseys Digit Fund einen wackeligen Waffenstillstand geschlossen hatte. Ich war sehr gespannt auf diese Welt, und kaum war ich einen halben Tag da, meldete sich mein ADHS, und ich redete mir ein, ich hätte mir bereits alles angeeignet, was ich über den Lebensrhythmus der Waldtiere wissen musste. Vor allem meinte ich, begriffen zu haben, wie man gefährliche Begegnungen mit Waldelefanten und Afrikanischen Büffeln vermeidet und wie man sich Gorillas gegenüber verhält.

In vollem Vertrauen auf meine neu erworbenen Kenntnisse erklärte ich den anderen Forschern und unseren Führern, ich sei mit den Benimmregeln im Gelände vertraut und man könne mich mit den Wildtieren und meiner Ausrüstung allein lassen. Also zogen die anderen weiter zu ihren eigenen Beobachtungsposten, und ich setzte mich still an meinem Standort auf den Boden. Jugendliche Berggorillas spielten in der Nähe, und die erwachsenen widmeten sich zärtlich der gegenseitigen Fellpflege oder ruhten zwischen Futterbeutezügen aus, wobei sie unablässig den Status der Hierarchie unter den Männchen überprüften.

Ein Blick auf die Vegetation verriet mir, dass hier ein Kampf stattgefunden hatte. Überall lagen ausgerissene Bambushalme und Sträucher herum, und die Klangkulisse – erfüllt mit den Rufen von Würgern, Bülbüls, Kuckucken, Papageien, Turakos, Pirolen, Fliegenschnäppern und zahlreichen Insektenspezies – vermittelte ebenso wie der stechende Geruch des Alphamännchens und die Körpersprache der anderen Affen eine mit Händen zu greifende Spannung. Gleich zu Beginn war mir die Vielgestaltigkeit der Klanglandschaft aufgefallen, dennoch musste ich bald feststellen, dass ich ein paar subtile, aber entscheidende Signale aus dem Gewebe der Tierstimmen überhört hatte. Im Bruchteil einer Sekunde wurden die gefiederten Chorsänger vorsichtig und leise. Viele Insekten hörten schlagartig auf zu surren. Es legte sich eine Stille über den Wald, als würde er versuchen, sich aus dem, was bevorstand, herauszuhalten. Am Rande meines Gesichtsfelds, fast hinter mir, sah ich den Jugendlichen Pablo, der in einiger Entfernung von den anderen – teilweise verborgen von der dichten Vegetation – herumschlich. Offensichtlich war er bei dem Versuch ertappt worden, sich mit einem Lieblingsweibchen von Ziz, dem Alphamännchen der Gruppe, zu paaren; und Ziz hatte ihn, zweifellos in der Absicht klarzustellen, wer der Chef war, verprügelt.

Meine Stereomikrofone steckten auf meiner Baseballmütze von den San Francisco Giants, und mein Rekorder lief. In Unkenntnis der Verhältnisse in der Gruppe hatte ich mich genau zwischen Pablo und Ziz niedergelassen. Und noch eine weitere Veränderung in der bioakustischen Struktur war mir entgangen – die ich mitbekommen hätte, wenn ich geistesgegenwärtiger gewesen wäre. Erst als ich später das Tape abhörte, wurde mir die Bedeutung des Signals klar.

Buchstäblich aus dem Nichts brach eine rasche Folge von Brusttrommelschlägen eines der Affen den Bann der ätherischen Atmosphäre. Da Stereosignale in Kopfhörern nur zwischen rechts und links unterscheiden, konnte ich lediglich Klangquellen auf diesen beiden Seiten des Schallfelds ausmachen. Stinksauer bearbeitete Pablo mit geballten Fäusten seinen Brustkorb in einem Schnellfeuer, das mich an Rahmenschläge auf eine Rührtrommel erinnerte. Dann folgte ein ohrenbetäubender Schrei, und mit einem Krachen der Zweige bahnte sich Pablo den Weg zu seinem dominanten Rivalen – ein Höllenlärm, der meine Aufnahme übersteuerte. Ich konnte nicht ahnen, dass der Tumult hinter meinem Rücken stattfand und sich dessen Verursacher rasch näherte. Während die anderen zuvorkommend das Feld räumten, blieb ich hocken – mit gut 20 Kilogramm Ausrüstung ist man ziemlich schwerfällig. Dann packte eine kräftige, schwarz behaarte Hand meine rechte Schulter. Ohne jede Anstrengung hob mich Pablo hoch – mitsamt Rekorder, Rucksack und allem, was ich an mir trug – und schleuderte mich fünf Meter durch die Luft, sodass Bilderfetzen von blauem Himmel, grünen Pflanzen und Goretex an mir vorüberrauschten. Das Erlebnis der Schwerelosigkeit endete, als ich, nach Atem ringend, in-

mitten von Brennnesseln bäuchlings auf meiner Ausrüstung landete. Ich hatte Glück, mein Körper und mein Rekorder waren halbwegs unversehrt, und ich konnte noch laufen. Alle Warnsignale waren da gewesen, ich hätte nur aufmerksamer
3.1 lauschen müssen.

* * *

Während meiner Kindheit in Detroit griffen meine Eltern und ihre Freunde und Angehörigen – wenn sie etwas außerhalb des Alltagslärms hören wollten – in der Regel zu Musik und lauschten ihr intensiv. Und wenn ich dabei war, entschieden sie sich meist für ein schmales Repertoire an Ausdrucksformen, die für junge, leicht beeindruckbare Ohren geeignet schienen, und das war ein ziemlich anspruchsvoller Mix aus Klassik und ein klein wenig Jazz. Geduldet, aber nie wirklich akzeptiert wurden all die fremden Geräusche, die unsere Umwelt darüber hinaus durchdrangen.

Von klein auf wirkten sich bestimmte Musikrichtungen und lästiger Lärm prägend auf mein Hören aus, und so können Sie sich bestimmt vorstellen, wie verwundert ich war, als ich – an den Frühlings- und Sommerabenden jener Zeit allein in meinem Zimmer – entdeckte, dass alle lebendigen Wesen draußen vor meinem Fenster Melodien sangen, die zu einem großen Chor verschmolzen. Die Freude darüber war ein Geheimnis, das, wie ich meinte, niemand außer mir verstand.

Erst sehr viel später wurde mir klar, dass alle lebenden Organismen eine charakteristische Klangsignatur haben. Wenn sich zum Beispiel Viren von einer Oberfläche lösen, an der sie gehaftet haben, erzeugen sie eine nachweisbare akustische Spitze – einen scharfen, schnellen Amplitudenwechsel, der nur mit sensibelsten Instrumenten messbar ist. Am anderen Ende der Skala stehen die niederfrequenten Stöhn- und Klicklaute – weit unter der natürlichen menschlichen Wahrnehmungsschwelle – des größten Lebewesens auf diesem Planeten, des Blauwals.

Zu Beginn meiner Zeit in Hollywood arbeitete ich im Tonteam eines B-Movies mit. Aber der Regisseur brauchte am Set keine zwei Tonleute, und da ich einen von der Gewerkschaft ausgehandelten Vertrag hatte, konnte er mich nicht feuern. Um mich zur Kündigung zu bewegen, schickte er mich deshalb im August ins Exil nach Iowa, wo ich das Geräusch von wachsendem Mais aufnehmen sollte. Also machte ich mich pflichtschuldig und mit dem Gefühl auf den Weg, eine wichtige Aufgabe zu haben. Wie Meister Lampe setzte ich mich brav die ganze Nacht mitten in ein Maisfeld 80 Kilometer westlich von Des Moines unter eine Maispflanze und wartete dort die ganze Nacht, mein Mikrofon an einen Maisstängel haltend, darauf, dass etwas passierte – was, wusste ich nicht. Am Ende stellte sich heraus, dass Mais tatsächlich ein Geräusch verursacht, wenn er sich teleskopartig ausdehnt – und zwar ein stakkatoartiges Klicken und Quietschen, als würde man mit trockenen Händen in raschen, ruckartigen Bewegungen über einen prall aufgeblasenen Luftballon fahren. Das war der Klang von wachsendem Mais.

Und welche Geräusche erst die Kleinen machen! Als ich zum ersten Mal Ameisen »singen« hörte – sie singen, indem sie die Beine über den Unterleib reiben –, war ich fast fünfzig Jahre alt. Mir verschlug es für Stunden die Sprache. Während der Arbeit an einem Projekt in der Wüste im Südwesten der USA wurden mein Team und ich von *National Geographic* dabei gefilmt, wie wir die Geräusche von Feuerameisen bei dem Versuch aufnahmen, zwei kleine Lavalier-Mikrofone zu entfernen, die ich vor dem Eingang zu ihrem Nest platziert

hatte. Das Vorgehen der Ameisen – die Kommandosignale an die Arbeiterinnen, das Hindernis vom Eingang zu entfernen –
3.2 wurde ausschließlich über Laute kommuniziert.

Ich habe oft Leute sagen hören, die Stimme eines Lebewesens sei von seiner Größe abhängig – kleine Tiere hätten leise Stimmen, während sich größere Tiere entsprechend lauter äußerten. Aber man braucht nur aufmerksam hinzuhören, um dies in den Bereich der Legende zu verweisen. Der Pazifische Laubfrosch vor meinem Schlafzimmerfenster ist ungefähr so groß wie mein kleiner Fingernagel. Seine Stimme ist aber noch aus über 100 Meter Entfernung zu hören. An einem Abend in diesem Frühling verzeichnete mein Gerät in einem Abstand von drei Meter 80 dBA! Geierküken in den Wäldern von Ecuador sind so klein, dass sie bequem auf Ihrer Handfläche Platz hätten, aber ihr Brüllen ist so laut und wild,
3.3 dass es jedem Horrorfilm Ehre machen würde. Andererseits haben viele große Tiere eine relativ leise Stimme – zum Beispiel die Giraffe (abgesehen von ihren niederfrequenten Lauten), der Grauwal, der Tapir, das Capybara und der Ameisenbär. Im Bereich der Naturgeräusche gelten kaum Regeln. Die unglaubliche Vielfalt des Lebens auf der Erde entlarvt unsere Vorstellungen fast ausnahmslos als falsch.

Seeanemonen erzeugen ungewöhnliche Geräusche, doch wir haben keine Ahnung, wie und warum und was diese Laute für andere Organismen in ihrer Nachbarschaft bedeuten könnten. Auf einer Klanglandschaftsreise durch Südostalaska entdeckte meine Gruppe einen Gezeitentümpel voller Rankenfußkrebse, junger, auf der Suche nach Deckung hin und her flitzender Blaumäulchen, kleiner Krabben, Venusmuscheln und einigen Seeanemonen in leuchtenden Farben. Eine, deren Mundöffnung (die Höhlung in der Mitte) einen Durchmesser von rund zwölf Zentimetern hatte, lud praktisch zu einem Experiment ein. Behutsam versenkte ich ein Hydrofon in den Hohlraum. Sofort sog der fleischige Mund das Gerät ein, während die Tentakeln den Rest des Objekts auf etwaigen Nährwert untersuchten. Als sie nicht fündig wurden, stieß die Seeanemone laute, obszöne Grunzer aus. Wenn sogar Seeanemonen Geräusche erzeugen, wie steht es dann mit anderen Lebewesen, die wir bisher nicht beachtet haben? 3.4

Warum sollten zum Beispiel Insektenlarven charakteristische Laute produzieren? Manche tun es. Gibt es in Meeresmilieus, wo sich offenbar zahlreiche Larven Gehör verschaffen, für sie womöglich schon in einem so frühen Lebensstadium ein Klima der Konkurrenz? 3.5

Was mag Nilpferde bewegen, sich unter Wasser bemerkbar zu machen, und wie eng verwandt sind ihre Lautgebungen mit jenen bestimmter Walarten? In einem schlammigen Fluss ist es wichtig, mit anderen Mitgliedern der Herde in Verbindung zu bleiben. Wie Grauwale sind Nilpferde gesellig und halten gern Kontakt, indem sie ähnliche Grunzlaute und andere Geräusche ausstoßen. 3.6

Was veranlasst Giraffen, die man bis vor Kurzem für recht schweigsam hielt, sich über derart niedrige Schwingungen zu verständigen, dass wir sie ohne technische Hilfe nicht wahrnehmen? Ist das womöglich die einzige Frequenz in der biophonischen Struktur, die ihnen offensteht? Nutzen sie etwa diesen freien Kanal, damit ihre Stimme von anderen Giraffen gehört wird?

Solche Fragen können wir nicht vollständig beantworten, und wir erkennen erst allmählich, dass wir viel gewinnen können, wenn wir den Naturgeräuschen der Erde und ihren nichtmenschlichen Bewohnern genauer zuhören. Wenn ich vor Ort Tiere aus der Nähe beobachte, stelle ich mir vor, was sie hören und wie ihre Ohren in ihrer jeweiligen Gestalt Geräusche einfangen. Ich möchte wissen, wie sie akustische Informationen wahrnehmen. Legen Sie die hohlen Hände hinter die Ohren, und drehen Sie sich langsam um. Die eingefangenen Geräusche erscheinen durch die Ohrvergrößerung lauter und fokussierter. Sie hören mehr, weil Ihre Ohren größer geworden sind.

Bei der Arbeit auf Sumatra beobachtete ich einmal erstaunt, wie ein selten zu sehender Nebelparder, der direkt vor meinem Sitzplatz seine Kreise zog, die Stellung seiner Ohren alle paar Sekunden änderte und sie dann geradeaus in seine Blickrichtung ausrichtete. Ich kehrte zu unserem Camp zurück und schnitt mir Papierohren aus, die der Ohrmuschel des Nebelparders ähnelten. Dann befestigte ich zwei kleine Mikrofone daran und klemmte je ein Ohr an die Bügel meiner Brille. Der Unterschied zwischen dem, was ich nur mit meinen Ohren, und dem, was ich mit den unechten Katzenohren hörte, war beeindruckend. Ich versuchte, so zu lauschen, wie es Tiere mit verhältnismäßig großen Ohren tun mochten – zum Beispiel Fledermäuse, viele Katzenarten und Caniden (Füchse, Wölfe, Kojoten, Dingos, Schakale und andere) –, und zu verstehen, wie Ohrenform und -größe den Tieren helfen, die Richtung zu bestimmen, aus der ein Geräusch kommt, und dessen Nuancen zu erfassen. Durch die künstlichen größeren Ohrmuscheln konnte ich Einzelheiten viel deutlicher wahrnehmen und aufzeichnen. Vögel- und Insektenstimmen wurden in den Nahbereich geholt, und die akustischen Merkmale traten schärfer hervor. Beobachten Sie einmal, wie eine Katze anhand von Geräuschen navigiert und jedes Detail mit konzentrierter Aufmerksamkeit erfasst, indem sie die Ohren einzeln oder zusammen auf die Schallquelle ausrichtet. Fertigen Sie sich selbst Katzenohren an. Dann verstehen Sie, was ich meine.

Wie ein Tier Geräusche aufspürt, hängt von der jeweiligen Spezies ab, von seinem Lebensraum und von dem, worauf sein Gehör evolutionsbedingt gerichtet ist. Komplexes Hören ist eines der wenigen Dinge, die hoch entwickelte Lebensformen gleichzeitig mit anderen Aufgaben bewältigen – die Organismen interpretieren Informationen, die vielschichtige Daten übermitteln, können das Signal sofort entschlüsseln und daneben anderes erledigen, zum Beispiel die Brauchbarkeit der empfangenen Informationen unter dem Aspekt des eigenen Überlebens analysieren.

Als ihre Zahl noch relativ gering war, mussten akustisch sensible Organismen nur den geophonischen Hintergrund ausblenden, um andere klangerzeugende Organismen im eigenen Habitat wahrzunehmen. Mit der Entstehung weiterer und komplexerer Spezies war es notwendig, dass sie genau jene Geräusche hören und deuten konnten, die für ihr Wohlergehen wichtig waren. Im Laufe vieler Eiszeiten, vor allem der jüngeren, ist die Gesamtzahl der Lebewesen exponentiell gestiegen, und neue Spezies haben die verfügbaren biologischen Nischen besetzt. Es entstanden vielschichtige Lebensräume mit stabilen Lebensformen, deren Verhalten und Fortbestehen – sei es individuell oder kollektiv – weitgehend nicht nur von visuellen, olfaktorischen und taktilen Umgebungsreizen abhing, sondern auch von Geräuschen.

Der Hörmechanismus ist von Spezies zu Spezies unterschiedlich – und davon bestimmt, ob das Tier an Land oder im Wasser lebt. Fische nehmen oftmals Druckveränderungen über die Seitenlinienorgane wahr, deren Nervenzellen von den Kiemen bis zum Schwanz reichen, und zwar meist zwischen Rücken- und Brustflossen. Wenn Fischschwärme plötzlich abdrehen, reagieren sie auf Druckwellen, die bei allen Tieren gleichzeitig auf die Seitenlinienorgane treffen.

Unter Landsäugetieren findet man bei jeder Art einen einheitlichen Aufbau des Ohrs. Es besteht aus einer Ohrmuschel und einem Mittelohr – einer Luftkammer hinter dem Trommelfell, wo sich Hammer, Amboss und Steigbügel befinden – und einem Innenohr. Schall – eine sich durch die Luft bewegende Druckwelle – bewirkt ein Vibrieren des Trommelfells. Die Gehörknöchelchen des Mittelohrs übertragen die Vibration an das mit Flüssigkeit gefüllte Innenohr. Im Innenohr liegt die Gehörschnecke mit den Haarzellen, die über die Frequenzbreite entscheiden, die der Hörer empfangen kann. Einige Zellgruppen sprechen eher auf niederfrequente Signale an, andere eher auf den oberen Bereich des Spektrums. Haarzellen sind sowohl Detektoren als auch Verstärker – ihre Bewegung wird in Signale umgewandelt, die von Nerv zu Nerv weitergeleitet und schließlich im Gehirn zu brauchbaren Informationen verarbeitet werden.

Da bei Meeressäugern keine Anpassung an den Wellenwiderstand des Mediums Luft erforderlich ist, benötigen sie auch kein vermittelndes Organ – Meeressäuger können Klänge über die Kehle wahrnehmen, die dann direkt an das Innenohr weitergeleitet werden. Einige Zahnwale, zum Beispiel Delfine, registrieren Schall über den Unterkiefer. Robben hören mittels ihrer Barthaare (*vibrissae*) – die kürzeren sind für höhere Frequenzen zuständig, die längeren für tiefere.

Bei Insekten findet man drei verschiedene Formen, Schallwellen einzufangen: Grillen, Heuschrecken und Zikaden besitzen eine Art Trommelfell, das Kontakt zur Luft hat und je nach Spezies an der Brust, den Vorderbeinen oder anderswo angesiedelt ist. Andere hören mittels winziger Härchen – des Johnston'schen Organs – auf ihren Fühlern. Insekten wie der Schwärmer können durch ein Hörorgan auf dem Kopf die eintreffenden 50 bis 70 Kilohertz umfassenden Echoortungssignale einer Fledermaus erkennen, die es auf sie abgesehen hat. (Überdies gibt es nichtsingende Insekten wie den Bergkiefernkäfer, die gar nicht hören, wahrscheinlich aber über Boden, Luft, Bäume und andere Pflanzen übertragene Schwingungen wahrnehmen.)

Reptilien haben in der Regel ein Trommelfell, das entweder an der Hautoberfläche sichtbar oder ein wenig versenkt ist. Es ist direkt mit dem Mittelohr verbunden, das die Schwingungen an das Innenohr und von dort an das Gehirn weiterleitet. Krokodile erzeugen und empfangen äußerst niederfrequente Klänge, was vermuten lässt, dass dieser sogenannte Infraschall über ihren halb unter Wasser schwimmenden Körper aufgefangen wird. Wie Reptilien nehmen Frösche Schall durch ein äußeres Trommelfell wahr, das unmittelbar hinter den Augen liegt. Und ebenfalls ähnlich wie viele Reptilien empfangen sie Schwingungen vermutlich auch über Boden und Wasser. Schon oft habe ich mich vergebens an ein Teichufer herangeschlichen, weil die auf einem Stamm sitzenden Frösche meine Schritte visuell oder aber über Bodenvibrationen wahrnahmen und rasch ins Wasser oder ins hohe Gras hüpften.

Mit Ausnahme der Eulen, die mit ihrem hoch entwickelten Gehör ihre Beute auch im Zwielicht und dicht bewachsenen Habitaten aufspüren können, haben Vögel keine sichtbaren Ohren. Aber sie besitzen direkt unter den Augen Gehöröffnungen, die von einem Kranz kleiner Federn umgeben sind. Das ist sinnvoll: Windgeräusche (beim Flug oder auch beim Schlaf) können den Empfang stören, und die Federn lösen das Problem. Abgesehen von der fehlenden Ohrmuschel, hat das Gehör der Vögel erstaunliche Ähnlichkeit mit dem der Menschen. Die meisten Vögel hören im selben Frequenzbereich, aber die Art der Geräuschverarbeitung ist auf die Feinheiten des Gesangs und der Rufe ihrer eigenen Spezies abgestimmt.

Die vielen verschiedenen Arten, in denen Tiere Geräusche empfangen und verarbeiten, würden Stoff für zahlreiche Bücher bieten. In unserem Gemüsegarten gräbt ein Erdhörnchen die Erde auf und knabbert die zarten Wurzeln unserer Pflanzen an. Dem Geräusch weicher Katzenpfoten und ihres über den Boden streichenden Schwanzes schenkt es keine Beachtung, aber es reagiert todsicher auf die Vibrationen einer anderthalb Meter langen Gophernatter, die umherschleicht und nach einem Zugang zu dem unterirdischen Labyrinth des Erdhörnchens sucht. Die Maultierhirschgeiß, die mit ihren beiden Kitzen abends an unserer Landstraße äst, interessiert sich gar nicht für das Motorgeräusch unseres Wagens, der langsam vorbeifährt. Bin ich aber zu Fuß unterwegs und nähere mich aus einem Abstand von 100 Metern, dann verschwinden alle drei flugs im Wald. Obwohl in unserer Region nicht gejagt wird, muss ihre DNA ihnen signalisieren: »Zweibeiner zu Fuß, also ernste Gefahr.« Aber das beruhigende Tuckern eines vorbeifahrenden Autos zeitigt – solange das Fahrzeug nicht anhält – wenige oder keine Folgen.

Über die von Fledermäusen und Zahnwalen – Delfinen, Schwert- und Pottwalen – erzeugten Ultraschallsignale werden Informationen zur Echoortung ausgetauscht. Die Schallwellen, angesiedelt in hohen Tonlagen zwischen 18 und über 200 Kilohertz, liefern vermutlich ähnliche Bilder wie die in der Medizin eingesetzten Ultraschallgeräte. Einige Arten erhalten damit ein so detailreiches Hörbild von einem Objekt, dass sie unter Wasser aus 25 Meter Abstand zwischen zwei gleich großen Münzen, die eine aus Holz, die andere aus Plastik, unterscheiden können.[1]

Die physiologischen Systeme, die Organismen ausgebildet

haben, um Klänge zu empfangen, sind nur das erste Stadium im Hörvorgang. Der Organismus muss nun die empfangenen Informationen entschlüsseln – das Leben eines akustisch empfänglichen Wesens hängt davon ab, ob es die kleinsten Nuancen einer komplexen Hörinformation interpretieren und entscheiden kann, ob Gefahr droht oder nicht.

Wie alle empfindungsfähigen Wesen, die anhand von Geräuschen durch die Welt navigieren, empfangen auch wir ein ganzes Spektrum von akustischen Signaturen. Manche enthalten brauchbare Informationen, die wir als »Signale« bezeichnen; manche bestehen aus unwillkommenen und zusammenhangslosen Klangfragmenten, die wir »Lärm« nennen. Die Schallwellen, die unser Ohr erreichen, sind natürlich meist eine Mischung aus Signalen und Lärm. Menschen aus Industriegesellschaften haben so wenig Erfahrung mit den Stimmen der Wildnis, dass sie akustische Signale aus ihrer unmittelbaren Hörweite häufig gar nicht wahrnehmen. Wenn wir die Zeichen der akustischen Erzählung zu deuten wüssten, hätten wir eine bessere Vorstellung von der dynamischen Energie der verschiedenen Lebensräume. Manchmal sind die Zeichen allerdings gar nicht so subtil.

Die meisten Menschen hören die Geräusche von Grillen, Grashüpfern, Fröschen und verschiedenen Insekten als Kakophonie oder chaotischen Lärm. Es ist gar nicht so leicht, aus diesen Geräuschbündeln sinnvolle Informationen herauszufiltern. Wenn man aber genau hinhört, bekommt man von stimmbegabten Lebewesen eine Menge Hinweise. An Sommerabenden mache ich gern ein Spiel mit den Nachbarskindern. »Weiß jemand, wie uns die Grillen die Temperatur verraten?«, frage ich.

Das Tempo des Zirpens – oder die Zahl der Impulse in einem bestimmten Zeitraum – hängt von der Umgebungstemperatur ab, die bei den kaltblütigen Grillen die Körpertemperatur beeinflusst. Wenn wir aufmerksam lauschen, erkennen wir, dass die von den Grillen erzeugten Laute, sobald die Tage kühler werden, nicht mehr synchron sind. Grillen zirpen, wie die bereits beschriebenen singenden Ameisen, indem sie die Flügel aneinanderreiben. Dabei wird eine gezähnte Schrillader auf der Unterseite des einen Flügels rasch über die Hinterkante des anderen Flügels hin und her bewegt. Das Timing des Zirpens innerhalb der Grillenpopulation ist bei Kälte deshalb uneinheitlich, weil die Bodentemperatur der verschiedenen Grillenstandorte innerhalb eines Territoriums unterschiedlich ist. Schattigere Bereiche sind kühler als solche mit direkter Sonneneinstrahlung, deshalb reiben die Grillen an kühleren Orten die Flügel langsamer als ihre Gefährten an wärmeren Stellen. Im Lauf des Abends gleichen sich die Temperaturen am Boden allmählich an, und sämtliche Grillen zirpen wieder koordiniert – das heißt vollkommen synchron.

Man kann sogar die Temperatur bestimmen, indem man die Zirplaute bestimmter Grillen zählt. Bei der in den USA verbreiteten Thermometergrille zählt man zum Beispiel die Laute innerhalb von 15 Sekunden, addiert 40 und erhält die Temperatur in Grad Fahrenheit. Für andere Spezies gelten andere Formeln, mit denen sich ebenso leicht rechnen lässt (man zählt die Laute innerhalb von 15 Sekunden und addiert
3.7 eine der jeweiligen Spezies entsprechende Zahl).

Einige Jahre nach meinem Ruanda-Einsatz führten mich Aufträge nach Australien und in den Süden Ecuadors, wo ich mit den uralten Klanglandschaften in den Gebieten der Pitjantjatjara-Ureinwohner beziehungsweise der Jivaro-Indianer in Kontakt kam. Die Pitjantjatjara-Stämme bewohnen die Wüsten Zentralaustraliens und ziehen in einem Bereich umher, der für Außenstehende wie eine gleichförmige Ebene aussieht.[2] Folglich meint man, sie würden sich eher auf ihre Augen als auf ihre Ohren verlassen. Ihre Welt ist aber in einem erheblichen Maß von der Biophonie geprägt, die insbesondere als akustischer Wegweiser oder Landkarte dient. »Nimm diese Route, solange du die Weberameisen singen hörst; wenn ihr Lied endet, folge einer anderen Stimme (und so weiter), bis du dahin gelangst, wo du hinwillst.« Die Richtung, die sie bei ihren Buschwanderungen einschlagen, wird zumindest teilweise durch die sich verändernde Klanglandschaft bestimmt.

Die Jivaro, die im Amazonasbecken leben und sich selbst als »shuar« bezeichnen, vernehmen eine ganz andere Biophonie als die Pitjantjatjara. Die Klanglandschaften unterscheiden sich extrem: Während die Wüstenlandschaft der Pitjantjatjara, abgesehen von den feinsten Signaturen von Wind, Erde und einem selten erscheinenden Tier, gespenstisch still sein kann, ist das Gesamtbiom der Jivaro einer der klangreichsten Lebensräume des Planeten, und es machen sich stets Kreaturen in unterschiedlichem Maße akustisch bemerkbar.

Die einstigen Kopfjäger widersetzten sich vehement den Eindringlingen aus dem Westen, angefangen mit den Konquistadoren bis zu den Missionaren des 20. Jahrhunderts. 1599 löschten sie eine spanische Stadt mit 20 000 Bewohnern aus und erwarben sich damit den Ruf, der einzige südamerikanische Stamm zu sein, der die iberischen Invasoren zurückschlagen konnte. Noch bis Ende der 1960er-Jahre ordneten die Jivaro immer wieder die Schädel ihrer Feinde nach deren Größe.

Wie bei anderen Stämmen an abgelegenen Orten verändert sich die Verbindung der Jivaro und der Pitjantjatjara zur natürlichen Klanglandschaft rasch, sobald sie häufiger den Eindrücken der Industriekultur ausgesetzt sind. Aber bei meinem einzigen Besuch, kurz bevor die Jivaro verstärkt in die Geldwirtschaft einbezogen wurden, durfte ich einige Männer bei einer seltenen abendlichen Jagd begleiten. Bald stellte ich fest, dass sie ihren Weg durch die dichte Bodenvegetation ohne Fackeln oder einen Blick in den klaren Nachthimmel fanden und sich vor allem durch subtile Waldgeräusche leiten ließen. Mit verblüffender Genauigkeit nahmen sie die Spur unsichtbarer Tiere auf und orientierten sich an den leisesten Variationen von Insekten- und Froschlauten.

Auch erlaubten sie mir als »Außenseiter«, ihren heiligen Gesängen und Tänzen beizuwohnen. Mit mehreren Flöten und einer Art Regenstab[3] stand ihre Musik in enger Beziehung zu den Geräuschen der Umgebung und schien von den ständig wechselnden »Stimmungen« in den Klängen des Waldes bei Tag und Nacht beeinflusst zu sein. Einmal, in jenem angespannten Moment kurz vor einem nachmittäglichen Gewitter, wurde die Musik ziemlich düster und erwartungsvoll. Dann, vor dem Abendkonzert, nachdem die Böen sich gelegt hatten und die Geräusche des Waldes wieder lebhafter wurden, ging die Darbietung mit einem optimistischeren Thema und einer fröhlicheren Instrumentierung weiter. Die Stimmung der Umgebung spiegelnd, steigerte sich das Tempo, und es entstand der Eindruck erhöhter Energie. Die Musik, ob instrumental, vokal oder begleitend zum Tanz, war zutiefst von den aus dem Wald dringenden Signalen inspiriert.

Bei meiner Suche nach einem einfachen, aber aussagekräftigen Begriff für die Tiergeräusche der Wildnis erschienen mir die infrage kommenden Ausdrücke zu wissenschaftlich abgehoben und unverständlich. Im Bereich menschlicher Lautgebungen waren die Wörter geradezu nichtssagend, zum

Beispiel »anthropogene Geräusche«. Nichts passte so recht. Dann kam ich zufällig auf eine griechische Vorsilbe und eine Nachsilbe, die den richtigen Ton trafen: »bio« für »Leben« und »phon« mit der Bedeutung »Laut, Ton, Stimme«. »Biophonie«: die Laute lebender Organismen.

Neben den in der Klanglandschaft verborgenen akustischen Hinweisen kann uns die Biophonie insgesamt wertvolle Informationen über den Zustand eines Habitats geben. In einer ungestörten natürlichen Umwelt variieren Vielfalt und Inhalt der Klanglandschaften von Jahreszeit zu Jahreszeit, im Lauf eines Tages und je nach Wetter. Die für einen Ort einzigartigen organischen und nichtorganischen Elemente befinden sich in einem empfindlichen Gleichgewicht und charakterisieren jedes Habitat akustisch, so wie jeder Mensch seine typische Stimme, seinen Akzent und Tonfall hat.

Vor über 20 Jahren fragte ich einen Biologen, der für eine große Holzfirma arbeitete, ob ich in einem »Waldbewirtschaftungsgebiet« in der kalifornischen Sierra Nevada Aufnahmen machen dürfe, wo seine Firma eine Genehmigung für selektiven Holzeinschlag im Staatswald besaß. Der Ort: Lincoln Meadow am Yuba-Pass, ungefähr dreieinhalb Autostunden östlich von San Francisco. Die gut einen Kilometer lange und rund 400 Meter breite Grasfläche war durch einen Bach geteilt und von Gelb- und Küstenkiefern, Purpur- und Koloradotannen und Douglasien sowie von einigen Mammutbäumen gesäumt. Den ganzen Frühling über waren dort zahlreiche Froscharten zu hören. Es war ein klangreiches Idyll. Bei Veranstaltungen in der Gegend versicherten der Biologe und seine Kollegen der Gemeinde, die neue Methode des selektiven Holzeinschlags ihrer Firma habe keine negativen Folgen für das Habitat; nur hie und da würden ein paar Bäume gefällt, die große Mehrheit der gesunden alten Mam-

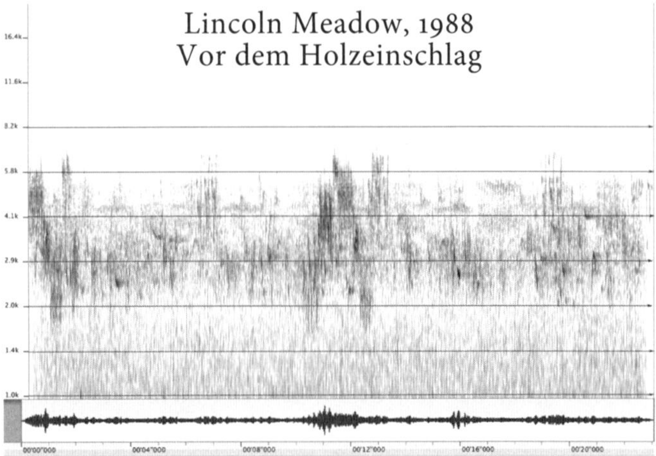

Abbildung 1. Lincoln Meadow, 1988.

mutbäume bleibe verschont. Ich bat um Zugang zu dem Gebiet, um vor und nach den Fällarbeiten Aufnahmen zu machen.

Mit dem Segen der Firma installierte ich während der Sommersonnenwende 1988 meine Geräte auf der Wiese und zeichnete in der Morgendämmerung eine herrliche Klanglandschaft mit einer breiten Vielfalt von Tierlauten auf. Bei Abbildung 1 handelt es sich um die grafische Darstellung eines 22-sekündigen Klanglandschaftsclips vor Ort. (Eine meine Doktorandinnen bemerkte, das Spektrogramm der Lincoln Meadow erinnere sie an das abstrakte Gemälde eines Waldes.) In der ersten Aufnahme waren der Kiefernsaftlecker (eine Spechtspezies), die Bergwachtel, die Schwirrammer, die Dachsammer, die Lincolnammer, das Rubingoldhähnchen und zahlreiche Insekten zu hören. Beachten Sie die Dichte der gesamten
3.8 Grafik.

Ein Jahr später, nach Abschluss des Holzeinschlags, kehrte ich am gleichen Tag des Jahres, zur selben Uhrzeit und unter denselben Wetterbedingungen auf die Lincoln Meadow zurück. Erst einmal freute ich mich, dass sich scheinbar wenig geändert hatte. Doch sobald ich den Aufnahmeknopf drückte, wurde klar, dass die einst klangvolle Stimme der Wiese verstummt war. Verschwunden waren das Gedränge und die Vielfalt der Vögel. Verschwunden war auch die allgemeine Fülle des Vorjahrs. Die vorherrschenden Klänge waren das Plätschern des Bachs und das Hämmern eines Kiefernsaftleckers. Vom Wiesenrand aus ging ich ein-, zweihundert Meter in den Wald hinein, und da wurde klar, dass die Holzfirma, von der Wiese her nicht einsehbar, ein Werk der Zerstörung angerichtet hatte. Es war nicht gerade ein Kahlschlag, aber man hatte erheblich mehr Bäume gefällt als angekündigt. Auf Abbildung 2 ist der Bach als horizontaler hellgrauer Abschnitt am unteren Rand zu sehen, und der Specht verursacht die senkrechten Linien im Zentrum des Bildes. In den letzten 20 Jahren bin ich über ein Dutzend Mal um dieselbe Jahreszeit auf die Wiese zurückgekehrt, aber die bioakustische Vitalität, die ich vor der Abholzung eingefangen hatte, hat sich noch nicht wieder eingestellt.

Dem leicht zu täuschenden menschlichen Auge – und der Linse einer Foto- oder Videokamera – erscheint der Lebensraum aus der beschränkten Perspektive der Wiese noch heute wild und unverändert. Bei einem Foto können wir aus fast jeder Szenerie einen Ausschnitt wählen, und je nachdem, was wir in diesem Bruchteil einer Sekunde einfangen wollen, wecken wir damit Reaktionen von ehrfürchtigem Staunen bis hin zu Entsetzen. Die Standfotografie eignet sich ausgezeichnet für Nahaufnahmen einzelner Tiere unter Aus-

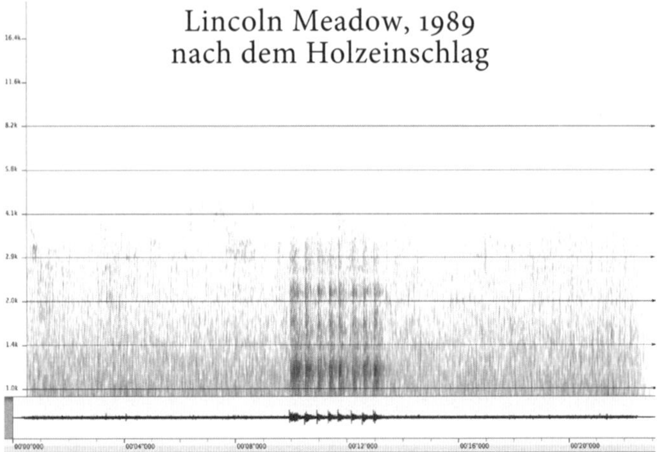

3.9 *Abbildung 2. Lincoln Meadow, 1989.*

blendung der komplexen Gesellschaften, die sie zum Leben brauchen, eine Verzerrung, die im Allgemeinen akzeptiert wird.

Aber auch nur eine kurze, unbearbeitete, wenn auch kalibrierte Tonaufnahme, die die Gesamtheit der Klänge erfasst, lügt nicht. Wilde Klanglandschaften liefern zahllose detaillierte Informationen. Mag sein, dass ein Bild mehr sagt als tausend Worte, aber es gilt auch, dass eine natürliche Klanglandschaft mehr sagt als tausend Bilder. Fotos zeigen zweidimensionale Zeitausschnitte – Ereignisse, begrenzt durch das verfügbare Licht, den Schatten und die Reichweite der Linse. Klanglandschaftsaufnahmen hingegen sind, wenn man alles richtig macht, dreidimensional, liefern eine Vorstellung von Raum und Tiefe, enthüllen im Zeitablauf kleinste Besonderheiten und erzählen überdies noch komplexe Geschichten, die visuelle Medien allein niemals einfan-

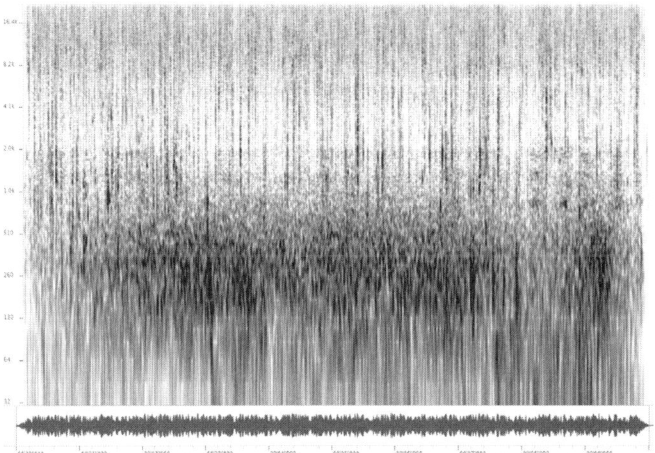

Abbildung 3. Vanua Levu, Fiji. Klanglandschaft eines lebendigen Korallenriffs.

gen könnten. Ein geschultes Ohr und Aufmerksamkeit auf die Details des größeren Ganzen werden stets jede Täuschung entlarven.

Korallenriffe erzählen oft eine ähnliche Geschichte wie die Lincoln Meadow. Vor einiger Zeit fuhr ich nach Vanua Levu in der Republik Fidschi, um Aufnahmen von lebenden Riffen zu machen, die noch eine Fülle von Organismen hervorbrachten und ihnen Schutz boten. Dabei machte ich eine ungewöhnliche Entdeckung: ein Riff von fast 800 Meter Länge, das sowohl aus lebenden als auch aus toten Komponenten bestand. Als ich vom Boot aus über dem noch vitalen Teil ein Hydrofon ins Wasser ließ, konnte ich eine spektakuläre Vielfalt von Fischen und Krustentieren hören und ihre Stimmen aufzeichnen, darunter Seeanemonen, Papageienfische, Meerbarbenkönige, Anemonenfische, Lippfische, Kugelfische, Füsiliere, Seebarben, Falterfische und Dutzende andere. Ab-

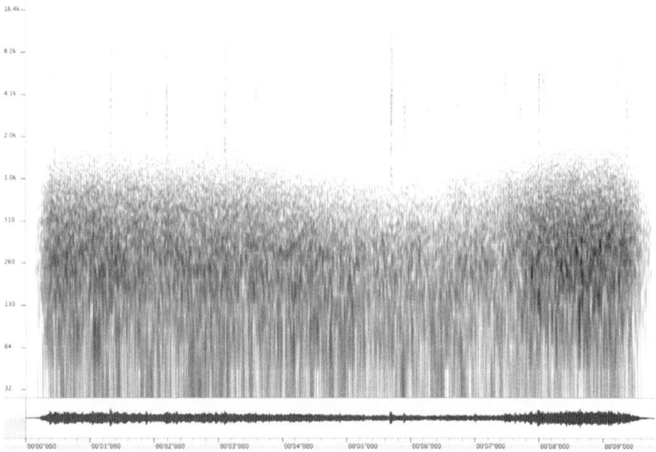

Abbildung 4. Klanglandschaft eines sterbenden Korallenriffs.

bildung 3 zeigt einen 10-Sekunden-Clip von dem dichten Klangteppich des gesunden Habitats. (Natürlich erzählen die Klänge selbst die Geschichte viel überzeugender als noch so viele Worte.) In dieser Darstellung ist das Geräusch der Wellenbewegungen unter 1 Kilohertz an der Oberfläche zu sehen,
3.10 während das der Lebewesen oberhalb erscheint.

Abbildung 4 zeigt die Klanglandschaft eines fast toten und stark belasteten Abschnitts im selben Riff. Auch hier sieht man die Wellenbewegungen unter 1 Kilohertz an der Oberfläche. Aber fast alle Fische sind verschwunden, nur ein paar Pistolenkrebse beleben die marine Biophonie. Wegen der Erwärmung des Wassers, veränderten pH-Werten und Verschmutzung sterben viele Korallenriffe in aller Welt, und damit kommt es
3.11 auch zu großen Klangverlusten.

Dichte und Vielfalt der Klänge sind die entscheidenden bioakustischen Indikatoren für Jahreszeit, Wetter und Tageszeit. Wenn wir zu jedem Lebensraum kalibrierte, das heißt an bekannten, wiederholbaren Standards justierte Basisaufnahmen erstellen – so wie ich es an der Lincoln Meadow und dem Korallenriff in Fidschi getan habe –, dann gewinnen wir mit den aufgezeichneten Informationen eine Sammlung, anhand deren künftige Aufnahmen korrekt bewertet werden können. Bei meiner Arbeit habe ich das immer im Hinterkopf. Wenn man es richtig anpackt, können wir anhand solcher Dokumente die zu erwartende akustisch-dynamische Bandbreite bestimmen und die Konzentration und Vielfalt von Tierlauten unter einem Spektrum wechselnder Bedingungen erfassen. Zum Beispiel könnten wir uns die Frage stellen: Welche Klanglandschaft ist normalerweise in einem abgelegenen, nahezu unberührten Mischwald der gemäßigten Zone an einem Spätfrühlingsmorgen mit klarem Himmel kurz vor Sonnenaufgang zu erwarten? Wenn wir eine Woche lang kontinuierlich aufnehmen und dies anschließend einige Jahre lang wiederholen, um Durchschnittswerte für Regen, Wind und Temperaturen zu erhalten – unter der Voraussetzung, dass sich Flora und umgebende Landschaft nicht verändert haben –, bekommen wir eine ziemlich klare Vorstellung.

Aufnahmen gesamter Lebensräume, wie ich sie beschreibe, illustrieren den Zustand von Biomen, in denen sich durch menschliche Eingriffe wie Abholzung oder Bergbau, durch Klimawandel oder Naturphänomene ein ökologischer Wandel vollzogen hat. Somit können wir – vorausgesetzt, wir haben eine brauchbare Datensammlung – mit Audioschnappschüssen von nur zehn Sekunden Dauer aussagekräftige Vergleiche anstellen. Wie Baumringe dienen diese Aufzeichnungen als biohistorische Mehrebenen-Marker. Die Auswirkungen von Naturkreisläufen, Naturkatastrophen oder destruktiven menschlichen Eingriffen spiegeln sich schon nach kürzester Zeit in der veränderten Biophonie. Das lebendige Kollektiv der Klangorganismen reagiert schnell. Die nichtmenschlichen Geschöpfe werden versuchen, ihre Stimmen den veränderten Umständen anzupassen. Die Folge sind Spektrogramme, die entweder eine weit geringere Dichte und Diversität aufweisen oder chaotischer erscheinen – das heißt, sie sind angefüllt mit zusammenhangslosen oder konkurrierenden Informationen –, wobei sich die Stimmen, sofern es überhaupt noch welche gibt, kaum unterscheiden.

Das Vorhandensein von Wasser und Nahrung, das Klima, die Vegetation, die Bodenbedingungen, die Jahreszeit und die Höhe über dem Meeresspiegel, all diese Faktoren beeinflussen die Biophonie. Und sie bestimmen zusammengenommen die Gesamtzahl der Lebewesen, die es in einem Biom gibt (seine Populationsdichte) und die Zahl der vertretenen Arten (seine Diversität). Hinzu kommen die geologischen Merkmale der Landschaft, die bestimmte Qualitäten einer ganzen Bandbreite von Stimmäußerungen hervorheben und somit den einzigartigen Charakter der Biophonie unterstreichen – so wie sie tatsächlich für das Ohr, sei es eines Menschen oder eines Tieres, klingt.

Ein Regenwald entspricht meist nicht dem tropischen Idealbild, das viele von uns im Kopf haben. Es gibt eine Menge unterschiedlicher Typen, und sie reichen von den Tropen bis zu den subarktischen pazifischen Küstenregionen der nördlichen und südlichen Halbkugel. Die dicht besiedelte Vegetation aus Laubbäumen mit geradem Stamm und Brettwurzeln, Bromeliengewächsen, Aufsitzerpflanzen, Saprophyten, Orchideen, Feigen und fleischfressenden Pflanzen sowie zahlreiche

Tierarten bilden die geschätzten 30 Millionen Flora- und Faunaspezies, die in tropischen Regionen mit einem Jahresniederschlag von etwa 400 Zentimetern leben. Am anderen Extrem, in den gemäßigten oder subarktischen Zonen mit einer jährlichen Niederschlagsmenge von rund 200 Zentimetern, gibt es ebenfalls Regenwälder, allerdings ist die Pflanzen- und Tierwelt dort auch in der warmen Jahreszeit sehr viel spärlicher. Manche Tiere wie Wölfe, Füchse, Bären und einige Küstenvogelarten bleiben das ganze Jahr, die meisten aber wandern dorthin, wo jeweils das beste Nahrungsangebot zu finden ist. Zumeist mit Fichten, Zedern, Hemlocktannen und Douglasien und einer Unterschicht aus Farnen, Beeren und Nesseln (in gemäßigten Regionen) besiedelt und mit Tundra bedeckt (in den nördlichsten Zonen), sehen diese Regenwälder völlig anders aus als jene in Äquatornähe. Als Erstes fiel mir auf, dass die Regenwälder am Äquator und in Südostalaska ganz unterschiedlich klingen. Beide sind »Regenwälder«. Aber allein schon die Vielfalt an Fröschen und 3.12
Insekten in den Tropen übertrifft alles, was wir am 58. Grad nördlicher Breite vorfinden. Die Organismen im äquatornahen Regenwald bleiben das ganze Jahr über in ihrem Habitat. Jene in den gemäßigten Zonen des Nordens lassen sich in den Frühlings- und Sommermonaten zum Gesang verlocken. Oft sind sie Durchreisende und lassen ihre Stimmen je nach Jahreszeit erklingen. Im Vergleich sind die Wintermonate biophonisch schwach.

Ebenso extrem fällt der Vergleich zwischen einem Regenwald und einem Wüstenbiom aus. Der auffälligste Unterschied ist die Klangqualität. Wegen der hohen Luftfeuchtigkeit und der Nässe auf dem Boden und an den Pflanzen sind Regenwälder hallige Lebensräume. Wüstenbiome absorbieren Schall hingegen schnell, weil die Feuchtigkeit fehlt und

der Schall nirgends »abprallen« kann. In einem Regenwald hört man womöglich Wasserfälle und nachmittägliche Gewitter, die geophonische Klangsignatur der Wüste ist hingegen
3.13 eher vom Wind und gelegentlich einer »singenden« Sanddüne geprägt, obwohl es auch hier manchmal zu heftigen Gewittern und Regenfällen kommt. Und die Dichte und Diversität des Lebens ist in tropischen Regenwäldern ungleich höher als in der Wüste. Äquatoriale Regenwälder zählen zu den dichtestbevölkerten Biomen des Planeten, während Wüsten und die arktischen Regionen des Nordens und Südens die geringsten Populationsdichten aufweisen.

Bei den Habitaten der Tundra handelt es sich im Wesentlichen um baumlose flache Zonen, und sie gehören zu den kältesten Lebensräumen überhaupt. Obwohl es eine Menge Wasser gibt, fällt wenig Regen, und die spärliche Vegetation besteht vorwiegend aus Zwergsträuchern, kurzen Gräsern, Flechten, Moosen und Lebermoosen sowie einigen Hundert Blumenarten, die über riesige Flächen verstreut blühen. Auch bei den Tieren sind die Artenvielfalt und Populationsdichte begrenzt. Die Oberfläche ist weich, kissenartig und ein wenig matschig. Darunter aber liegt der Permafrostboden – ein ständig gefrorener, unfruchtbarer Untergrund. Die Klangqualität der Tundra ist ähnlich beschaffen wie in der Wüste; hie und da macht sich ein Polarfuchs bemerkbar, vielleicht ein Wolf, Wühlmäuse, Hasen, ein Bär, Dall-Schafe und Eichhörnchen. Zu gewissen Jahreszeiten, vor allem während ihrer Wanderung, sieht man Rentiere – womöglich Tausende Exemplare auf einmal, wenn man zufällig eine ihrer Routen kreuzt, wobei das Knacken ihrer überspringenden Gelenksehnen zusammen mit ihrem viehartigen Grunzen die charakteristische Klangsignatur darstellt. Auch Vögel sind hier anzutreffen: Je nach Standort hört man den Birkenzeisig oder den

Polarbirkenzeisig, die Wanderdrossel, die Baumammer, die Dachsammer, die Grasammer, das Moorschneehuhn, Raben, den Flussuferläufer, den Kleinen Gelbschenkel, den Wanderlaubsänger, die Aleutenseeschwalbe und den Wanderwasserläufer. Die Wildtiere leben in stark vom Wind geprägten Klanglandschaften über große Gebiete verstreut. Im Gegensatz zu der robusten akustischen Hintergrundstruktur ist die bioakustische Textur höchst empfindlich. 3.14

Aber Biophonien unterscheiden sich nicht nur von Ort zu Ort – auch die Zeit spielt eine bedeutende Rolle. Zwar gibt es, wo Wildtiere leben, immer auch Lautäußerungen, aber Tag und Nacht prägen die biophonische Energie in unterschiedlicher Weise. Meine Frau und ich wohnen nördlich des 38. Breitengrades auf der Nordhalbkugel. Unser Biom besteht aus einer Hügellandschaft mit Eichen und Kreosotbüschen auf einer Meereshöhe von unter 300 Metern und liegt 65 Kilometer östlich vom Pazifischen Ozean. Von Ende März bis Ende Oktober fällt kaum Regen – obwohl sich das Klima im Lauf der letzten 15 Jahre allmählich verändert hat. Im Winter sind normalerweise Niederschläge von rund 75 Zentimetern zu verzeichnen. Über mehrere Monate im Jahr – von März bis Mitte Juli – folgt die Biophonie einem klaren Zyklus: laut am frühen Morgen (das »Morgenkonzert«) und zur Abenddämmerung (das »Abendkonzert«). Auf einer Skala von 1 bis 10 – mit 10 für die aktivste Biophonie, die wir hören – liegt nach meiner Einschätzung das Morgenkonzert von kurz vor Sonnenaufgang bis eine halbe Stunde danach bei 10. Das Abendkonzert, das eine halbe Stunde vor Sonnenuntergang einsetzt und kurz danach endet, liegt etwa bei 8. Die Biophonien, die während des Tages zwischen Morgen- und Abendkonzert erklingen, sind zwischen 5 und 6 angesiedelt. Abends nach Sonnenuntergang sorgen die heimischen Laubfrösche und Insekten für eine Intensität zwischen 4 und 5, während zwischen Mitternacht und dem ersten Morgenlicht durchwegs eine sehr entspannende und weich strukturierte 3 vorherrscht – der beste Hintergrund für den Schlaf.

Im Lauf des Sommers, vor allem Anfang August, werden die Vögel ziemlich still, obwohl sie noch da sind, und die Grillen entpuppen sich abends und nachts als dominante Klangquelle – manchmal zirpen sie so heftig, dass sie es beinahe mit dem Morgenkonzert des Frühjahrs aufnehmen können. Das Grillenensemble singt bis in den Dezember hinein, wenn der Regen ernsthaft einsetzt. Dann treten sie ihre Führungsrolle nach und nach an den winzigen, aber erstaunlich lauten Königslaubfrosch ab, der von Mitte bis Ende des Winters dominiert, bis im Vorfrühling wieder die ersten Vögel aktiv werden und der Zyklus erneut beginnt.

Jedes Biom auf unserem Planeten drückt sich in solchen spezifischen bioakustischen Sequenzen und Mustern aus, seien sie städtisch, ländlich oder gänzlich natürlich. Der Klimawandel ist wohl mit dafür verantwortlich, dass sich biophonische Muster rasch wandeln – und zwar zuweilen sehr viel abrupter, als es viele Biologen und Naturforscher erwartet haben. Es mag auch andere Faktoren geben wie die vom Geologischen Dienst der USA festgestellten Frühindikatoren für Verschiebungen im Erdmagnetfeld (im Unterschied zur Polumkehrung). Während der Arbeit an diesem Buch verschieben sich die Pole angeblich mit einer Geschwindigkeit von rund 1,3 Kilometern pro Woche. Welche Folgen das hat, ist nicht ganz klar, wenn es aber stimmt, können allein schon solche Phänomene den Vogelzug beeinflussen. An Standorten in aller Welt, die ich im Lauf der letzten Jahrzehnte immer wieder besucht habe, waren jedoch vor allem die beunruhigenden Auswirkungen menschlichen Tuns auf die Biophonie mit Händen zu greifen.

In Nordamerika, insbesondere in Gebieten, in denen ich
während der vergangenen vier Jahrzehnte mehr als einmal
Tonaufnahmen gemacht habe, gab es akute, auffällige Verän-
derungen. In den 1980er-Jahren habe ich gern an einer ruhi- 3.15
gen, aber gut zugänglichen Stelle bei Jackson Hole in Wyo-
ming Aufnahmen gemacht. Von Beginn des Jahrzehnts, als
ich zum ersten Mal dort war, bis weit in die 1990er-Jahre
hinein blieb die Biophonie weitgehend unverändert – mit den
Stimmen des Sängervireo, des Goldwaldsängers, der Dachs-
ammer, des Mönchswaldsängers, des Hauszaunkönigs und
des Buschland-Schnäppertyrannen. Als ich aber nach einer
Pause von fünf Jahren 2009 wiederkam, hatte sich die Klang-
landschaft radikal gewandelt. Das Frühjahr kam jedes Jahr 3.16
um Wochen früher, und die Vogelwelt bestand aus der
Einsiedlerdrossel, der Zwergdrossel, dem Kuhstärling, dem
Kernbeißer, dem Kronwaldsänger, der Winterammer, der
Schwirrammer und der Dachsammer – war also völlig anders
zusammengesetzt. Was diese Veränderungen genau zu be-
deuten haben, wissen wir nicht. Aber sie decken sich mit Be-
richten von Ornithologen aus den gesamten Vereinigten Staa-
ten, die anderswo ähnliche Beobachtungen gemacht haben.
Kollegen an Standorten in Afrika und Südostalaska haben in
jüngster Zeit einen Wandel im Mix von Vogel-, Säuge- und
Meerestier- sowie Insektenarten in Biomen wie den rasch
schmelzenden Gletschern auf dem Kilimandscharo und im
Glacier-Bay-Nationalpark und in und um Korallenriffe fest-
gestellt.

Es zeigt sich, dass sich die dominanten Merkmale der Biodiversität eines Bioms in einem fein austarierten Gleichgewicht befinden. Die Biophonie eines gesunden Habitats bewegt sich meist in einem bestimmten Spektrum, das heißt, in Anbetracht des jahreszeitlichen Klimas und der relativen

Stabilität der Landschaft in der Region sollten insgesamt eine gewisse Zahl von Spezies und eine gewisse Populationsdichte zu erwarten sein. Wir haben Folgendes festgestellt: Wenn eine Biophonie stimmig ist oder sich, wie Biologen zuweilen sagen, »innerhalb einer Bandbreite mit dynamischem Gleichgewicht« bewegt, dann zeigen die aus den Aufnahmen erstellten akustischen Spektrogramme eine bemerkenswerte Variationsbreite der beitragenden Stimmen. Ist ein Biom hingegen gefährdet, büßen die Spektrogramme ihre Dichte und Diversität ebenso ein wie die klare Unterscheidung zwischen den Stimmen auf der ganzen Bandbreite, die in der grafischen Darstellung unbeeinträchtigter Habitate zu sehen ist. Biophonien von belasteten, gefährdeten oder sonst wie beeinträchtigten Biomen zeigen meist eine geringe Organisationsstruktur.

Wenn Beeinträchtigungen des Habitats auftreten, müssen sich die singenden Kreaturen neu anpassen. Mir ist aufgefallen, dass Arten verschwinden und Lücken im akustischen Gewebe hinterlassen. Die Verbleibenden müssen ihre Stimmen neu justieren, um die Veränderungen in der akustischen Landschaft auszugleichen, die durch Holzeinschlag, Feuer, Überschwemmungen, Insektenplagen und andere Verschiebungen in den biotischen und nichtbiotischen Komponenten des Lebensraums erfolgt sind. All diese Veränderungen und Eingriffe bedeuten, dass das natürliche Kommunikationssystem, das sich in der Klanglandschaft entwickelt hat, zusammenbricht und chaotisch wird, bis die Stimme jedes Lebewesens wieder ihren Platz im Chor findet. Das kann Wochen, Monate, in manchen Fällen sogar Jahre dauern. Auf der Lincoln Meadow war die Biophonie bei meinem letzten Besuch (2009) nach wie vor relativ still, die Dichte sehr gering und die Diversität spürbar vermindert, und das nach fast einem Vierteljahrhundert angeblicher Erholung.

Wer in den Klanglandschaften wilder Habitate genau hinhört, erkennt sofort Geräusche dreier verschiedener Arten: (1) nichtbiologische Naturgeräusche – die »Geophonie«; (2) Geräusche aus nichtmenschlichen, nichtdomestizierten biologischen Quellen – die »Biophonie«; und (3) möglicherweise eingedrungene und in manchen Fällen mit den Stimmen der Natur verschmolzene Geräusche menschlichen Ursprungs – die »Anthropophonie«. Noch um die letzte Jahrtausendwende ging die Bioakustik von der Annahme aus, es gebe abgesehen von der abstrakten Einzelstimme eines einzigen Organismus nicht viel zu entdecken. Den meisten Biologen wäre nicht im Traum eingefallen, die ganze akustische Gemeinde zu belauschen und im Einzelnen zu studieren, um anhand dessen die Gesundheit eines Gesamtbioms zu beurteilen. Aber wie mein wachsendes Archiv mehr und mehr belegt, sind in der kollektiven Stimme mehrere bedeutsame Schichten enthalten.

Innerhalb einer Klanglandschaft gibt es vielfältige Erzählungen – codierte Geschichten, die lange gehütete Geheimnisse preisgeben, das »mächtige Alphabet des Universums«, wie Samuel Coleridge sie nannte. Und wie Loren Eiseley uns in Erinnerung ruft, waren wir ursprünglich Leser, lange bevor wir Schriftsteller waren, und für mich hat die Biophonie schon immer die aufregendsten Überraschungen bereitgehalten.

KAPITEL VIER

Biophonie: Das Proto-Orchester

Anfang der 1980er-Jahre, kurz nach meiner Promotion, rief mich ein Freund an, der in der Ausstellungsabteilung der kalifornischen Akademie der Wissenschaften arbeitete, und fragte mich, ob ich Interesse hätte, beim Nachbau eines afrikanischen Wasserlochs mitzuwirken. Für einen auf Naturaufnahmen spezialisierten Tonmann war dies ein ungewöhnliches Angebot, da die meisten Modelle in Museen damals bereits 30 Jahre alte Schaukästen nach dem Schema »Knopf drücken – Geräusch hören« waren. Mein Freund aber hatte für seine Präsentation etwas Ganzheitlicheres im Sinn – etwas völlig anderes als die übliche Aneinanderreihung einzelner Spezies.[1] Kevin O'Farrell war ein Visionär, der sich die Klanglandschaft eines Wasserlochs mit einer ganzen Schar von Lebewesen vorstellte, auf den Glaskasten verzichtete, der die Besucher vom Objekt trennte, und das Diorama im Flur platzieren wollte – ein radikaler Abschied von einer über ein Jahrhundert alten Ausstellungspraxis. Ein 24-stündiger Zyklus an einem Wasserloch sollte zu einer 15-minütigen akustischen Präsentation mit typischen Ereignissen zusammengefasst werden. Der Soundtrack sollte mit den wechselnden Lichtverhältnissen der jeweils dargestellten Tageszeit synchronisiert werden.

Für mich bedeutete O'Farrells Auftrag, dass ich umfassendere Arbeiten in der freien Natur planen und ausführen musste als je zuvor. Meine bisherigen Forschungen, sowohl an Land als auch zu Wasser, waren jeweils nur mit einer kurzen Reise verbunden gewesen. Jetzt stand mir mein erstes, einem vorgegebenen Ziel dienendes, langfristiges Abenteuer in weiter Ferne bevor. Nach wochenlangen Experimenten mit verschiedenen Geräten – abgesehen von ein paar Tonleuten vom Film, die mit den Besonderheiten von Stereoaufnahmen natürlicher Klanglandschaften nicht vertraut waren, gab es weit und breit niemanden, bei dem ich mir hätte Rat holen können – entschied ich mich schließlich für Stereomikrofone und einen tragbaren Rekorder, wie er häufig für Orchesteraufnahmen im Konzertsaal benutzt wurde. Freunde in Kenia machten mich mit einem geduldigen und sachkundigen Führer bekannt, der die Expedition entsprechend den speziellen Erfordernissen von Klangaufnahmen in der Natur gestalten konnte. Es sollte die erste vollständige Erfassung der natürlichen Klanglandschaften eines ganzen Tages und einer Nacht in meinem und anderen mir bekannten Archiven werden, bei der nicht nur die Chöre des Morgengrauens, der Tagesstunden, der Abenddämmerung und der Nacht erfasst wurden, sondern auch die Stimmen einzelner Spezies.

Nach etwa einer Woche stellte ich im Governors' Camp im Naturschutzgebiet Masai Mara in den frühen Morgenstunden meine Geräte auf, um die unglaublich vielfältigen Naturgeräusche des nahen Urwalds aufzunehmen – eines Waldes, wie ihn die ersten Menschen erlebt haben könnten. Als die Generatoren des Camps abgeschaltet waren und sich die Mitarbeiter hingelegt hatten, wurde es endlich still – abgesehen natürlich vom Wald selbst. Angesichts der grandiosen Geräusche hier und womöglich überall in der Mara wurde mir bald klar, dass ich sparsam mit meinem begrenzten Bandmaterial umgehen und mit halber Geschwindigkeit aufnehmen musste, sodass eine Spule in 45 statt in den üblichen 22 Minuten durchlaufen würde, selbst wenn damit das Risiko eines Qualitätsverlusts einherging. Zweifellos trug meine völlige Erschöpfung dazu bei, dass mir die Tierstimmen so überaus großartig erschienen: Mir war, als würde ich halluzinieren. Wie sich ständig verwandelnde Möbiusbänder schwebten die Klänge in der stillen Abendluft heran, gehalten von dem pochenden Rhythmus der Insekten.

Meine Mikros standen, auf einem Stativ befestigt, gleich vor meinem Zelt am Fluss, wo ich mit Kopfhörern in meinem Schlafsack lag. Ich machte mir keine Gedanken darüber, dass die Akkus leer werden könnten, und hoffte, mich mit der sanften Atmosphäre kurz vor Sonnenaufgang in den Schlaf zu wiegen. In diesem Schwebezustand – dem Übergang vom seligen Sich-fallen-Lassen in die Tiefen völliger Unbewusstheit – vernahm ich erstmals das feine Gewebe von Tierlauten nicht nur als Chor, sondern als ein einmaliges, in sich stimmiges Ereignis. Dies war keine Kakophonie, sondern ein durchstrukturiertes Zusammenspiel aller stimmfähigen Organismen – ein hochgradig orchestriertes Arrangement der Laute von Insekten, Tüpfelhyänen, Uhus, afrikanischen Waldkäuzen, Elefanten, Baumschliefern, in der Ferne brüllenden Löwen und mehreren Laubfrosch- und Krötengruppen. Jede einzelne Stimme schien mit ihrer akustischen Bandbreite ihren Platz zu haben – so sorgfältig ausgewählt, dass ich mich an Mozarts bis zur Vollendung durchgestaltete Symphonie Nr. 41 in C-Dur, KV 551, erinnert fühlte. Woody Allen meinte einmal, dieses Werk sei der Beweis für die Existenz Gottes.

Als ich an jenem Abend einer Klanglandschaft lauschte, wie ich sie bislang noch nicht erlebt hatte, war ich einer solchen Offenbarung sehr nahe. 4.1

Bei der Planung dieses ersten großen Auftrags war ich von etwa 15 Stunden Aufnahmen im Lauf von zwei Wochen ausgegangen. Bei der üblichen Aufnahmegeschwindigkeit des Bandgeräts hieß das, dass ich, neben drei Sets mit je zwölf Monozellbatterien, 45 fast ein halbes Kilo schwere Spulen mit mir herumschleppen musste. Wie gesagt, hatte ich bereits beschlossen, mit halber Geschwindigkeit aufzunehmen, aber es stellte sich heraus, dass ich ohne Weiteres 100 weitere Spulen hätte füllen können, wenn ich eine Lösung gefunden hätte, um das zusätzliche Gewicht von Akkus und Kisten zu stemmen. Auf dem Heimflug prüfte ich – solange der Strom noch ausreichte – ungeduldig das atemberaubende Material, das ich bei meinem Aufenthalt in Kenia gesammelt hatte. Da bei der praktischen Arbeit vor Ort viel vom Zufall abhängt, war ich völlig verblüfft von der Qualität der Aufnahmen, zugleich aber auch enttäuscht, weil ich nicht die Zeit gehabt hatte, noch mehr festzuhalten. Ein wenig munterte mich aber die Hoffnung auf, dass das Gehörte tatsächlich Teil der Ausstellung werden würde und ich vielleicht eines Tages an den Ort dieser großartigen Klänge zurückkehren könnte.

Als ich wieder im Labor in San Francisco war, bestand meine Aufgabe zunächst darin, das Aufgenommene in Spektrogramme umzuwandeln, also in grafische Klangdarstellungen der Frequenzen in der Zeit. Diese wird durch die von links nach rechts verlaufende x-Achse repräsentiert, die Frequenz auf der y-Achse von unten nach oben. Als ich meine Audiobänder hörte und mir die entsprechenden Spektrogramme ansah, begann mein Herz in freudiger Erwartung zu rasen.

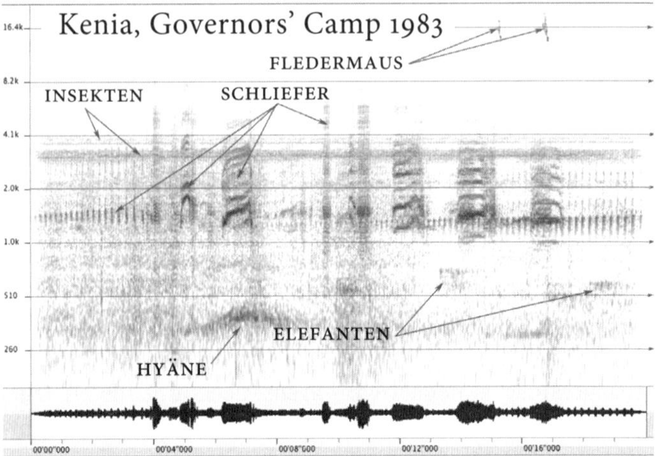

Abbildung 5. Beispiel aus der Masai Mara, kurz vor der Morgendämmerung.

So wie Schwarz-Weiß-Bilder im Lauf des Entwicklungsprozesses erst allmählich auf dem Fotopapier erscheinen, zeichnete der Drucker völlig klare Muster, die die von mir aufgenommenen Hörsequenzen abbildeten. Während die Bilder langsam sichtbar wurden, zeigte die Überstruktur der Klanglandschaft deutlich unterscheidbare Formen, die denen moderner musikalischer Notationen nicht unähnlich waren – die Stimme der Fledermaus erklang im höchsten Frequenzbereich, die der Insekten im mittleren, die eines Schliefers und von Hyänen im ein wenig daruntergelegenen und die der Elefanten im niedrigsten Bereich des biophonischen Spektrums. Dabei war die Stimme jeder Art einzigartig. Die Fledermaus sendete Rufe zur Echoortung aus – kurze, hochfrequente Schallimpulse, die im Spektrogramm als zwei harte Linien im oberen rechten Teil von Abbildung 5 erscheinen. Der Schliefer, im Moment der Aufnahme der »Solist«, klang mit einer

Reihe zunehmend schwacher Knirschtöne, denen hohe, kurzatmige Schreie folgten, wie ein Aufziehspielzeug.[2] Im Spektrogramm findet diese Stimme etwa im mittleren Bereich quer über die Seite von links nach rechts ihren Niederschlag. Nach Vollendung einer Phrase wiederholt der Schliefer seine Stimmäußerung immer wieder. Die Lautgebungen einer Hyäne in der Ferne fanden im Wald eine Art Hallraum – wahrscheinlich handelte es sich um ein Wasserloch – und gewannen, über der Klanglandschaft schwebend, einen einzigartigen Charakter.

Bevor ich diese ersten Spektrogramme nach meiner Rückkehr aus Kenia ausdruckte, waren für mich die Klänge der Natur stets ein chaotisches, zufälliges Stimmengewirr gewesen. Man hatte uns die reduktionistische Methode beigebracht, das heißt, wir nahmen jeweils einzelne Spezies auf, isolierten damit jede Tierstimme aus ihrem Kontext und versuchten, die Klänge, die wir der natürlichen Welt entwunden hatten, zu interpretieren. In der internationalen Gemeinde der Bioakustiker sahen es die meisten genauso, und auch die großen Sammlungen von Vogel- und Säugetierstimmen in Archiven wie der British Library of Wildlife Sounds und der Macaulay Library am Cornell Lab of Ornithology bestätigten dies. Als ich nun nach meiner Kenia-Reise die Grafiken genauer unter die Lupe nahm und außerdem neue akustische Software entdeckte, mit der ich arbeiten konnte, waren die Muster, die musikalische Strukturen in der natürlichen Klanglandschaft vermuten ließen, nicht mehr zu übersehen.

Egal, in welchem jener kenianischen Habitate, die ich bei meiner Reise im Jahr 1983 besucht hatte, und unabhängig davon, zu welcher Tages- oder Nachtzeit die Aufnahmen entstanden waren, stets zeigten sich deutliche Nischendifferenzierungen.

Die Insekten bildeten die Kulisse für jeden anderen Klang, manche durch ein Brummen und Surren, das unablässig Tag für Tag und Nacht für Nacht zu hören war, während andere die Rhythmen setzten. Die einzelnen Vogelarten schienen hingegen ihr jeweils eigenes akustisches Terrain abzustecken. Säugetiere belegten andere Nischen, ebenso Reptilien und Amphibien. Vor jener Nacht in der Masai Mara hatte für meine Ohren alles anarchisch geklungen, jetzt aber wurden zum ersten Mal bestimmte Muster im gesamten Klanggebäude sichtbar.[3]

Als ich diese ersten, noch mit ziemlich primitiven Geräten hergestellten Spektrografien sah, musste ich an William Turners späte Seestücke denken. Die Impressionen des Künstlers der englischen Romantik vom Beginn des 19. Jahrhunderts deuten Einzelheiten nur an, täuschen uns, ziehen uns in seine mystische Welt und veranlassen uns, die eher atmosphärischen Darstellungen im Kopf zu ergänzen. Aber ich wagte auch den Vergleich mit zeitgenössischen Partituren und fand, dass sich die Spektrogramme gar nicht so sehr von den Notationen beispielsweise des kanadischen Komponisten R. Murray Schafer unterschieden.

Eine geordnete Klanglandschaft in Afrika zu entdecken war für mich ein verblüffendes, völlig unerwartetes Erlebnis. Plötzlich konnte ich mir vorstellen, wie sich Amateurastronomen fühlen, wenn sie eine große neue Galaxie oder einen neuen Planeten entdecken und damit den »Experten« die Schau stehlen. Voller Begeisterung und ausgerüstet mit Dutzenden Aufnahmen, Spektrogrammen und anderen Materialien als Beweis, konnte ich es kaum erwarten, meinen Kollegen an der California Academy of Sciences meine Erkenntnisse zu unterbreiten. Doch leider wurde meine Theorie eines akustischen

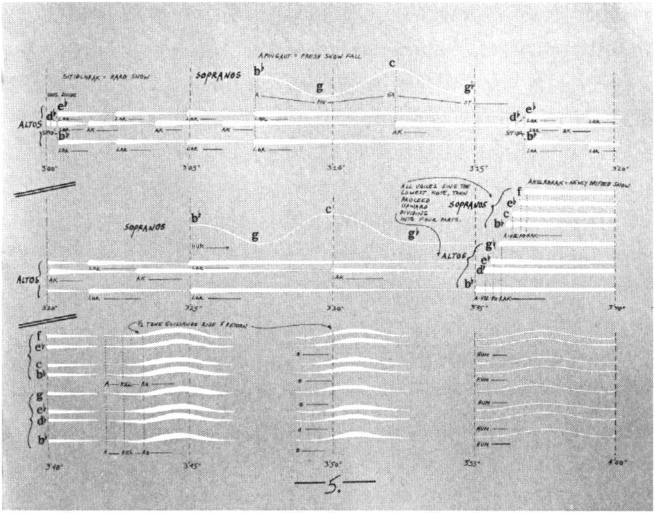

Abbildung 6. Seite 5 aus der Partitur Snowforms *von R. Murray Schafer, einer Komposition für einen Kinderchor (Arcana Editions, 1983, mit freundlicher Genehmigung des Verlags).*

Kollektivs kurzerhand vom Tisch gewischt. Nein, ich befand mich dort nicht in einem kollegialen Astronomenkreis, und niemand sah genau hin. Meine Auftraggeber machten mir klar, dass sie mich nach Afrika geschickt hatten, um Klanglandschaften für eine Ausstellung einzufangen, und nicht, um mit einer neuen Hypothese daherzukommen. Trotz meines Entsetzens angesichts dieser Reaktion ließ ich mich keineswegs einschüchtern. Ich wusste, was ich gehört und gesehen hatte, und war mir der Bedeutung sicher.

Nach und nach untermauerte mein wachsendes Repertoire von Aufnahmen die Hypothese, dass sich Geschöpfe bei ihrer stimmlichen Artikulation deutlich aufeinander beziehen, und zwar insbesondere in älteren, stabilen Habitaten. Alle subtropischen oder tropischen Urlandschaften, in denen ich Aufnahmen machte, bestätigten das Nischenmodell. Kollegen wie Ken Norris von der University of California in Santa Cruz[4] erkannten sofort das darin liegende Potenzial und ermunterten mich zu umfassenderen Untersuchungen. Ken vertrat meine Theorie gegenüber gemeinsamen Kollegen und gab mir die Gelegenheit, sie auf verschiedenen Foren zu präsentieren, an denen er selbst teilnahm.

Während meine Arbeit wachsende Unterstützung erfuhr, beschäftigte ich mich weiter intensiv mit allem, was über die Zusammensetzung natürlicher Klanglandschaften bekannt war. Lässt man einmal beiseite, wie lange Akademiker brauchen, ehe sie sich auf einen anderen Gedanken einlassen als den, in den sie schon viel Zeit und Mühe investiert haben, zeigte sich, dass doch viele einigermaßen begriffen, wie sich Naturlaute gebildet haben, seit unsere Vorfahren zu jagen und zu sammeln begannen. Die Fähigkeit, die in der Biophonie versteckten Hinweise richtig zu interpretieren, war ebenso zentral für das Überleben des Menschen wie die Informationen, die uns unsere Sinne lieferten. Durch die feinen Texturen der natürlichen Klanglandschaften in extrem dichter Vegetation, wo die Sicht begrenzt ist, konnten die Menschen Beutetiere aufspüren, ihren Aufenthaltsort und ihre Wege ausmachen und Laute nachahmen, die sowohl praktische als auch symbolische Bedeutung hatten. Im Wald lebende Geschöpfe verstanden diese Signale und nutzten sie, lange bevor die letzte Eiszeit zu Ende ging. Es war eine Epoche, in der natürliche Klanglandschaften ganz ähnlich »gelesen« wurden wie Rezepte in Kochbüchern und Strecken auf einer Landkarte.

Michael »Nick« Nichols, ein Fotograf von *National Geographic*, der von meiner Arbeit in Afrika gehört hatte und im

Auftrag der Zeitschrift und der Aperture Foundation unterwegs war, suchte nach anderen Medien, in denen er seine Bilder präsentieren wollte. Er hielt sich 1987 in Ruanda auf, um Aufnahmen von einer der großen Affenarten, den Berggorillas, zu machen.[5]

Vor seiner zweiten Exkursion nach Karisoke – dem bereits erwähnten Forschungszentrum der verstorbenen Dian Fossey – lud mich Nick ein, ihn einen Monat lang zu begleiten, um die Klanglandschaften der Virungas und der Biome aufzuzeichnen, in denen die Gorillagruppen lebten. Diese Aufzeichnungen sollten Teil einer von Aperture gesponserten Wanderausstellung seiner Fotos werden.

Während dieser Exkursion erfuhr ich von Nick, dass noch von keinem der Orte, an denen er fotografiert hatte, Tonaufnahmen existierten. Ich war jedoch fest davon überzeugt, dass man dort ebenfalls die Klangwelten einfangen müsste, um einen vollständigen Eindruck von den großen Affenhabitaten zu bekommen. Da ich durch Spenden von Institutionen und Unternehmen nicht genügend Geld zusammenbekam, verkaufte ich ein paar meiner Sachen, nahm eine Hypothek auf meine kleine Eigentumswohnung in San Francisco auf und machte mich auf den Weg, zunächst nach Gombe – Jane Goodalls Forschungscamp am nordöstlichen Ufer des Tanganjikasees in Tansania – und später nach Camp Leakey in Borneo, wo Birutė Galdikas ihre Studien betrieb.

Als Erstes fiel mir auf, wie sehr die anderen Forscher vor Ort – jeweils auf eine begrenzte Fragestellung fokussiert – die visuellen Aspekte der von ihnen beobachteten Tiere betonten. Die Biophonie – und in vielen Fällen sogar die Stimmen einzelner Spezies – wurden völlig ignoriert, obwohl die natürlichen Klanglandschaften gerade hier besonders variantenreich waren.

Da meine Hypothese zunehmend Beachtung fand, war ich nicht mehr so stark auf eigene Mittel angewiesen und erhielt häufig Aufträge, an den verschiedensten Orten Klänge für Installationen im Rahmen von Museumsausstellungen einzufangen. Sie erlaubten mir, meine Theorien zu überprüfen und weiterzuentwickeln, und ich brachte mehr nach Hause als eine Sammlung einzelner Naturaufnahmen, die nur einem beschränkten Zweck gedient hätten.

Auf Borneo – der drittgrößten Insel der Welt – brachte uns ein kleines Flussboot von der Stadt Pangkalan Bun in das 80 Kilometer entfernte Camp Leakey. Es fuhr gemächlich und benötigte für die Reise zwei Tage. Ruth Happel[6] und ich waren gerade ausgestiegen und auf dem Weg vom Landesteg zu unserer Hütte, als wir den Ruf eines Argusfasans hörten. Keine Sekunde später entdeckte ich auf dem Boden die riesige Feder eines solchen Vogels – eine der schönsten, die ich je gesehen hatte; der Name des Tiers beruht auf der Zeichnung der Federn, die an Augen erinnert – wie der Riese aus der griechischen Mythologie, Argus, der Hunderte Augen hatte. Am Kiel der teils über einen Meter langen Federn befindet sich eine Reihe gelb-brauner Punkte. Diese »Augen« werden durch eine weiße, exakt gezogene Linie hervorgehoben, ähnlich wie bei denen unserer Tigerkatze Seaweed.

Es war Nachmittag, und der Wald war erfüllt von den Stimmen der Insekten, Trogonen, der Gabelschwanzhühner, Häherlinge, Eisvögel, Bartvögel, Nashornvögel, Mangrovepittas, Jagdelstern und so vieler anderer Arten, dass wir mit dem Zählen nicht mehr mitkamen. Wir mussten sofort loslegen. Noch bevor wir uns bei dem Biologen des Camps anmeldeten und auspackten, nahmen wir unsere Ausrüstung und setzten uns in einen Einbaum, den wir an der Anlegestelle fanden, um zu einem Mangrovensumpf zu paddeln, den wir bei der Hinfahrt gesehen hatten. Es war ein heikles Unterfangen – wir waren noch nie mit einem Einbaum unterwegs gewesen, dessen Rand noch dazu nur wenig über dem brackigen Fluss lag –, und wir machten uns ein wenig Sorgen, ob unsere Ausrüstung die Fahrt unbeschadet überstehen würde. Doch nachdem wir vorsichtig etwa 500 Meter weit gepaddelt waren, entdeckten wir das Mangrovenbiom, das wir suchten – ein idealer Ort. Wir befestigten die Fangleine des Boots an einem Ast und begannen, unsere Geräte aufzustellen.

Inzwischen war die Zeit schon weit vorangeschritten, es blieben nur noch wenige Stunden bis zur Dämmerung, und der Wald barst vor Lärm. Ich drückte die Aufnahmetaste. Der erste Laut, den ich über meine Kopfhörer hörte, bestand aus etwa zehn oder zwölf Platschern. Ich konnte nicht feststellen, aus welcher Richtung sie kamen, weil ich in Stereo aufzeichnete, aber ich wusste, dass die Quelle der Geräusche nicht weit entfernt sein konnte. Dann veränderte sich die Klanglandschaft merklich – Insekten verstummten, und der Vogelgesang wurde lichter. Ein Signal? Wir hatten erst wenige Minuten im Kasten, doch als ich über den Rand des Einbaums in das dunkle, tanninfarbene Wasser blickte, sah ich in der Nähe mehrere etwa einen Meter große Silhouetten im Kreis herumschwimmen. Aber ich konnte sie nicht genau erkennen oder zählen. Es ging alles sehr schnell, und ich hatte das Gefühl, dass etwas nicht stimmte. Dann tauchte eines dieser Wesen, das ich vorher nicht gesehen hatte, aus dem Wasser auf, und ich hörte Ruth, eine Frau knapper Worte, lauter als sonst murmeln: »Krokodile!«

»Das gefällt mir nicht«, erwiderte ich, verzweifelt um Ruhe bemüht. Rasch holten wir unsere Geräte wieder ein, schnitten
die Fangleine durch und paddelten, so rasch wir konnten, zum 4.2
Camp zurück. Während unseres ganzen Aufenthalts wagten

wir uns nicht mehr auf den Fluss hinaus. Als Leute im Forschungszentrum nachfragten, sagten wir, an Land gebe es ja mehr als genug geeignete Aufnahmeplätze – eine Ausrede, die nicht einmal gelogen war. Die Gibbons der Region sind die Starsolisten des Habitats.

Es war kurz vor der Morgendämmerung im Rehabilitationszentrum für Orang-Utans von Camp Leakey, und ich saß am Ende eines Kais in einem Turm, der etwa 15 Meter über dem vorbeifließenden Sekonyer River mit seinem Schwarzwasser aufragte, gerade so hoch, dass man mitten in den opulenten Waldbaldachin hineinblicken konnte, wo Gibbons und andere Primaten dieser Gegend den Großteil ihres Lebens verbringen. Die Gibbons Indonesiens sind Sänger des Sonnenaufgangs. Ihre Gesänge sind so schön, dass es in alten Mythen der Dayak, der Ureinwohner Borneos, heißt, sie seien der Grund, warum die Sonne aufgehe. In den noch verbliebenen lebensfähigen Regenwaldhabitaten Borneos und Sumatras ist das Morgenkonzert von lang gezogenen ab- und aufsteigenden Stimmlinien aus der Nähe und Ferne durchdrungen, die von Gibbonpärchen stammen. Sie treten durch einen hochdifferenzierten vokalen Austausch miteinander in Verbindung, der bei jedem Paar anders ist – verlockende Duette der
4.3 Zärtlichkeit und Eintracht.

Als wir am Morgen nach unserer Ankunft die verträumten, glissandoartigen Stimmlinien der Gibbonchöre aufnahmen, fühlte ich mich an die vielen melodischen und klar arrangierten vokalen Opern- und Folkduette erinnert, die ich in all den Jahren gehört und aufgeführt hatte. Wieder zu Hause, stieß ich auf ein chinesisches Gedicht aus dem 4. Jahrhundert, das genau das zum Ausdruck brachte, was ich an jenem Tag empfunden hatte:

> Traurig sind die Rufe der Gibbons in den drei Schluchten von Pa-tung. Nach drei Rufen in der Nacht netzen Tränen die Kleidung [des Reisenden].[7]

Leider sind Gibbons in China inzwischen ausgestorben. In Indonesien kann man sie, wie mehrere eng verwandte Unterarten, in schwindender Zahl überall im Norden Sumatras um die Provinz Aceh – die im Dezember 2004 von einem Tsunami getroffen wurde – sowie in Borneo finden. Ihre Duette umfassen oft mehr als dreieinhalb Oktaven, doch bemerkenswerterweise fügen sich die Gibbonstimmen vollkommen in die übrige Biophonie ein.

Jede dieser Entdeckungen war für mich eine kleine Offenbarung, aber dabei blieb es nicht. Irgendwann stellte ich fest, dass das biophonische Verhalten, das ich auf dem Papier ablas, wahrscheinlich nicht einzigartig für Afrika und Borneo war, denn ich fand auch vor unserer eigenen Haustür Anzeichen einer zeitlichen Abstimmung. Die nordpazifischen Laubfrösche wetteifern zeitlich und frequenzmäßig um akustische Bandbreite: Auf den Ruf eines Frosches folgt unmittelbar der eines anderen mit einer höheren Frequenz. Im Kampf um das akustische Revier oder bei dem Versuch, eine attraktive Partnerin anzulocken, überlappen sich manchmal ihre Rufe. Die drei Exemplare, die im Umkreis unseres kleinen Schwimmbeckens leben, haben bereits ihr Terrain abgesteckt – jeweils eines an den beiden gegenüberliegenden Enden und eines im Gras etwa in der Mitte zwischen den beiden. Obwohl ihre stimmlichen Äußerungen hinsichtlich der Frequenz leichte Unterschiede aufweisen und in einem Chor herauszuhören wären, überschneiden sie sich zeitlich nur selten. Vielmehr singen sie in einem sauberen, gut strukturierten Rhythmus ähnlich dem Walzer im Dreivierteltakt, wobei der

Alpha-Frosch das Tempo vorgibt. Egal, wie schnell der Alpha-Frosch quakt, die anderen füllen in rascher Folge die Zwischenräume mit ihrem eigenen, unverwechselbaren Quaken, wobei keiner einen anderen übertönt. Wenn sie dann richtig in Schwung kommen, ist es ein schneller Sechsachteltakt. Ich habe keine Ahnung, welcher Frosch die ersehnte Partnerin fand, aber in einem Jahr quakte der Alpha-Frosch bis Anfang Juni solo. Offensichtlich immer noch auf elegante Weise dem Wettbewerb verhaftet, schlug er den Takt mit einem einzelnen Quaken und Pausen auf den anderen Schlägen, die die anderen Frösche, wären sie nicht Mitte Mai verstummt, hätten füllen können. Andere Beispiele für verschiedene Bandbreiten zeigten sich überall in den zahlreichen Spektrogrammen, die ich ausdruckte – von Aufnahmen in Äquato-
4.4 rialafrika, Südasien und Südamerika.

In alten, gesunden Habitaten, in denen die biophonische Bandbreite ziemlich stabil ist und die gesamte Tierwelt größere Chancen hat, sich stimmlich gemeinsam zu artikulieren, kann man jeden einzelnen Ruf unterscheiden, und jedes Geschöpf lebt im selben Maße durch die Stimme wie durch andere Verhaltensaspekte. Der Zusammenhang zwischen der stimmlichen Äußerung einer bestimmten Spezies und ihrem Überleben und ihrer Fortpflanzung wird erst dann klar, wenn wir verstehen, welche Aufgabe eine Tierstimme in ihrer Beziehung zu allen anderen in ihrem natürlichen Habitat erfüllt. Ein Organismus, der gehört werden muss, um erfolgreich sein Revier zu verteidigen, benötigt dazu eine klare akustische Bandbreite und konkurrenzfreie Zeitfenster, um sich zu artikulieren. Dasselbe gilt für Meereshabitate, etwa in jenen gesunden Korallenriffen, in denen zahllose Fischarten und Krustentiere gedeihen und akustische Signale aussenden.

Vielleicht noch verblüffender – jedoch in völliger Übereinstimmung mit diesem Gedanken – ist die Tatsache, dass viele Tiere in einer geradezu »geheimen«, uns raffiniert erscheinenden Weise miteinander kommunizieren, die der Tarnung dient. Als ein Kollege und ich im Jahr 1990 drei Wochen in Jane Goodalls bereit erwähntem Schimpansen-Forschungszentrum in Gombe gearbeitet hatten, blieben uns bis zu unserem Flug zurück in die USA noch ein paar Tage Zeit, uns in der Gegend umzusehen, und Goodall schlug uns vor, eine große Nilpferdkolonie im Selous Game Reserve am Fluss Rufiji in der Landesmitte zu besuchen. Unser Camp, eine typische Einrichtung für Touristen und Großwildjäger, lag direkt am Fluss, wo wir vom hohen Ufer aus große Ansammlungen von Nilpferden sowohl direkt unter uns an Land als auch im Wasser beobachten konnten, in dem sie badeten. In einem Ruderboot aus Aluminium, das uns die Lodge zur Verfügung stellte, ließen wir uns mit der Strömung flussabwärts treiben. Die Durchflussrate des Rufiji stimmte also mit der Geschwindigkeit des Boots überein und würde das Hydrofon, das wir über den Bootsrand gehängt hatten, nicht beeinträchtigen. Als wir mit eingeschaltetem Aufnahmegerät an untertauchenden Nilpferdfamilien vorbeiglitten, wurde sofort deutlich, dass sie unter Wasser kommunizierten, und ihre von ironisch klingenden, possenhaften Lauten durchsetzten Grunzer zeugten von einem umfassenden, komplexen Vokabular. Wie zuvor bereits erwähnt, sind Nilpferde soziale Wesen. In trüben, von Krokodilen heimgesuchten Gewässern ist diese Art von Kontakt zwischen Tieren mit einer hoch entwickelten Sozialstruktur äußerst wichtig für die Sicherheit einzelner Mitglieder wie auch der Herde. Wenn die Familie ins Wasser eintaucht, geben die Nilpferde beständig Laute von sich, um mit den anderen Kontakt zu halten, eine Schutzmaßnahme gegen die Krokodile, die einen Großteil des Habitats mitbewohnen.

Die Elefanten der Ebenen und Wälder Afrikas haben niederfrequente Übertragungskanäle und eine Stimmsyntax ganz eigener Art entwickelt. Im offenen Grasland wie in den Wäldern sind ihre Infraschalllaute so tief – und deren Wellen lang und laut genug –, dass sie auch aus mehreren Kilometer Entfernung im ganzen Territorium erkannt werden können.
4.5 Und zweifellos übermitteln sie den anderen Botschaften wie »Kommt zu uns« oder »Treffen wir uns bald, und zwar dort und dort«. In gleicher Weise heulen Wölfe und Kojoten, beide stimmlich hochbegabte Geschöpfe, um mit anderen Mitgliedern ihrer Familie in Kontakt zu bleiben. Flussdelfine im Ganges und Amazonas und beispielsweise im Baikalsee – dem tiefsten See der Welt – haben hoch entwickelte und gut funktionierende Echoortungsorgane ausgebildet, die sich besonders für die weniger dicht besiedelten, trüben Gewässer eignen, in denen sie leben.

Paarung und Revier. Paarung und Revier. Man hat uns stets gelehrt, die Funktion der stimmlichen Äußerungen von Vögeln, Amphibien, Fischen und Säugetieren bestehe darin, einen Partner zu finden und das Revier abzustecken. Aber Nilpferde, Elefanten, Schalentiere und andere Lebewesen haben zweifellos noch andere Motive, sich akustisch bemerkbar zu machen. Abgesehen vom sozialen Austausch, der quer durch eine Vielzahl von Arten – insbesondere bei den Säugetieren – den Zusammenhalt der Gruppe stärkt, haben sich manche Spezies noch weiterentwickelt und Methoden ausgebildet, um den Klang quasi als Werkzeug einzusetzen. Viele Zahnwale beispielsweise senden Klangsalven aus, die Bioakustiker gern als »Big Bang« bezeichnen – ein stark gebündelter eruptiver Schallstrahl, der Beutetiere in einen Schockzustand versetzt und deren Bewegungen verlangsamt, sodass die Wale sie ohne große Mühe schnappen können. Pistolenkrebse schließen ihre großen Scheren so schnell, dass dabei eine Blase entsteht. Diese zerplatzt mit einem Knall, der die Fische erstarren lässt und sie zur leichten Beute für die Krebse macht.

Damit ist die Liste durch Anpassung erworbener akustischer Verhaltensweisen aber bei Weitem nicht vollständig. Ich besitze eine Aufnahme vom Herbst 1979, auf der ein Killerwal einen brüllenden Seelöwen nachahmt, augenscheinlich, um ein Exemplar dieser Art anzulocken. Die bereits erwähnte Grauwasseramsel nistet aufgrund alter Instinkte unter Wasserfällen, aber ihre Gesänge und Rufe durchdringen selbst das lauteste Rauschen herabstürzenden Wassers. Erdmännchen, die zur Familie der Mungos gehören und in der Kalahari-Wüste leben, fürchten Räuber aus der Luft mehr als alles andere. Um sich gegen sie zu schützen, haben die Mungos einen Warnruf entwickelt, der den anderen Gruppenmitgliedern sofort signalisiert, dass sie schleunigst in das nächstgelegene Erdloch abtauchen sollten. Die bereits genannten Motten stören listig das Echoortungssystem von Fledermäusen. Manche Fledermäuse wie etwa *Barbastella barbastellus* wiederum haben eine weitere Anpassung vollzogen: Sie durchschauen den Trick der Motten, und ihr Echosignal besteht statt aus einem lauten Klopfen aus einem leisen Flüstern. So sind sie in der Lage, sich bis auf eine Flügellänge an ihre Beute heranzumachen, ohne entdeckt zu werden.

Was immer das Ziel einer Lautgebung sein mag – ob es darum geht, einen Partner zu finden, das Revier zu verteidigen, Nahrung zu ergattern, die Gruppe zu schützen, zu spielen oder sozialen Kontakt zu halten –, sie muss hörbar und frei von Störungen sein, wenn sie erfolgreich sein soll. Aldo Leopold formulierte dies ziemlich treffend, als er in seinem

Buch *A Sand County Almanac* den Ruf eines Kranichs mit den poetischen Worten beschrieb: »Wenn wir seinen Ruf hören, hören wir nicht einfach einen Vogel. Wir hören die Trompete im Orchester der Evolution.«

Aber was hat es mit diesem Orchester auf sich – mit dem großen Tierensemble, in dem der Kranich nur einer unter vielen Musikern ist? In besonders dicht besiedelten Biomen mit einer großen Vielfalt von Stimmen gestalten die Organismen ihre akustischen Signale in einem bestimmten Verhältnis zueinander – kooperativ oder rivalisierend –, ganz ähnlich wie in einem Orchesterensemble. Das heißt, anders als die Lautgebungen in den verschiedenen Stadien der Erholung in gestressten oder gefährdeten Habitaten hat in vielen ungestörten Regionen die natürliche Selektion im Lauf der Zeit dafür gesorgt, dass die Tierstimmen »orchestriert« wirken. In vielen Habitaten sind die biologischen Klänge in ihrer Gesamtheit kein Produkt des Zufalls: Jede Art besetzt ihre eigene bevorzugte akustische Bandbreite, die sich mit anderen vermischt oder zu ihnen kontrastiert, ganz so, wie Geigen, Holzbläser, Trompeten und Percussionsinstrumente in einem Orchestergefüge ihr akustisches Terrain abstecken.

Das schöne Spektrogramm in Abbildung 7, von der zehnsekündigen Aufnahme eines Morgenkonzerts stammend, die ich in Borneo gemacht habe, zeigt deutlich eine komplexe Biophonie. Die Aufzeichnung entstand in einem Habitat mit
4.6 großer stimmlicher Dichte und Vielfalt. Lesen Sie die Grafik einmal von links nach rechts wie einen erweiterten Takt. Vögel, Insekten und Säugetiere besetzen jeweils ihre eigenen zeitlichen, frequenziellen und räumlichen Nischen. (Bemerkenswert ist hier, dass die Zikade in drei »Orchestergruppen« gleichzeitig auftritt, ein Phänomen, das sich über einen langen Zeitraum entwickelt haben muss.)

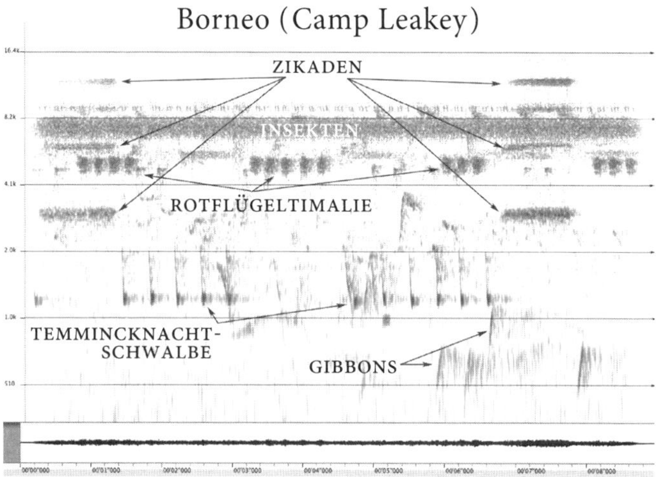

Abbildung 7.

Wenn sich Tiere verschiedener Arten über einen langen Zeitraum gemeinsam entwickelt haben, teilen sich ihre Stimmen meist auf Reihen unbesetzter Kanäle auf.[8] So wird jede akustische Frequenz und jede Zeitnische durch eine bestimmte Art geprägt: Insekten bewegen sich in sehr spezifischen Bandbreiten des gesamten Spektrums, während verschiedene Vögel, Säugetiere, Amphibien und Reptilien jeweils andere Bandbreiten besetzen, auf denen das Risiko von Frequenz- oder Zeitüberlappungen geringer ist und die eigene Stimme nicht übertönt werden kann. In vielen Habitaten haben sich die Tierstimmen so entwickelt, dass sie die akustische Domäne anderer nicht stören. Im Falle einer solchen Aufteilung kann man die einzelnen Stimmen klar voneinander unterscheiden, und sie erreichen ihren größtmöglichen Nutzen. Und wenn es gelegentlich zum Konflikt kommt, werden akustische Revierstreitigkeiten manchmal durch den zeitlichen Ablauf gelöst, indem zunächst ein Vogel, ein Insekt oder ein Frosch singt und die anderen erst loslegen, wenn jenes erste Exemplar aufhört.

Wie sich herausstellte, war nahezu auf allen meinen Aufnahmen, die ich in tropischen oder subtropischen Habitaten gemacht hatte, eine Vielzahl aufeinander Rücksicht nehmender Stimmen zu hören, die insgesamt eine kollektive Klangsignatur bildeten. Diese Klangsignatur spiegelte jeweils einen ganz bestimmten Ort und eine Zeit wider und fungierte als einzigartiger Stimmabdruck – als eine territoriale Klangmarke. Vor meiner Kenia-Reise hatte ich bereits Tausende Aufnahmen gemacht, und auch meine darauffolgenden Reisen in etliche Wildnisgebiete bestätigten meine Theorie, die ich seit Ende der 1980er-Jahre als »Nischen-Hypothese« bezeichnete. Dieser Ausdruck geht auf eine Anregung von Ruth Happel zurück, die bei unserer Reise nach Borneo noch an der Harvard University in Primatenkunde promovierte. Ruth formulierte die entscheidenden Fragen, die gelöst werden mussten, um die Geheimnisse der Wildstimmen zu lüften. Während wir 1991 von Camp Leakey auf dem Weg nach Hause flussabwärts glitten, fragte sie wie aus heiterem Himmel: »Wie können sich diese vielen Geschöpfe gegenseitig hören, wenn sie sich alle zur selben Zeit bemerkbar machen?« Und sie hatte bereits eine Hypothese parat, nämlich dass die kollektive Lautgebung für das Überleben womöglich größere Bedeutung hat als die einzelne Stimme. Ausgestattet mit der seltenen Fähigkeit, sich in die Geschöpfe der Tierwelt hineinzuversetzen, der sie ihre Studien widmete, begriff Ruth intuitiv und ohne den Funktionsmechanismus schon genau zu kennen, dass sich die Stimmen der Tiere so entwickelt haben mussten, dass jede ohne Störung herausgehört werden kann. Ihre These gab meiner Arbeit eine neue Richtung.

Der Radius, in dem die Stimme eines Frosches, eines Vogels oder eines Säugetiers hörbar ist, ist von komplexen Faktoren abhängig. Die Verfügbarkeit von Nahrung und Partnern ist ganz entscheidend dafür, welchen Lebensraum Tiere für sich auswählen. Aber auch die geologischen und botanischen Aspekte der Landschaft, Tageszeit, Klima und Wetter spielen dabei eine wichtige Rolle. Wir wissen, dass hohe Stimmen in der Regel nur kurze Distanzen überwinden – da ihre Wellenlänge kürzer ist und mehr Energie notwendig ist, um eine kurze Schallwelle hervorzubringen –, während tiefe Stimmen weiter reichen. Welche akustischen Faktoren mag ein Tier wohl berücksichtigen, wenn es sich einen Lebensraum aussucht?

Zwar konzentrieren sich nur wenige Studien auf den Zusammenhang zwischen Klang und Revier, aber mir ist inzwischen klar, dass es in jedem Naturgebiet, von dem ich Aufnahmen besitze, bioakustische Grenzen gibt, die auch die territorialen Grenzen markieren. Wo liegen also die Grenzen dieser Biophonien? Bis zu welcher Distanz bleiben, von einer bestimmten Position betrachtet, die akustischen Merkmale der Biophonie erhalten, ehe sie sich verändern? Und welche Bestandteile verändern sich ab dieser Grenze?

Während ich immer mehr Zeit in der freien Natur verbrachte, entdeckte ich nach und nach neue Puzzlesteinchen, die zur Nischen-Hypothese passten, und ich fand Belege dafür, dass es möglich ist, das geografische Revier von Tieren durch eine Analyse des biophonischen Ausdrucks zu bestimmen. Nachdem der Gedanke an ein akustisch definiertes Revier geboren war, wollte ich herausfinden, ob dies auch sinnlich erlebbar war. Die Idee der akustischen Kartierung entstand, als verschiedene Forschergruppen Untersuchungen zum Fluglärm durchführten. So hatte die in Massachusetts ansässige Akustikfirma Harris, Miller, Miller and Hanson Inc.

ein Animationsmodell für den National Park Service (NPS) im Grand Canyon geschaffen, das zeigte, wie der Lärm ein- und zweimotoriger Maschinen in die verschiedenen Naturräume eindrang. Die Signaturen des Fluglärms wurden an zahlreichen Beobachtungsstationen ermittelt, die überall im Untersuchungsgebiet errichtet worden waren. Wenn eine Maschine über den Park flog, zeigte der Monitor eine farbige, comicartige Einblendung mit dem Symbol des sich bewegenden Flugzeugs und einem Antennendiagramm, an dem man die Reichweite des Signals ablesen konnte.

Ziel der Studie war, der Parkverwaltung die Klanglandschaft vor Augen zu führen, wie die Besucher sie erlebten. Fluglärm aber ist weit weniger subtil als die unzähligen Klänge einer Biophonie.

Wenn ich einen Lebensraum definieren möchte – ob durch geologische Charakteristika, durch Stadtgrenzen, Parks oder Privatgrund –, greife ich zu einer Rasterkarte oder zu Darstellungen wie Google Maps. Um aber zu zeigen, wie man mithilfe der natürlichen Klanglandschaft die Grenzen eines Bioms bestimmen kann, habe ich mit meinen Kollegen zunächst in 100-Quadratmeter-Rastern gearbeitet, die Entomologen, Botaniker, Ornithologen und Herpetologen an mehreren subtropischen Waldforschungszentren wie La Selva in Costa Rica angelegt hatten. Wir warteten auf Perioden – ob bei Tag oder Nacht –, in denen die Biophonien konstant blieben, durchschritten die Rasterfelder in verschiedenen Winkeln, lauschten, an welchen Stellen sich die Klangmischungen veränderten, und zeichneten diese Zonen auf.

Als wir beim erneuten Anhören die vor Ort entstandenen Aufnahmen analysierten und die Spektrogramme verglichen, stellte sich heraus, dass die Gebietsgrenzen durch die kollektiven Tierstimmen ganz anders definiert wurden als durch die geografisch exakten Karten, die wir vor uns hatten. Mit anderen Worten, die durch die Klanglandschaften charakterisierten Linien stimmten nicht mit den von Menschen gemachten Rasterlinien oder anderen warum auch immer plausibel scheinenden Grenzen überein. Tiere denken nicht in Strukturen wie 100-Quadratmeter-Rastern, Bezirks-, Staats- und Ländergrenzen. An dem Punkt, wo das Spektrogramm Veränderungen in der biophonischen Struktur zeigte, befand sich eine akustische Grenzlinie. Wir legten Abbildungen über die Karten, die diese neuen Entdeckungen zeigten, zeichneten eine Reihe akustischer Sektoren ein und ersetzten die Planquadrate durch unsere neuen Grenzziehungen – Grenzziehungen, die die Karte in amöbenartige Formen aufteilte, in akustische Regionen, die womöglich wandelbar waren, zum großen Teil aber innerhalb eines begrenzten Gebiets stabil blieben. Bei unserem ersten Versuch waren unsere technischen Mittel noch beschränkt, und wir erkannten, dass wir, um genauere Daten zu erhalten, ein umfassendes Netzwerk autarker, datenintensiver, synchronisierter Beobachtungsgeräte benötigten, die in regelmäßigen Abständen im gesamten Habitat aufgestellt würden, und außerdem eine bessere Software für unsere Spektrogramme – also eine Ausrüstung, die es damals noch nicht gab, die mittlerweile aber weit verbreitet ist. Und dennoch, die von uns gesammelten Daten waren verblüffend.

Der einzigartige Charakter der verschiedenen Habitate erinnert an die Klangsignatur, die das Werk eines Komponisten durchzieht. Jeder, der auch nur annähernd mit der Musik Mozarts und Aaron Coplands vertraut ist, erkennt sofort den Unterschied zwischen den jeweiligen Stilen. Obwohl nicht weniger leidenschaftlich, wirken die sorgfältig strukturierten Kompositionen Mozarts formalistisch und eingeengt im Vergleich zu den offeneren neoklassischen und symphonischen Melodien, die Anfang des 20. Jahrhunderts entstanden. So, wie ein hingebungsvoller Hörer von Klassik, Pop oder Jazz die jeweilige Klangsignatur einer Gruppe oder eines Komponisten erkennt, kann ein Naturfreund, der genügend akustische, klangdynamische Erfahrungen gespeichert hat, die Tages- oder Nachtzeit und die genaue Region bestimmen, wenn er der Audioaufzeichnung aus einem Biom auch nur ein paar Sekunden lang lauscht. Die Melodie der Naturstimmen ist ebenso deutlich erkennbar wie das Hauptthema im 4. Satz von Beethovens Neunter.

Bei der Kartierung stellten wir erneut fest, dass Insekten meist Nischen bildeten, die in allen Biomen über lange Zeit Tag und Nacht konstant bleiben. Und wenn eine Klangquelle am Ende ihres zyklischen Auftritts verstummte, meldete sich in der Regel – meist innerhalb von Sekunden – eine andere Stimme. Es entstand der Eindruck, dieser Wechsel diene dazu, eine bestimmte, allem zugrunde liegende akustische Bandbreitenstruktur zu erhalten. Vor dem Hintergrund dieser »Gruppen«-Darbietungen hörten wir auch kurz auftretende »Solisten« – oft Gäste aus anderen Regionen, wandernde Amphibien und Säugetiere sowie andere Organismen, die in das zentrale Akustikfeld eindrangen und es wieder verließen. Wie ein achttaktiges Blues-Solo schienen sich jedoch auch ihre Stimmen in akustische Kanäle oder temporäre Nischen einzufügen, in denen kaum Konflikte mit anderen akustischen Energien auftraten.

Dass alle Stimmen eines Habitats auf Nischen verteilt sind, hat den großen Vorteil, dass die Gesamtheit der Lautgebungen in einer ganzen Nischenkonfiguration häufig vitaler, reicher und kräftiger klingt als die Summe ihrer Teile. Die Harmonie der Bordunstimmen – Insekten und im Chor singende

Frösche beispielsweise – bringt etwas ein, was im musikalischen Vokabular als »Frequenz«- oder »Amplitudenmodulation« bezeichnet wird. Ein Beispiel für die Frequenzmodulation ist ein Vibrato, das auf einer Geige einen gespielten Ton abwandelt. Wenn eine Geigerin auf der A-Saite in der zweiten Lage ein natürliches C spielt, kann sie das C sieben- oder achtmal in der Sekunde modulieren, indem sie ihren Finger auf der Saite hin und her rollen lässt, sodass der Ton abwechselnd mal ein wenig höher, mal ein wenig tiefer als ein C mit 523 Hz klingt – und den dabei entstehenden Effekt nennen die Musiker eben »Vibrato«. Wenn die Geigerin das Volumen des C periodisch immer wieder in derselben Weise variiert, moduliert sie die Amplitude.

Manchmal führt das ganze Insekten- und Amphibiengetöse zur »Intermodulation«, das heißt, zwei oder mehr Signale sind in der Tonlage so dicht beieinander, dass sie gelegentlich aneinanderschlagen, sich gegenseitig ausschalten – und damit einen akustischen Effekt erzeugen, den ein Einzelwesen niemals hervorbringen könnte.

Jedes unzerstörte Habitat drückt sich mit seiner eigenen speziellen Nischenkomposition aus – seiner einzigartigen Stimme. Von einem biophonischen Lebensraum zum anderen zu wechseln ist ungefähr so, als würde man sich auf einem Pfad entlang eines akustischen Spektrums bewegen – von niedriger zu hoher Frequenz, von einem Zeitpunkt durch den Raum zum nächsten. Im Fall von Biophonien und Geophonien ist das bioakustische Spektrum ganz und gar vom jeweiligen Biom abhängig – Biophonien sind nur insofern universell, als sie überall vorkommen, wo natürliche Klanglandschaften wahrgenommen werden. Jede Biophonie hat ebenso eine ihr eigene spezielle Textur wie unsere menschlichen vokalen Signaturen.

Als der moderne Mensch auf dem Klangteppich der Biosphäre auftauchte, lernte er wohl rasch, sich sein Wissen über das akustische Umfeld zunutze zu machen. Unsere Vorfahren begriffen zweifellos, dass Klänge das Überleben sichern konnten. Da die Existenz der Menschen von einer harmonischen Beziehung zu ihrer Umgebung abhing, war ein Dialog mit dem Wald unerlässlich. Louis Sarno, ein Musikforscher und Amateurethnologe aus New Jersey, der seit Mitte der 1980er-Jahre bei den Babenzélé-Pygmäen (Ba'Aka) im Dzanga-Sangha-Wald der Zentralafrikanischen Republik lebt und ihre Musik und natürlichen Klanglandschaften aufzeichnet, erzählt immer wieder – so auch in seinem Buch *Der Gesang des Waldes* –, dass die Kinder der Ba'Aka schon in jungen Jahren fast instinktiv nicht nur die praktische Bedeutung von Geräuschen (innerhalb der Klanglandschaft) des Waldes erfassen – in Bezug auf Nahrungsquellen und mögliche Gefahren –, sondern auch die sozialen Signale (Stimmungen, musikalische Inspiration und gelegentlich sogar sprachliche Ausdrucksformen).

Die enge Verbindung zwischen uns und der Klanglandschaft hat seit jeher Wesentliches zu unserem Verständnis der Welt beigetragen. Unsere Kenntnisse über Biophonien und darüber, wie sie sich über lange Zeiträume und unter einer Vielzahl klimatischer und jahreszeitlicher Bedingungen verändern, vertiefen unser Verständnis von Geologie, Topografie und Flora und liefern uns Daten, die durch Satellitenbilder oder topografische Kartierungen wohl kaum erfasst werden. Wer in enger Nähe mit der Natur lebt, weiß sehr gut um diese Dynamiken. Wahrscheinlich gibt es tief vergraben im limbischen System des menschlichen Gehirns eine uralte Verschaltung, die immer dann reaktiviert wird, wenn wir uns mit diesen feinen akustischen Netzen verbinden – mit jenen vielfachen Resonanzebenen, die es in Teilen der Natur noch immer gibt.

Die Menschen der Frühzeit brauchten nicht lange, um die biophonischen Informationen für die Jagd zu nutzen, für Zeremonien, die Sprache und den dialogischen Austausch in der Musik – unsere erste Orchestrierung von Klang.

KAPITEL FÜNF

Die ersten Töne

JEDER VON UNS NIMMT UNENDLICH viele Geräusche wahr, aber unsere erste Klanglandschaft wird durch unsere Umgebung bestimmt. Meine bestand aus den häuslichen Geräuschen und den Klängen der offenen Felder und Wälder vor unserer Haustür. Als ich zwei Jahre alt war, zog meine Familie in eine Gegend, die damals eine Übergangszone zwischen der Stadt Detroit und dem Umland war – ehemaliges Midwest-Farmland, wo Vögel und Insekten noch ihren Chor anstimmten, das aber kurz nach dem Zweiten Weltkrieg mit schlichten Backsteinhäusern für die Mittelschicht bebaut wurde. Es war eine gewaltige Veränderung, die aus der weiten, stark bewaldeten Moräne, die von den letzten Gletschern geformt worden war, eine für Amerika typische dicht bebaute Nachkriegssiedlung machte.

Unser bescheidenes Heim war gegen Wind und Wetter ebenso schlecht isoliert wie gegen Schall. Auch bei geschlossenen Fenstern mischten sich das Vogelgezwitscher von den Wiesen und gelegentliche Motorgeräusche mit dem Lärmen der Familie Krause. Da ich wegen einer Hornhautverkrümmung und Weitsichtigkeit schlecht sah, war das Hören die

Sinneswahrnehmung, die meine Phantasie am meisten anregte und mir half, mich in der Welt zurechtzufinden. Obwohl wir an einer Ecke wohnten, die bald zu einer belebten Kreuzung werden sollte, hörte ich in der Zeit nach unserem Einzug exotische Morgen- und Abendchöre – Vögel, Insekten und hin und wieder Frösche von den Wiesen der Umgebung, die damals noch nicht in Grundstücke aufgeteilt und mit Häusern wie dem unsrigen bebaut waren.

Mein winziges Zimmer, gerade groß genug für mein Bett, lag im ersten Stock im hinteren Teil des Hauses über der Küche. Es war am weitesten von der Straße entfernt, nach Nordosten ausgerichtet und blickte auf offene Felder und Wiesen, die dem Auge eines Kindes unermesslich schienen. Im Frühling war die Luft bei Tagesanbruch und in der Abenddämmerung erfüllt vom Gesang der Trauertaube, des Waldlaubsängers, des Kardinals, der Meise, des Vireos, des Rotkehlchens, des Fasans, verschiedener Amphibien, Grillen und zahlreicher Insektenarten. So lernte ich in meiner Jugend die Laute der nichtmenschlichen Lebewesen sehr gut kennen. Sie mischten sich in das Geräusch der Türen, die knarzten, klickten und zuschnappten, wenn die Menschen im Haus morgens aufstanden. Im Badezimmer den Gang hinunter wurde der Wasserhahn aufgedreht. Das Scheppern von Töpfen, Tellern und Besteck drang mit einem beruhigenden Timbre durch den Fußboden zu mir hinauf – mein Dad stand immer frühmorgens auf und frühstückte, bevor er zur Arbeit ging. Abends vor dem Schlafengehen wurden die normalen Geräusche des Alltags übertönt von der Stimme eines Sprechers oder dem Klang von Musik aus dem alten Philco-Radio mit Plattenspieler in der Ecke des Wohnzimmers.

Sobald alles zur Ruhe gekommen war, kam mein Dad in mein Zimmer und las mir vor. Besonders gern mochte ich

Geschichten, die von akustischen Ereignissen berichteten – Piratenabenteuer, Märchen von Riesen, deren gewaltige Füße donnernd übers Land schritten, von uralten Schlachten, von durch den Wald irrenden Kindern – Geschichten, die von geheimnisvollen Geräuschen durchdrungen waren. Am Ende war es aber der treue Chor der Schwarzkehl-Nachtschwalben und Grillen draußen vor meinem Fenster, der mich in den Schlaf wiegte.

Das Haus selbst, auf einem Grundstück von 450 Quadratmetern ein typisches Vorkriegswohnhaus, hatte ebenfalls eine Stimme: Die Wände vibrierten und bebten in einer niederen Frequenz – die eher körperlich als über die Ohren spürbar war –, wenn der Wind wehte und der Druck auf der einen Seite des Hauses höher war als auf der anderen. Als Detroit während des Krieges immer mehr Industriearbeiter anzog, wurden hinter unserem Grundstück, wo wir zuvor einen Gemüsegarten hatten, weitere Häuser gebaut, die Straßen wurden gepflastert, der Vogelgesang verschwand, und wir waren plötzlich vom Lärm unentwegten menschlichen Schaffens umgeben. All diese frühen Klanglandschaften sind mir noch klar in Erinnerung – ich würde sie bei nochmaligem Hören sofort wiedererkennen. Kein Bild unserer Familie, unseres Heims und seiner Umgebung kann die Lebendigkeit dieser Umwelt auch nur annähernd so gut vermitteln wie die Erinnerung an die Klänge in und um das Haus.

Noch bevor ich fünf Jahre alt war, wurden meine ersten Klanglandschaften durch Musik ersetzt. Ich lernte Geige und Kompositionslehre. Beethoven, Mozart und Vivaldi, meine Lieblingskomponisten, mussten bald dem Jazz weichen, den ich durch Freunde meiner Eltern kennenlernte. Als sich diese Welt für mich auftat und ich Fragen über die Natur von Klang und Musik stellte, erntete ich bei meinen Eltern und ihren

Freunden meist ratlose Blicke. Auch meine Geigen- und Kompositionslehrer kannten nicht viel mehr als die Noten auf dem Blatt, das übliche Klangspektrum ihrer Instrumente und die Literatur, die man ihnen vorgesetzt hatte. Die Instrumente, die sich meine Eltern für mich vorstellten, Geige und Klavier, waren ebenso konventionell wie der Beruf, in dem sie mich gern gesehen hätten – entweder als Jurist oder als Arzt. Sie konnten nie verstehen oder richtig akzeptieren, warum ich den Weg gegangen bin, für den ich mich schließlich entschieden habe.

Als Teenager wechselte ich zur Gitarre und lernte alle Stile. Meine Trennung von der Geige wurde mit Entsetzensbekundungen und beleidigten Mienen quittiert. Von da an gaben meine Eltern die Hoffnung auf. Und ich schaute frohgemut in die Zukunft. Als ich mich 1955 an den Musikhochschulen der Eastman School of Music, der Juilliard School und der Universität von Michigan bewarb, wurde ich im Grunde mit der Behauptung abgewiesen, die Gitarre sei kein Musikinstrument.[1]

Ein paar Jahre später, ich hatte gerade das College abgeschlossen und arbeitete als Studiogitarrist, lud mich das Folkmusic-Quartett The Weavers, die jemanden für das berühmte Pete-Seeger-Tenorbanjo suchten, zum Vorspielen ein. Ich war nur einer von vielen Künstlern, die Demotapes einschickten und zum Vorspielen erschienen. Zu meiner großen Überraschung wurde ich genommen und debütierte mit der Gruppe 1963 bei ihrem historischen Reunionkonzert, wo wir – Pete, Ronnie Gilbert, Fred Hellerman und ich – der amerikanischen Öffentlichkeit erstmals »Guantanamera« präsentierten.[2]

Um die Zeit, als sich die Weavers Anfang 1964 trennten, begannen Musiker mit modularen Synthesizern wie dem Buchla und dem Moog zu experimentieren. Als ich so etwas zum ersten Mal hörte, wusste ich, dass ich über diese Innovation etwas erfahren und sie einsetzen wollte. Damals zog ich nach Kalifornien und begann meine Zusammenarbeit mit Paul Beaver. Bei unseren Synthesizer-Workshops in Los Angeles hinterfragten wir unentwegt alte Annahmen und Definitionen von Musik.

1967, als Paul und ich *The Nonesuch Guide to Electronic Music* schrieben und aufnahmen – eine Einführung in die Arbeit mit analogen Synthesizern –, fühlten wir uns auch genötigt, uns mit der Frage zu befassen, inwiefern der Synthesizer ein neues Licht auf lange vertretene Vorstellungen von Klang und Musik wirft. Uns beschäftigte vor allem eine Grundfrage: Was ist Musik? Die Definitionen von Musik unterscheiden sich nämlich von Kultur zu Kultur, innerhalb einer Gesellschaft und sogar von Mensch zu Mensch erheblich.

Nach dem Aufkommen der Klangsynthese dachten Paul und ich, wir könnten die komplizierten Musikdefinitionen auf eine einzige fundamentale Gleichung, etwa wie die Energiegleichung $E=mc^2$, reduzieren, und zwar durch die Behauptung, Musik im Reich des Menschen sei einfach die nichtsprachliche und bewusste »Kontrolle des Schalls«.[3]

Es gab viele Gründe, warum wir zu dieser kontroversen Erklärung gelangten. Zum einen schien sie für alle Gesellschaften zu gelten, die Musik und Musiker schätzen, weil ein Interpret – um Musik zu schaffen, wie wir sie kennen – zunächst entscheiden muss, welche Klangquellen er kontrollieren will und wie laut und lang jeder Klang in der Sequenz zu Gehör gebracht werden soll. Am Ende aber stellte sich heraus, dass in unserer Definition mindestens zwei weitere wichtige Faktoren fehlten: Struktur und Absicht.

Als ich mit Musik unterschiedlichster Richtungen vertraut

wurde, sah ich, dass jede Form durch vertikale Muster – das heißt die instrumentelle Textur und Schichtung – sowie durch horizontale oder zeitliche Muster bestimmt wird. Eine bestimmte Kombination vertikaler und horizontaler Muster verleiht jeder musikalischen Form einen einzigartige Charakter. Eine moderne griechische Kapelle zum Beispiel könnte aus einer Bouzouki (einer dreisaitigen Langhalslaute), einem Tumbeleki (einer kleinen Trommel aus Metall), einer normalen Westerngitarre, einem Defi (einer Art Tamburin), einer Geige (westlicher Stil) und vielleicht einem Tambouras (dem Vorläufer der Bouzouki mit bis zu sechs Saiten) bestehen. Zentral für die Klangstruktur sind neben dem Sänger oder der Sängerin und gelegentlich einem Hintergrundchor die Saiten- und Schlaginstrumente.

In einem balinesischen Gamelan-Orchester hingegen wird die Klangstruktur von Metallofonen, Xylofonen, Gongs, Flöten und der menschlichen Stimme geprägt. Die griechische Vertikalstruktur basiert hauptsächlich auf der westlichen gleichstufigen Stimmung mit zwölf Tönen, während das Gamelan-Orchester mit fünf oder sieben Tönen pro Oktave musiziert. Die Texturen der griechischen Gruppe mit Zupf- und Streichinstrumenten klingen ganz anders als die metallische Struktur der Schlaginstrumente des indonesischen Ensembles.

Horizontal wird die Struktur vieler griechischer Volkslieder mit lebhaften Tempi im Fünfviertel- und Siebenachteltakt vorangetrieben. Die Gamelan-Musik besteht hingegen aus mehreren grundlegenden Rhythmusstilen mit ineinandergreifenden Takten, die sich im Lauf des Stücks in hypnotischen Mustern entfalten. Vergleicht man diese beiden Strukturen mit amerikanischer Countrymusic, bei der die Gruppen in der Regel aus Gitarre, Kontrabass, Mandoline, Fiddle, fünfsaitigem Banjo, Schlagzeug, Sologesang und harmonischem Hintergrundchor bestehen, wird die vertikale und horizontale Organisation recht deutlich. Solche Grundstrukturen sind für alle Musikformen charakteristisch und gehören zu den entscheidenden Variablen jeder Klangdarbietung, die je von Menschen geleistet wurde.

Die Absicht ist der leichtere Teil. Wer von uns hat je nach einem Instrument gegriffen oder sich davorgesetzt ohne die Absicht, irgendwelche Töne hervorzubringen – vor allem wenn wir entdecken, dass das Objekt unserer Neugier diese Töne produziert? Wenn eine Zweijährige auf dem Schoß ihrer Mutter am Klavier sitzt und mit der Faust die ersten Tasten anschlägt, erkennt sie, dass sie etwas Bezauberndes getan hat, und versucht sofort, dasselbe Ergebnis noch einmal zu erzielen. Dann wird sie mit ihrer Faust höhere oder tiefere Töne anschlagen. Auf die richtige Weise ermutigt, wird diese kleine Björk eine Melodie oder Texturlinie entdecken, die ihr gefällt, und sich eigene Filter zulegen, durch die sie ihre besondere Stimme darstellt.

Als ich die elektronische Musik aufgab, um Naturgeräusche aufzunehmen, verlagerte sich meine Aufmerksamkeit von den Elementen der Musik zur Frage nach ihrem Ursprung. Jede Frage lockte mich tiefer in die Geheimnisse der Musik. Woher kommt unser Drang, Musik zu machen? Worin besteht die Verbindung zwischen Biophonie und menschlicher Musik? Haben Tierlaute einen emotionalen Gehalt, der Licht auf die Tatsache wirft, dass Musik vorrangig dazu dient, menschliche Gefühle auszudrücken? Bei meiner Beschäftigung mit Tierstimmen ging mir auf, dass ein entscheidender Teil des Gesamtbilds verloren geht, wenn wir den Kontext, in dem sich Tiere artikulieren – die Biophonie –, ausblenden. Ob dasselbe wohl für die Musik galt? Haben wir bei der Suche nach Erklärungen für Struktur und Intention in unserer Musik womöglich den Kontext ignoriert, in dem Menschen erstmals kontrolliert Klänge produzierten? Wie hat die der Biophonie innewohnende Klangstruktur den Menschen bewogen, sich in Form von Musik auszudrücken? Bot das Murmeln der Wildnis Anregungen für Rhythmus, Melodie, Polyphonie und Gestaltung und lieferte die Grundstruktur für musikalischen Ausdruck? Diese Fragen haben mich bis heute nicht losgelassen.

Während in den letzten 50 Jahren das ökologische Bewusstsein stark zugenommen hat, wurde den Naturgeräuschen nur gelegentlich Aufmerksamkeit geschenkt. Doch im Unterschied zu der bisherigen Fokussierung auf das Sammeln, Archivieren und Untersuchen der Stimmen einzelner, aus ihrem Lebenszusammenhang gerissener Geschöpfe gewinnt allmählich eine ganzheitliche Wahrnehmung der biophonischen Welt an Bedeutung. Untersuchungen über Naturgeräusche und ihren Zusammenhang mit menschlichen Ausdrucksformen in der Musik haben jedoch nach wie vor Seltenheitswert. Die große Mehrheit der Studien, Aufsätze und Bücher zu dem Thema ist nach wie vor anthropozentrisch und behauptet im Wesentlichen, dass Musik nur auf uns selbst zurückgeht und dass wir die höchsten Richter über das sind, was sich in der Welt »Musik« nennen darf. Aber allmählich gibt es auch Forschungsansätze, die von einem breiteren Spektrum von Einflüssen ausgehen.

Bei einer Science Foo Conference von Google und dem Computerverlag O'Reilly im Jahr 2008 in Mountain View, Kalifornien, zeigten Aniruddh Patel und seine Kollegen das Video eines Kakadus, der sich zum schwingenden Rhythmus einer Tonbandaufnahme neigte und nickte und Seitenschritte machte. Wenn sich das Tempo änderte, passte sich der Tanz des Vogels an, ein Hinweis darauf, dass Tiere auf Rhythmen reagieren (auf unsere natürlich). Viele Aufsätze – darunter einer in *Wired* – beschäftigen sich mit dem scheinbar angeborenen Rhythmus von Neugeborenen, der durch den Herzschlag der Mutter und durch Musik außerhalb des Mutterleibs erlernt wird. Fast nichts findet man hingegen zu den Rhythmen von Grillen oder Froschchören, Ozeanwellen oder herabtropfendem Wasser nach dem Regen. Der schwedische Musikbiologe Björn Merker hat jedoch gemeinsam mit Kollegen die Grenze bereits ein wenig überschritten und auch andere, teils eng mit dem Menschen verwandte Spezies einbezogen, als er die Hypothese von der rhythmischen Gruppensynchronie prüfte (zum Beispiel das Klopfen und Tanzen im gleichbleibenden Rhythmus). Merker kommt zwar zu dem Schluss, dass wir die eigentlichen Verhaltensmechanismen noch kaum kennen, aber es gebe Hinweise darauf, dass zumindest die synchronen Rhythmusstrukturen bei Menschen von anderen Spezies erlernt wurden.

Der schwedische Wissenschaftler Nils Wallin prägte 1991 den Begriff »Biomusikologie«. Auf der Suche nach Verbindungen zwischen akustischen Konstellationen, die in der Natur vorkommen, und der Evolution menschlicher Musik gruben die Forscher damals tiefer in unserer Vergangenheit. Wallin zog auch die Möglichkeit in Betracht, dass »unsere Vorfahren singende Hominiden gewesen sein könnten, ehe sie sprechende Menschen wurden … Wenn das zutrifft, wäre das … von Bedeutung für unsere Herangehensweise an die Frage nach den Ursprüngen der Musik.«

Hinweise auf die Ursprünge der Musik finden wir bei unseren nächsten Verwandten, den Primaten, aber auch bei anderen Säugetieren. Als ich in Ruanda die Laute der Berggorillas und die Geräusche in ihrem Lebensraum aufnahm, lauschte ich stundenlang ihrem »Gesang« und beobachtete ihr Verhalten. Die Gorillas drückten mit ihrer Stimme Emotionen aller Art aus. Sie begrüßten sich gegenseitig mit einem leisen zweimaligen Räuspern, was praktisch hieß: Alles ist in Ordnung – ein Zeichen dafür, dass sich die Gorillas im Augenblick ausnahmslos emotional sicher fühlten. Sogar ein Mensch, der das Räuspern richtig artikulierte, würde von gut eingespielten Gruppen höchstwahrscheinlich akzeptiert werden. Vor allem bei der gegenseitigen Körperpflege »sangen« die Weibchen oft, das heißt, sie summten unbefangen kurze Melodien vor sich hin – eine liebliche, einfache Abfolge scheinbar zufälliger Töne. Solche Äußerungen wurden von Feldforschern als »Singen« bezeichnet, weil sie sich ähnlich anhören wie das gedankenverlorene Summen von Frauen. 5.1

Die ganze Szene änderte sich, wenn junge Männchen, voll von Testosteron, nach einem empfängnisbereiten Weibchen suchten, um sich zu erproben. Die dominanten Silberrücken, die erwachsenen männlichen Gorillas, reagieren darauf grundsätzlich unwirsch. Stets darauf bedacht, ihre DNA an die nächsten Generationen zu vererben, lassen sie lautes Gebrüll ertönen, trommeln sich auf die Brust und gehen unter vollem Körpereinsatz zum Angriff über, eine Herausforderung, die kein fühlendes Wesen, das bei Verstand ist, annehmen würde. Solche stimmlichen Artikulationen sind keine Lieder, sondern Dominanzsignale, emotionsgeladene Warnungen. Der aggressive Schrei eines zornigen Gorillas ist die lauteste Äußerung eines landlebenden Säugetiers, die ich je gehört habe. Sollten Sie zufällig in der Nähe sein, wenn ein Silberrücken losbrüllt, könnten Sie durchaus eine Zeit lang taub sein. Diese Alphatierrufe sind so emotionsgeladen, dass man 5.2
nur hoffen kann, nicht gemeint zu sein. Ich habe auch Schim-

pansen- und Gorillaweibchen beobachtet, deren Babys gestorben waren; sie trugen die toten Jungen tagelang mit sich herum. Wimmernd und klagend, saßen sie untröstlich abseits ihrer Familiengruppe.

Wir Primaten sind für unsere Affinität zum Lied bekannt. Forscher haben nicht nur Äußerungen von Berggorillas, sondern auch von Schimpansen, Lemuren, Loris und Meerkatzen als »Singen« bezeichnet. Der Gesang von Bonobos und Gibbons, der von heftigem sexuellen Verlangen spricht, erklingt überall in den Wäldern Afrikas und Asiens, wo noch gesunde Gruppen leben. Zuweilen erinnert mich ihr Singen an das unbewusste Summen, bei dem ich mich ertappe, wenn ich beim morgendlichen Laufen, wie gebannt durch den Rhythmus meines Atems oder meiner Schritte, vollkommen ruhig und entspannt in ein natürliches Tempo einschwinge.

Die Lieder der Primaten – einschließlich des Menschen – sind wahrscheinlich aus das Revier absteckenden Rufen oder Warnschreien hervorgegangen, die sich zu komplizierten Mustern entwickelten und soziale Beziehungen zum Ausdruck brachten. Bei ihren Beobachtungen Mitte der 1980er-Jahre stellten John Mitani und Peter Marler fest, dass sich die Lieder der Gibbonmännchen zwar kaum wiederholen, aber in Modulation und Vortragsweise strengen Regeln folgen, um Weibchen anzulocken. Aber welche Elemente sind es, die aus den Lauten dieser Primaten »Lieder« machen? Die Kommunikation zwischen Tieren ist ein so junges Forschungsgebiet, dass wir eigentlich nur auf die grundlegenden Theorien zum Gesang zurückgreifen können, um diese Frage zu beantworten. Wir bezeichnen die stimmlichen Artikulationen von Buckelwalmännchen als »Lieder« – Sequenzen erworbener Laute, die in jeder Paarungs- und Abkalbungszeit ständig wiederholt werden, fragmentarisch auch während der Nahrungssuche im Sommer. Bei meinen langen Aufenthalten unter wilden Schimpansen und Gorillas bemerkte ich, dass die spezielle Modulation ihrer bei der gegenseitigen Körperpflege, beim Spiel und bei der Futtersuche ausgestoßenen Äußerungen – Lautkombinationen, die Forscher als »Singen« bezeichnen – in der Gruppe einen emotionalen Zustand hervorruft, der selbst einen ängstlichen Menschen beruhigt. Wenn die Gorillas mir erlaubten, an ihrer Nachmittagssiesta teilzunehmen, sangen sie mich mit ihren Liedern in den Schlaf.

Auch andere Säugetiere drücken ihre Emotionen durch Laute aus. Orcas leben in hochsozialen Herden, wo Syntax und »Vokabular« – das heißt verschiedene Pfeiflaute und Rufe – Stimmungen vermitteln, Nahrungsquellen anzeigen und Beziehungen zu Herdenangehörigen und anderen Meeresspezies herstellen. Sie haben auch einen eigenen Jagdlaut, wenn die Herde Fisch fängt. Und wenn sie andere Meeressäuger angreifen (was sie als Fleischfresser gelegentlich tun), artikulieren sich Orcas mit ganz eigenen aggressiven Lauten. Diese lautstarken, lebhaften Sequenzen unterscheiden sich deutlich von den normalen syntaktischen Sozialkontakt- und Futterlauten, die die Angehörigen der eigenen oder vorüberziehender Herden austauschen. Im August 1979 nahm ich die Laute dreier Orcas auf, die in einer kleinen Bucht (Fingers Bay) am Glacier Bay westlich von Willoughby Island einen Buckelwal angriffen. Einen so einzigartigen Austausch hatte ich nie zuvor auf Band festgehalten. 5.3

Den deutlichsten Beleg dafür, dass Orcas Emotionen stimmlich artikulieren, ist mir jedoch in Gestalt zweier Wale begegnet, die als Gefangene in einem Freizeitpark lebten. Als ich an meiner Doktorarbeit schrieb, hatte ich Gelegenheit, Yaka und Nepo aufzunehmen, zwei in der Marine World gehaltene Tiere, die sich damals noch im kalifornischen Bel-

mont südlich von San Francisco befand. Danach wollte ich
ihre Syntax und andere Äußerungen mit denen ihrer Artge-
nossen in Freiheit vergleichen, und so machte ich mich im
Sommer 1980 auf, um die wilde Herde aufzunehmen, aus der
die beiden stammten und die nach wie vor im Kanal zwischen
Vancouver Island und dem Festland von British Columbia
lebte. Zwar gab es syntaktische Übereinstimmungen zwischen
den Gefangenen und ihrer frei lebenden Familie, aber die
Art und Weise, wie sie sich ausdrückten, wirkte völlig anders.
Die Äußerungen der Wildtiere strotzten fast immer vor Ener-
5.4 gie und Vitalität. Ihre temporeichen, selbstbewussten Rufe –
laute auf- und absteigende Pfeiftöne – waren voller Kraft. Die
Äußerungen der Gefangenen hingegen waren spürbar lethar-
5.5 gisch und langsam.

Natürlich kann man tierische Gefühle ebenso wenig präzise messen wie unsere Eindrücke davon, und aus diesem Grund äußern sich Forscher nicht zu dem Thema – ein Wissenschaftler darf sich nicht dabei ertappen lassen, dass er Tiere vermenschlicht. Ich könnte mir allerdings vorstellen, dass die meisten Haustierbesitzer sofort einräumen würden, dass ihre Mitbewohner Gefühle zeigen. Wenn Ihr Stubentiger Nahrung wünscht oder rausgehen möchte, bedient er sich einer klagenden, hohen Lautfolge, deren Bedeutung unmissverständlich ist. Wenn Sie ihn aber gegen den Strich streicheln, ertönt ein tiefes, drohendes Brummen – »Wenn du das noch mal machst …« Meine Frau und ich sind inzwischen gut geschult.

Die allertraurigsten Laute, die ich je von einem Tier vernommen habe, stammen aber nicht von einem Primaten. Sondern von einem Biber. Vor ein paar Jahren schickte mir ein Kollege aus dem Mittleren Westen einen Audiomitschnitt von einem Vorfall, der sich an einem seiner Lieblingslauschplätze ereignet hatte – einem abgelegenen, kleinen See in

Minnesota. Als er sich an einem Frühlingstag mit seinem Aufnahmegerät postiert hatte, beobachtete er fassungslos, wie zwei Jagdaufseher auftauchten, Sprengstoff legten und einen Biberdamm am Abfluss des Sees in die Luft jagten, der seit Jahren das subtile ökologische Gleichgewicht des Lebensraums bewahrte. In der Nähe gab es weder Häuser noch Äcker, die man hätte schützen müssen, die Sprengung war also offenbar ein willkürlicher Akt der Gewalt. Das Weibchen und die Jungen der Biberfamilie starben, als der Damm in die Luft flog. Nach dem Abzug der Jagdaufseher machte mein Freund Tonaufnahmen von dem Werk der Zerstörung in dem Habitat, das kein Foto hätte dokumentieren können. Nach Einbruch der Dämmerung zog das überlebende, wahrscheinlich verwundete Männchen langsam seine Kreise durch den See und schrie voller Schmerz nach seinem Weibchen und den Jungen. Seine Stimme klingt so verzweifelt und herzzerreißend, dass es mir immer sehr schwerfällt, mir die Aufnahme anzuhören. Zwar wurden Schwanzschläge und Klagelaute von Bibern in und an ihren Höhlen schon einige wenige Male dokumentiert, aber das war das erste und einzige Mal, dass ich
derartige Aufnahmen von einer Biberstimme hörte. Ich hoffe, 5.6
nie mehr Zeuge solcher Schreie von einem lebenden Wesen zu werden. Die ergreifendste menschliche Musik, die ich kenne, reicht da nicht heran.[4]

In der Wildnis habe ich zahllose Beispiele dafür erlebt, wie Säugetiere ihre Gefühle ausdrücken – Klänge, die in das Gewebe der biophonischen Struktur eingegangen sind. Für Tiere sind Klänge sogar ein vorrangiges Mittel, Emotionen zu zeigen. Dasselbe tun Menschen mit ihrer Stimme und durch die Musik.

In seinem Buch *Die Abstammung des Menschen* schreibt Charles Darwin über die mögliche evolutionäre Verbindung zwischen menschlicher Musik und Emotionen. Dass Musik teilweise eine sexuelle Bedeutung hat, wie Darwin meint, wurde mir als Teenager in dem Augenblick klar, als ich die Geige zugunsten der Gitarre aufgab. Aber Musik spielt auch in Kriegszeiten eine Rolle, wenn man Entlastung bei Stress sucht, in religiösen Zusammenhängen, in der Gruppe, um Kontakt und Identifikation herzustellen und um die verschiedensten Gefühle, sei es Freude oder Leid, auszudrücken. Um zu wissen, wie sich ein Mensch fühlt, muss ich oft nicht einmal ein einziges Wort seiner Sprache verstehen. Er braucht nur eine Melodie zu summen oder ein paar nichtverbale Laute auszustoßen, und ich weiß mehr über seine Stimmung, als Worte ausdrücken können. Da spielt es auch keine Rolle, ob der Mensch aus einer abgeschiedenen Gegend in der North Slope Alaskas kommt oder aus einem Regenwald in Papua-Neuguinea.

Heißt das, der menschliche Drang, Musik zu machen, ist angeboren? Um die evolutionären Grundlagen der Musik werden notorisch hitzige Debatten geführt. Darwin schien zu glauben, Musik sei eine evolutionäre Anpassung, aber die heutigen Wissenschaftler sind sich da nicht so sicher. Steven Pinker, Kognitionswissenschaftler am Massachusetts Institute of Technology, hat diese Theorie mit seinem berühmten Ausspruch verworfen, Musik sei »akustischer Käsekuchen«. Wir mögen Käsekuchen, weil wir eine Vorliebe für Fett und Zucker, die Bestandteile von Käsekuchen, entwickelt haben – ein Verlangen nach Käsekuchen an sich bringen wir nicht mit. Dieser Argumentation zufolge mögen wir Musik, weil wir eine Vorliebe für einige Komponenten der Musik entwickelt haben, die vermutlich sprachliche Funktionen erfüllen. Musik an sich ist jedoch keine Anpassung. »Musik ist nutzlos«, schrieb er 1994 in seinem Buch *Der Sprachinstinkt. Wie der Geist die Sprache bildet.*

Der Archäologe Steven Mithen hingegen führt in seinem Werk *The Singing Neanderthals: The Origins of Music, Language, Mind, and Body* von 2006 aus, die evolutionären Ursprünge der Musik könnten auf etwas Vorsprachliches zurückgehen, das weder eine sprachliche Äußerung noch Musik war, sondern ein Amalgam, das er »Hmmmm« nannte: Holistisch, multimodal, manipulativ, musisch und mimetisch. Ein weiterer Forscher, der Musikwissenschaftler, Komponist und Autor Christopher Small, erfand einen noch besseren Ausdruck – »musicking«, was etwa so viel bedeutet wie »Musik machen«. Singen, eine Melodie summen, einen Rhythmus mit dem Fuß klopfen, ein Instrument spielen, in einem Orchester mitwirken und Musik komponieren, all das, erklärt er, reflektiere eine einzige Tätigkeit, die er mit dem Verb »to musick« bezeichnet.

In einer Besprechung des Buches von Mithen erläutert William Benzon, Kognitionswissenschaftler und Musiker, seine eigenen Entdeckungen und Hypothesen zu den Ursprüngen der Musik. Seine Erklärung beginnt mit dem Rhythmus, insbesondere dem des Gehens, wobei die Muskelkoordination bei Zweibeinern entscheidend für das Gleichgewicht und die Schrittsteuerung ist. Ausgehend vom Rhythmus, synchronisierten Menschen ihr Schreiten, Klatschen, Schlurfen oder Springen miteinander, eine Art Musicking, die zur Bildung von Gruppen führte, in die sich einzelne Individuen harmonisch einfügten – eine Kooperation zum Vorteil aller. Ich schätze, dass die meisten Menschen irgendwann einmal im Leben eine solche Synchronisierung zur Musik erlebt haben – zum Beispiel beim Tanzen oder beim Stampfen mit den Füßen zu einem bestimmten Rhythmus.

Als junger Teenager hatte ich ein Erlebnis, das sich in der Geschichte der Menschheit jederzeit hätte zutragen können.

Es war in einem Sommer Anfang der 1950er-Jahre, als mich meine Eltern zu einem Camp im Algonquin Park in Ontario brachten. Die üblichen acht Wochen Freizeitaktivitäten – Baseball, Schwimmen, Tennis und Mannschaftssport – boten genug Zeitvertreib für die Jungen und Mädchen (sofern sie nicht schon unter diversen Symptomen des Erwachsenwerdens litten). Aber zehn Tage in diesem Sommer blieben mir unvergesslich. Zwölf von uns – ein Ureinwohner als Führer, zwei Betreuer und neun ängstliche, in der Stadt aufgewachsene testosterongeplagte Jungen – unternahmen einen Ausflug, eine Fahrt von 30 Kilometern mit dem Kanu, die von unserem Camp aus mehrere Tage dauerte. Bis zu unserem Ziel, einem abgelegenen See, befuhren wir viele wilde Wasserwege. Und geplagt von Blutegeln, Moskitos und den lästigen schwarzen Stechfliegen, die die borealen Wälder Kanadas bevölkern, mussten wir mit unseren mächtigen, 40 Kilo schweren Chestnut-Kanus aus Holzleisten und Segeltuch sowie unserem ganzen Gepäck lange Transporte über Land bewältigen.

In den ersten paar Stunden auf dem Wasser lernten wir, unser Ego zu zügeln und als Gruppe zusammenzuarbeiten – unumgänglich, wenn man in der Wildnis überleben will. Wenn wir müde wurden, stimmten unsere Betreuer ein Lied an, dessen Tempo den Takt fürs kollektive Paddeln vorgab. So schufteten wir alle zusammen weiter. Aus der hohlen Hand tranken wir aus Seen und Bächen Wasser, das so rein und süß war, dass selbst uns der Geschmacksunterschied zu der Flüssigkeit auffiel, die wir aus den Städten und Vorstädten kannten, wo die meisten von uns wohnten. Das Wasser war so klar, dass wir in fünf Meter Tiefe große Seeforellen sehen konnten. Unsere Essensvorräte ergänzten wir durch Fisch, den wir selbst fingen und brieten. Oft schnappten wir uns Tiere, die wir in Vertiefungen lauern sahen, wenn wir uns über die Seitenwand des Kanus beugten. Lediglich mithilfe von ein paar topografischen Landkarten, der Sonne, den Sternen und dem Moos, das an der Nordseite der Bäume wuchs, gelangten wir jeden Abend wohlbehalten zu dem vorgesehenen Nachtlager.

Die vollkommene Stille ist mir noch gut in Erinnerung. Sogar meine Altersgenossen schafften es, über längere Phasen den Mund zu halten, sei es aus Angst, das Schweigen der Natur zu stören, oder aus neu entdeckter Ehrerbietung oder beidem. In über einer Woche auf dem Wasser hörten wir weder ein Flugzeug, ein Motorboot, ein Auto noch eine Kettensäge oder ein Radio. Und wir begegneten auch keinem Menschen. Manchmal glaubten wir uns verirrt zu haben und dann wieder nicht – genau das richtige Maß Anspannung, um sich hellwach und lebendig zu fühlen.

Abends, wenn wir am Ufer kampierten, machten wir Feuer und verbrannten Kienholz, um uns die Moskitos und Fliegen vom Leib zu halten. Sonst umgab uns tiefe Dunkelheit, gebrochen nur durch das Leuchten des Nachthimmels. Die Betreuer fingen lauthals an zu singen, wenn sie unruhig wurden, und forderten uns auf einzustimmen. Wir mussten uns den herumlungernden Tiergeistern, die in unseren Köpfen spukten, als Menschen bemerkbar machen.

Wenn alle einfallen und dem Chor Kraft geben, wirkt Singen höchst beruhigend. Mithen, der glaubt, dass Musik in der Evolutionsgeschichte des Menschen tief verwurzelt ist, erklärt, dass sie soziale Bindungen ermöglicht und für die nötige Kommunikation sorgt, um die Richtung zu signalisieren, in der Wild zu finden ist, den Ablauf der Jagd zu organisieren, einen Initiationsritus für Heranwachsende zu begleiten, sexuelle Anziehung oder einfach Freude und Kummer auszudrücken.

Wir können Musik als akustischen Spiegel betrachten – sie reflektiert zu jeder Zeit unsere Kultur und unsere Umgebung. Wenn Mithen und andere mit ihrer Behauptung recht haben, dass unser Drang zur Musik angeboren ist – dass Menschen schon musizierten, ehe sie sich der Sprache bedienten –, dann können wir im Umfeld unserer Evolution nach Hinweisen auf die Ursprünge der Musik suchen.

Selbstverständlich haben wir uns inzwischen weit von unseren Ursprüngen entfernt – das heißt, unsere akustische Umgebung hat sich radikal geändert –, und unsere musikalischen Formen spiegeln diesen Bruch mit der Vergangenheit aufs Schönste wider. Mit Beginn der 1950er-Jahre haben Avantgardekomponisten – wie John Cage, Vladimir Ussachevski und Otto Luening – auf den philosophischen Spuren der italienischen Futuristen den Lärm der Städte für ihre experimentellen Klangwerke genutzt. Aus ihrem ursprünglichen Umfeld herausgelöst, wurden aus Geräuschfragmenten strukturelle Komponenten der Komposition.

Später experimentierten Pauline Oliveros, Morton Subotnick und viele andere mit den Texturen menschlich erzeugter Geräusche. Für *In a Wild Sanctuary* benutzten Paul und ich Fragmente des urbanen Lärms von San Francisco – zum Beispiel das rhythmische Klicken der unterirdischen Schleppseile der Cable Cars, der Kabelstraßenbahn der Stadt, wenn sie über die unter der Straßenoberfläche liegenden Kontrollstelle laufen. Auch den Dopplereffekt von Bussen, die in der Innenstadt um die Ecke fahren, fingen wir ein, und wir arbeiteten mit Kriegslärm.

Auch verschiedene andere Komponisten erkannten den ästhetischen Wert von selektivem »Lärm«, unter ihnen die Beatles und Frank Zappa. Die orchestrale Struktur von *Sgt. Pepper's Lonely Hearts Club Band* hätte ohne das umfassende musikalische Wissen des Beatles-Produzenten George Martin nicht gelingen können. Unter dem Pseudonym Ray Cathode hatte Martin schon Anfang der 1960er-Jahre in der britischen Musikszene mit elektronischer Musik und Tonbandmanipulationen experimentiert und arbeitete im Radiophonic Workshop der BBC an Soundeffekten für den Rundfunk. Bei dieser Tätigkeit verfeinerte er Techniken, die akustisch ideal auf die Beatles abgestimmt waren. Martin besaß eine ungeheure Sensibilität für die neue elektronische Klanglandschaft, etwas, das die vier Bandmitglieder zuvor noch nicht erlebt hatten. Das Ergebnis war die zeitlose Klangtextur, die im gesamten Album zu hören ist. Frank Zappa schuf in seinem Album *Freak Out* eine meisterhafte Kombination von Klängen, wobei er der Musik der »Flowerpower-Generation« einen Mix aus Stadtlärm, politischen und gesellschaftlichen Kommentaren sowie Pop- und psychedelischen Arrangements entgegensetzte.

Obgleich technisch interessant und bemerkenswert – die sorgfältig ausgewählten Geräuschfragmente wurden durch aufwendigen Schnitt, Bandbearbeitung und Filterung in »Musik« umgewandelt –, stießen diese Experimente damals kulturell nur auf begrenzte Akzeptanz; die Beatles bildeten hier eine Ausnahme. Unwiderstehlich waren hingegen Hardrock- und Heavy-Metal-Musiker wie Jimi Hendrix, Led Zeppelin, die Who, AC/DC und Black Sabbath, die unmittelbar auf das Leben in der Stadt reagierten, und spätere Gruppen wie die Art of Noise – aber auch die Musikrichtungen Punk, Industrial, Rap und Hip-Hop.

Wie mir Joel Selvin, Verfasser bekannter Werke über die Geschichte des Rock 'n' Roll und ehemaliger Musikkritiker des *San Francisco Chronicle*, erklärte: »Die Elemente des Lärms [dieser Gruppen] bildeten bei bestimmten Richtungen des

Hardrock oder Heavy Metal eine wichtige Unterströmung. Die Musiker griffen bewusst oder unbewusst auf das akustische Gerümpel des modernen Stadtlebens zurück – vom Autoverkehr bis zu klaustrophobischen Stadtwohnungen, von kreischenden Rückkoppelungen bis zu halsbrecherischen Tempi, all das wurde ohne viel Federlesens der bombastischen, oft fieberhaften Musik einverleibt, die diese Pioniere der Rockmusik in den Sechziger- und Siebzigerjahren machten.«[5]

Anders als zeitgenössische Musiker hatten unsere frühesten Vorfahren als Inspiration nur die Wildnis, die sie umgab. Selbstverständlich können wir über die natürlichen Klanglandschaften nur spekulieren, die es vor 50 000 Jahren gab, in der Zeit, aus der die ersten bekannten Knochenflöten erhalten sind. Aber in einigen funktionsfähigen Lebensräumen, in denen sich in dieser langen Zeitspanne relativ wenig geändert hat – etwa in entlegenen Gebieten des Amazonas, im Dzanga-Sangha-Schutzgebiet in der Zentralafrikanischen Republik, im Dschungel von Papua-Neuguinea und Borneo –, können wir noch ein Echo der akustischen Texturen unserer Urgeschichte vernehmen. Beim Hören der Archivaufnahmen, die ich in diesen Gebieten im Lauf mehrerer Jahrzehnte gesammelt habe, werde ich nicht nur an jene Orte geführt, sondern noch viele Schritte weiter zurück auf dem akustischen Zeitstrahl der Evolution. Als diese uralten Stimmen erklangen und unsere Vorfahren sie erstmals hörten, waren sie mit für jeden Organismus einzigartigen akustischen Texturen durchdrungen, und jede Stimme hob sich gegen die anderen ab.

Und jede hatte ihren ureigenen Platz. Die Spektrogramme meiner Aufnahmen aus Borneo und Kenia zeigen klar eine fest umrissene akustische Anatomie, die durch deutliche bioakustische Unterteilung gekennzeichnet ist – und die wahrscheinlich jener vor Jahrtausenden gleicht. In diesem Licht betrachtet, erkennt man, dass es ein wenig so ist, als würde man rezente akustische Fossile entdecken.

Tatsächlich aber können wir noch heute im modernen Nordamerika uralte Klanglandschaften hören. Kristin Junette, die an der Montana State University bei dem Dinosaurierexperten Jack Horner promoviert hat, meint, dass wir anhand von Fossilfunden und den bekannten Geräuschen heute noch verbreiteter Insektenspezies teilweise ihre individuellen Signaturen rekonstruieren könnten; damit würden wir eine Vorstellung von dem Insektenhintergrundgeräusch bis hin zur Zeit der Entenschnabeldinosaurier bekommen, die vor 65 Millionen Jahren lebten. So näherten wir uns Stück für Stück, Lebewesen für Lebewesen, Nische um Nische der lebendigen Klanglandschaft des Hadrosauriers an. Als wir alles beisammenhatten, zeigte sich, dass die Klanglandschaft eine ähnliche akustische Struktur hatte wie spätsommerliche Urwälder in den Adirondack Mountains im entlegenen nördlichen Teil des Bundesstaats New York, wo wir Tonaufnahmen gemacht hatten. Ausgehend von der akustischen Physiologie des Tierschädels, rekonstruierten wir dann eine charakteristische Stimme für den Hadrosaurier, die sich ein wenig anhörte wie die verlangsamt abgespielte Aufnahme eines Doppelhornvogels – ein Vogel, der in den Regenwäldern Sumatras und Indiens lebt. 5.7

Stellen Sie sich vor, man könnte belauschen, wie sich das Leben in Afrika vor 200 000 Jahren anhörte. Nach einer unlängst veröffentlichten Studie unter Leitung von Tim White – der mit seinem Kollegen Donald Johanson von der University of California in Berkeley »Lucy« entdeckte – ist der moderne Mensch ursprünglich nicht auf den offenen Ebenen Afrikas in Erscheinung getreten. Aufgrund von fossilen Funden und

Radiokarbonuntersuchungen drängt sich vielmehr die Vermutung auf, dass wir aus Waldhabitaten stammen, die mit zahlreichen Wildtieren bevölkert waren. Viele dieser Habitate gibt es heute noch, allerdings in kleiner, fragmentierter Form. Wir haben Lebensräume, wo Berggorillas, Orang-Utans, Wildkatzen, Lemuren, Vögel, Insekten, Elefanten, Antilopen, Schakale, Lurche und Reptilien gedeihen. Folglich könnten das, was wir dort hören, die uralten Klänge sein, ein beredter Funkenregen, erzeugt von Flügeln, Füßen, Schnäbeln und Kehlen Tausender Organismen, die einen großen Chor bilden.

Andere Studien, die sich etwa mit den ersten symbolisch-grafischen Ausdrucksformen der Menschen beschäftigen, kommen zu dem Ergebnis, dass die Frühmenschen auf dem gesamten afrikanischen Kontinent eine Vielfalt an Habitaten im Wald, in der Grassavanne oder an der Küste bewohnten. Eng verbunden mit der natürlichen Welt, hätten die Frühmenschen demnach erst einmal die Stimmen dieser Klanglandschaften nachgeahmt.

Unser Erleben von Naturgeräuschen war damals ganz anders als das, was wir heute häufig in der Wildnis erfahren. Reisende und Jäger fanden sich einsam der Tierwelt und den geophonischen Landschaften ausgesetzt: in der kreatürlichen Welt mit ihrem Schwirren, Kreischen, Kratzen, Zischen, Blöken, Klicken, Bellen, Heulen, Stöhnen, Surren und Knabbern; mit dem Summen und Pulsieren der Chöre von Insekten und Fröschen; dem Wind, der das Laub an den Bäumen rauschen ließ oder durchs Gras streifte; dem Wasser, das in Rinnsalen dahinplätscherte oder tosend flussabwärts jagte, oder dem Krachen der Wellen an der Meeresküste. Stunde um Stunde, Tag für Tag waren die Menschen eingehüllt in die Klanglandschaft ihrer Umgebung, lauschten den Veränderungen zwischen Tag und Nacht, auf ihrem Weg von einem Lagerplatz zum nächsten oder im Lauf der verschiedenen Jahreszeiten.

In der Instrumentalmusik hängt alles vom richtigen Moment ab. Genauso ist es in der Welt der Natur: Der Tag ist in Zeitsegmente aufgeteilt, von der Makrozeit zur Mikrozeit. Es beginnt mit dem Tag-und-Nacht-Zyklus. Darin eingebettet sind das Morgenkonzert, das Tageskonzert, das Abend- und das Nachtkonzert. Und darin wiederum finden sich die aufeinanderfolgenden Äußerungen von Vögeln, Säugetieren und Fröschen. Eine noch feinere Auflösung wären die rund zwölf Schwingungen pro Sekunde im Zirpen einer Grille, wenn die Schrillader auf dem einen Vorderflügel über die Hinterkante des anderen gezogen wird. In den gesündesten Habitaten sind all diese Geräusche in einem feinen Gewebe organisierter Signale zusammengeführt, die voller Informationen über die Beziehung jedes einzelnen Organismus zum Ganzen stecken.

Menschen haben eine tief verwurzelte Neigung zur Mimikry. Die französischen Psychologen Henri Wallon und Jean Piaget haben die Rolle der Nachahmung in der frühkindlichen Ontogenese beleuchtet und diese Fähigkeit als ein Charakteristikum der menschlichen Spezies bezeichnet. Piaget meint, dass wir nachahmen, weil wir uns verständigen und andere auf uns aufmerksam machen wollen. Für uns wäre es also nur natürlich gewesen, diese protomusikalischen Stimmen nahtlos in unser Leben zu integrieren, die mit dem Leben in der uns umgebenden Welt in einem gut austarierten Gleichgewicht standen.

Nach seinem Erscheinen im Pleistozän war der Mensch, wo immer er sich auch befand, von wilden Lebensräumen umgeben, die vom Strahlen und der Sinnlichkeit natürlicher Töne erfüllt waren: die Stimmen von Vögeln und Säugetieren, vereint mit den pochenden Rhythmen der Insekten in den

Urwäldern. Wir lauschten gebannt, wenn Wind, Sturm und Wasser ihre spezielle Dynamik in den akustischen Mix brachten. Ebenso aus einem Schutzbedürfnis heraus wie in dem atavistischen Wunsch nach Verbundenheit beobachteten wir die Vögel und horchten gespannt auf ihren Gesang. Insekten gaben mit regelmäßigen Takten die Zeit vor. Primaten schwangen sich durch das Blätterdach und trommelten sich hin und wieder in einem rasenden Stakkato auf die Brust. Und Frösche ließen, auf die Tageszeit abgestimmt, einzeln oder im Chor ihre Stimme erklingen. Die Poesie dieser Stimmen vermittelte wichtige Informationen über Ereignisse, die sich in dem Habitat abspielten, und spiegelte ein Gemeinschaftsgefühl, dessen Bedeutung von jedem lebenden Organismus wahrgenommen wurde.

Geräusche zum Imitieren vernahmen Menschen erstmals in den prachtvollen Klangteppichen der Biophonien. Angeregt wurden ihre Phantasie und ihr angeborenes Bedürfnis, Beziehungen zwischen Lauten herauszuhören, wohl zunächst durch die Stimmen der tropischen und gemäßigten Wälder, der Wüsten und Hochebenen, der Tundra und der Küstenregionen, in denen sie ihr Lager aufschlugen, jagten und lauschten.

Wie im vorherigen Kapitel erwähnt, sind die Unterschiede zwischen den Stimmen der verschiedenen Kreaturen in einer intakten Biophonie klar ausgeprägt. Diese akustischen Nischen haben sich mit der Zeit in einem Zusammenspiel der Klangquellen entwickelt – vielleicht über Jahrtausende. Durch Nachahmung hat der Mensch die Rhythmen der Klänge und Bewegungen in der natürlichen Welt in Musik und Tanz umgewandelt – seine Lieder eiferten dem Flöten, Trommeln, Trompeten, der Vielstimmigkeit und den komplexen Rhythmen der Tiere in den von uns bewohnten Räumen nach.

Aber wie traten wir dem »Orchester« bei? Das methodische Denken unserer Vorfahren lenkte ihre Aufmerksamkeit auf den komplexen interaktiven Prozess, in dem Tierstimmen einen freien Kanal und ein Zeitfenster für ihre Darbietung fanden.[6] Er wurde zur Schablone für das Arrangement unserer eigenen Klänge – erzeugt mit der Stimme und frühen Instrumenten.

Während wir aufmerksam lauschten, wandelten wir das Gehörte in Ausdrucksformen um, die unmittelbare Verbindungen mit unserer Umgebung reflektierten. Beim Nachahmen der Naturgeräusche stellten wir fest, dass fast jedes Objekt Geräusche erzeugt: Hände, die klatschen oder (à la Bobby McFerrin) auf unseren Körper schlagen, Steine, Hölzer und Knochen unterschiedlicher Art und Länge, die gegeneinanderklopfen, über einen ausgehöhlten Stamm oder den Panzer eines Tiers gespannte Häute, auf die man trommelt.

Man kann sich leicht vorstellen, dass wir zur Wiedergabe des Gehörten außer den ersten Schlaginstrumenten auch Luft durch hohle Hölzer oder Knochenröhren geblasen haben, um die verschiedensten Töne hervorzubringen. Eine in einer deutschen Höhle gefundene Flöte aus dem Flügelknochen eines Geiers ist annähernd 40 000 Jahre alt. Die fünf Löcher, die der Länge nach hineingeschnitzt wurden, erzeugen eine grobe pentatonische Tonfolge, und die V-förmige Kerbe an einem Ende ermöglichte dem Musiker vermutlich, dem Instrument verschiedene Klänge und Texturen zu entlocken.

Die pentatonische Tonleiter selbst stammt direkt aus der Wildnis und spiegelt nicht nur die prächtigen Biophonien des Waldes wider, sondern auch bestimmte Solisten wie den Urutau-Tagschläfer und den Orpheuszaunkönig, die auf Abbildung 8 und 9 dokumentiert sind. Die Tonleiter ist ein auffälliges Merkmal traditioneller Musik, die mit Klangland-

Urutau-Tagschläfer

Abbildung 8.

Orpheuszaunkönig

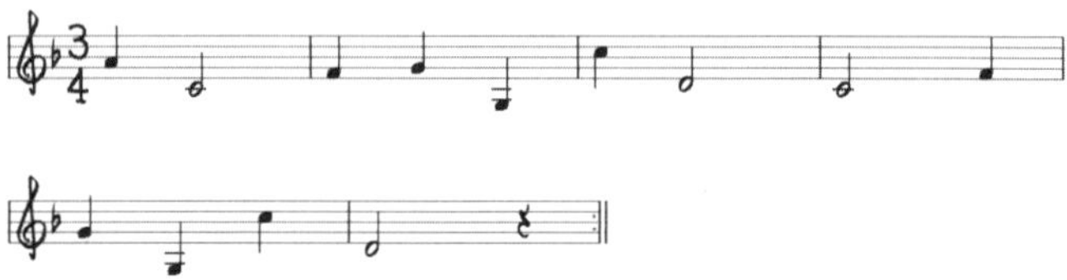

Abbildung 9.

schaften verbunden ist – eine Folge von fünf Tönen, die generell aus dem ersten, zweiten, dritten, fünften und sechsten Ton der europäischen Dur-Tonleiter besteht. (Bekannte pentatonische Phrasen sind zum Beispiel die ersten Takte von »Oh! Susanna« oder »Amazing Grace«.) Die Ayahuasca-Lieder aus dem peruanischen Amazonasbecken zum Beispiel greifen die pentatonischen polyphonen Melodien und Summlaute auf, die in den Wäldern der Welt überall zu hören sind und die auch ihren Weg in die traditionelle Musik Afrikas und Neuguineas gefunden haben, aber auch in die der Nung An in Vietnam, der Sema im indischen Nagaland und der Peuls Bororo im Niger.

Aber der Urutau-Tagschläfer, weit verbreitet in den tropischen Regionen Mittel- und Südamerikas, hat sie zum ersten Mal gesungen, wobei er den sechsten Ton der Skala ein wenig stark dehnt, sodass sein Lied Bluescharakter bekommt. (Hier ist die Notation um einen Halbtonschritt nach C-Dur transponiert.) Das Timbre der Urutau-Tagschläfer-Stimme klingt wie eine Okarina, ein Instrument, das die Cortés-Expedition Anfang des 16. Jahrhunderts bei den Azteken vorfand und nach Europa brachte (heute gehört sie zu den beliebtesten Apps des iPhone). 5.8

Der flötenartige Gesang des Orpheuszaunkönigs hört sich an wie ein Telefonsignal. (Hier ist die Notation seines Liedfragments um eine große Terz nach F-Dur transponiert.) Manchmal wiederholt er dieselbe Tonfolge immer wieder mit leichten Variationen. Wenn ihn der laute Ruf eines Papageis stört, bricht der Orpheuszaunkönig abrupt mitten in der Phrase ab, wartet, bis der Schreihals verstummt, ehe er seine Melodie genau da weiterführt, wo er aufgehört hat. 5.9

Beide Tonfolgen sind leicht nachzuahmen, und man würde sie in vielen Kulturen als musikalische Phrasen wiedererkennen. Die Männchen beider Spezies modeln ihr Lied um, wenn es ihnen nicht gelingt, eine Partnerin anzulocken. Jedes Tier verfügt über eine Notenfolge, die es verändern kann, wenn sie nicht zum Erfolg führt (zum Beispiel singen nicht all Urutau-Tagschläfer den Blues), und es entscheidet, wie oft die Sequenz wiederholt wird. Die jeweilige Struktur ist nur bei dieser einen Spezies zu finden, und wir können unterschiedliche Absichten erkennen: etwa ob es darum geht, ein Weibchen zu umwerben, das Revier abzustecken, oder auch, sich im Bio-Orchester des Habitats Gehör zu verschaffen.

Die Hypothese, dass die Musik des Menschen in den Klanglandschaften der Natur wurzelt, hat seit den 1980er-Jahren eine Renaissance erlebt. Ein tragfähiges Bindeglied wurde in den kulturellen Ausdrucksformen der bereits erwähnten Ba'Aka – auch bekannt als Babenzélé-Pygmäen – aus dem Dzanga-Sangha-Regenwald im Westen der Zentralafrikanischen Republik entdeckt.

Der amerikanische Musikethnologe Louis Sarno besuchte die Dzanga-Sangha-Region, kurz bevor radikale Einschnitte wie verstärkte Abholzung, Wilderei, verstärkter Missionierungsdruck und bestimmte Verlockungen Mitglieder der Gruppe in die Geldwirtschaft zogen. Da der Stamm dem Wissenschaftler anfangs nicht traute, brauchte er viele Monate, um in einem »Eilverfahren« das Aufnahmeritual zu durchlaufen – zu den Prüfungen, die er absolvieren musste, gehörte zum Beispiel das Essen lebendiger Larven –, bis er als »Oka Amerikee«, frei übersetzt: »lauschender Amerikaner«, akzeptiert wurde.[7]

Als Sarno im Dzanga-Sangha-Gebiet eintraf, war die Verbindung zwischen den Geräuschen des Waldes und der Musik der Ba'Aka unüberhörbar, und ihm wurde klar, dass sich ihre Musik ohne die Biophonie, die offensichtlich eine akustische Struktur lieferte, nicht so entwickelt hätte, wie sie es getan hat. Immer wieder wurde er Zeuge, wie seine Gruppe Aufführungen vollführte, und je vertrauter ihm die Musik und das Habitat wurden, desto deutlicher sah er den mimetischen Charakter ihrer Musik, die sich die Rhythmen der Insekten und Frösche des Waldes, die Solostimmen der Vögel und die gelegentlich von Säugetieren gesetzten Interpunktionen anverwandelt hatte. Oft zeigte sich, dass die akustischen Strukturen von Mensch und Tier einander widerspiegelten. Sarnos zahlreiche Berichte zeigen, wie er lernte, im religiösen, sozialen und praktischen Leben der Ba'Aka die faszinierende Verbindung zwischen den Biophonien des Waldes und der Musik zu erkennen, die daraus hervorging. Die Biophonie war eine Art natürliches Karaoke-Orchester, mit dem sie auftraten.

Die klangliche Umwelt der Gruppe war seit ihrer Ankunft im Dzanga-Sangha-Gebiet die Stimme ihrer Existenz gewesen. Vielleicht war sie sogar das Leuchtfeuer, das ihre Vorfahren in diesen Wald gelockt hatte. In einem unveröffentlichten Manuskript beschreibt Sarno ihre Aufführungen folgendermaßen:

> Das war »esime«, eine längere Rhythmussequenz, die in mehreren unterschiedlichen Tanzformen jedem Lied angehängt wurde, vor allem solchen mit Trommelbegleitung. Was bei »esime« an Melodie fehlte, wurde durch die Komplexität ihrer dichten Polyrhythmikblöcke wettgemacht. Jede Frau hatte ihren eigenen Ruf – einen bedeutungslosen Ton, ein Wort, eine schnell geäußerte Wendung –, den sie mit einer für sie charakteristischen Periodizität ausstieß. Manche beschleunigten, wechselten den Takt, wiederholten das Motiv von hinten nach vorn. Andererseits hatte der Ton nicht jede Bedeutung verloren – in der Abfolge der Rufe und den unvermittelten Konjunktionen zwischen zwei oder mehreren Periodizitäten herrschten Intervalle von einer kleinen Sekunde, von einer verminderten und übermäßigen Septime vor … Zwei Frauen führten [diese] einzelnen Phrasen mit improvisierten Rezitativen aus Jodelornamentierungen und Fanfarenformeln weiter aus – es war die bewusstseinsverändernde Darbietung eines frei fließenden Kontrapunkts, der Komponisten wie Max Reger in Erstaunen versetzt hätte. 5.10

Die herrlichen Klanglandschaften dieser zentralafrikanischen Wälder versetzen einen immer wieder in Erstaunen. Hier findet eine gegenseitige akustische Befruchtung verschiedenster Spezies statt. Tieflandgorillas trommeln verblüffend komplizierte Rhythmen auf ihrer Brust. Waldelefanten streifen durch offene sumpfige Wiesen und stoßen ein tiefes, raues Brummen aus – ihre Lautgebungen werden von Menschen eher ge-

fühlt als gehört –, das über große Entfernungen hallt. Elstertokos segeln über das Blätterdach, ihr lärmender Ruf und der scharfe Ton ihres Flügelschlags verändern leicht die Tonlage, wenn sie, vom Wind getragen, in größere Höhen aufsteigen. Goliathkäfer surren. Der Rote Stummelaffe und die Große Weißnasenmeerkatze stoßen für die Mitglieder ihrer Gruppe Sforzando-Warnrufe aus. Die Schreie von Hammerkopf, Ibis und Papagei durchschneiden die Luft. Zudem fügen die verschiedensten Insekten und Frösche dem akustischen Gewebe kontrapunktierend ein ständiges Summen und Brummen
5.11 hinzu.

Man braucht sich nur Sarnos hervorragende Aufnahmen anzuhören, um die enge Verbindung wahrzunehmen. Die Ba'Aka-Musik, die er als »eine der verborgenen Wunderwerke der Menschheit« bezeichnet, bevorzugt klangvolle Stimmen und heitere Akkorde. Die satt klingenden Texturen, die komplexen Rhythmen, Konsonanz und Dissonanz entstammen ihren heimischen Biophonien, von denen sie geprägt sind.

Natürlich werden wir die Musik der Frühmenschen niemals hören können – aber wie ich an der heiligen Stätte der Nez-Percé-Indianer am Lake Wallowa in Oregon erfuhr, stellten Geophonie und Biophonie die frühesten Quellen musikalischer Inspiration dar. Ihren Einfluss sehen wir auch bei den Sami, den mehr oder weniger nomadisch lebenden Rentierhirten. Sie leben im nördlichen Teil Westrusslands, Schwedens, Norwegens und Finnlands, wo der Wind – dieses schwer fassbare Element, das niemals selbst erfahrbar ist, sondern immer nur durch seine Wirkung – über das Land peitscht. Sie sind Nachkommen der ersten Vertreter des Homo sapiens, die sich in Europa ansiedelten – und die einzige indigene Gruppe, die offiziell von der Europäischen Union anerkannt wird. Ihre Musik heißt »Joik«, eine alte Form des Kehlkopfgesangs und womöglich die älteste Volksmusik Europas. Zum Teil vermittelt »Joik« durch seine Klangkomposition ein Raumgefühl. Neben den Sami ahmen auch die Obertonsänger von Tuwa in der Mongolei und einige Inuit-Gruppen in den kanadischen Nordwest-Territorien in ihrer Musik den unablässigen Wind nach, der über die offenen Ebenen und die Tundra braust – das mächtigste Naturgeräusch ihrer Heimat. Durch eine subtile Manipulation der Klangresonanz, die sie in der Kehle erzeugen, schaffen die Sänger Mehrklänge, die den Eindruck wecken, dass ein Sänger viele Stimmen zugleich erzeugen kann.

Bei den Yanomami sind Rhythmen und Melodien des Regens, der auf Pflanzen und in Pfützen fällt, auffällige Merkmale der traditionellen Musik, ebenso für andere Gruppen im tropischen Regenwald – darunter die Jivaro. Der einst völlig isoliert lebende Stamm der Yanomami in den tropischen Bergen Brasiliens benutzt den Rainstick, um die akustische Umgebung in Zeremonien und Musikdarbietungen einzubeziehen. Zu ihren Klanglandschaften gehört das Geräusch der kräftigsten Blätter im Wald, die unkoordiniert gegeneinanderschlagen, wenn sie im Wind schwingen, der das nachmittägliche Gewitter ankündigt. Wie bereits erwähnt, ist der Guss, mit dem die Regenböen im Wald einsetzen, unglaublich laut – er kommt so schnell, dass man ihm nicht entgehen kann. Das Gefühl der Erwartung wird als dynamischer Ausdruck in die Musik übersetzt und kontrastiert mit ruhigeren Passagen. Wenn der Regen vorbeizieht und der Wolkenbruch in der Ferne verklingt, ertönen die Laute des Waldes erneut in einer langsamen Überblendung mit dem Gefühl des Nachhalls, das zuvor nicht da war. Im nassen Wald erklingt jede Stimme mit vermehrter Lebendigkeit und Energie.

Zu solchen Zeiten verstreuen sich die Ba'Aka-Frauen im dichten Dzanga-Sangha-Wald, um Samen und Früchte zu sammeln und in wahren Klangsalven zu singen, wobei sie Stimmen von Vögeln und Insekten aufgreifen, die sich nach dem Weiterziehen des Regens wieder bemerkbar machen. Der Gesang der Frauen hallt fast zehn Sekunden lang im ganzen Wald nach, sodass der traumhafte Eindruck entsteht, ihre
5.12 Stimmen würden ewig weiterklingen.

Die Ba'Aka sind natürlich eine lebende Kultur, und ihre Musik bleibt fließend – vor allem wenn äußere Einflüsse auf ihre Traditionen übergreifen. Heute wirken vor allem zwei Quellen auf die Ba'Aka-Musik ein: der Kontakt mit Rundfunk und Musikkonserven und die Missionare. Seit einigen Jahren spiegelt ihre Musik zunehmend die Eindrücke wider, die beschränktere moderne Harmonien und Rhythmen hinterlassen. Inzwischen haben die Ba'Aka neokolonialen Kontakt mit der Geldwirtschaft Chinas, Frankreichs, Belgiens, Deutschlands und anderer Länder, die auf natürliche Ressourcen aus sind. Unter ihrem Einfluss brechen die älteren, auf Nachhaltigkeit ausgerichteten Gesellschaftsstrukturen schnell ein, und die fragilen emotionalen und praktischen Bindungen der Ba'Aka an ihre Wurzeln werden zerstört. Da sie zunehmend von der modernen Wirtschaft abhängig sind, wurden Stammesangehörige der Ba'Aka in die Prostitution, zur Wilderei oder zum illegalen Handel mit Drogen, Zigaretten oder Körperteilen seltener Tiere gezwungen. Die Begegnung mit der Zivilisation führte auch zur Ansteckung mit Krankheiten, gegen die die Stammesmitglieder kaum Abwehrkräfte besitzen.

Missionare sind in der Regel ziemlich wählerisch, wenn es um die Seelen geht, die sie retten wollen. Bei den Ba'Aka gibt es nicht viel zu holen, was sich zu Geld machen lässt – keine exotischen Felle, Heilpflanzen, Mineralien oder Edelsteine –, und sie leben in abgelegenen Teilen des Urwaldes. Daher haben sich die Prediger nicht gerade leidenschaftlich um sie bemüht, ehe in jüngster Zeit das Hartholz des Regenwalds entdeckt wurde. Dennoch waren sie jahrzehntelang in Ba'Aka-Gemeinschaften präsent, und in den letzten 50 Jahren haben mehrere Konfessionen erklärt, die Musik und der Tanz der Ba'Aka seien nicht spirituell genug für die sensiblen Ohren der Dreifaltigkeit. Die Ausübung ihrer »primitiven« Musik wurde mit der Begründung verhindert, die Bekehrten würden damit niemals in der Lage sein, die Freuden des Jenseits zu genießen. Die Ba'Aka fanden aber nur wenig Trost in den modernen religiösen Überzeugungen und der künstlichen Erregung, die durch elektronische Musik erzeugt wird. Heute stecken sie mitten im Kampf um die Eindämmung der zeitgenössischen Medien zugunsten ihrer uralten Verbindung mit der lebendigen Natur.

Anders als die Musik der Ba'Aka ist die des Westens nicht seit Jahrtausenden von der Biophonie inspiriert worden. Vielmehr ist unsere Musik wie viele andere Künste selbstreferenziell. Unentwegt schöpfen wir aus dem, was bereits komponiert wurde, bewegen uns in einem endlosen geschlossenen Kreislauf, der in sich selbst mündet wie eine Schlange, die den eigenen Schwanz verschlingt. Wir haben in das Medium alles hineingeworfen – Elektronik, mathematisch strukturierte Tonleitern und Kompositionen, Logik, Emotionen, religiöse Zwänge, Instrumentalkombinationen, wahllos zusammengestelltes Material (zum Beispiel Klangmuster von Vögeln, Säugetieren, das Vakuum, Geschützdonner, urbane Hintergrundgeräusche und das Trommeln auf Mülltonnen). Nur die wirklich ganzheitliche Beziehung zu den Klanglandschaften der Wildnis wurde kaum als Quelle der Inspiration genutzt.

KAPITEL SECHS

Jedem Tierchen sein Pläsierchen

OBWOHL DIE AUFNAHMEN VON MUIR WOODS qualitativ zu wünschen übrig ließen, waren Paul Beaver und ich doch verblüfft, wie beeindruckend allein schon das Rohmaterial war. Wir arbeiteten jetzt häufig im Studio und hörten uns die Klanglandschaften an, nicht so sehr, um uns inspirieren zu lassen oder als Hintergrundsound für unsere Entspannungspausen, sondern weil es uns geradezu hypnotisierte. Wir spielten das Material immer wieder ab und stellten uns die Bilder vor, die zu den Klängen passten. Selbst Paul, der nur wenig Affinität zur Natur hatte, saß oft allein im Studio und lauschte still den Tonspuren. Heute weiß ich, dass wir durch Zufall einen Teil der lebendigen Welt wiederentdeckt hatten, der in unserer Kultur im Großen und Ganzen verloren gegangen war.

Bei der Komposition von *In a Wild Sanctuary* standen Paul und ich gleich am Anfang vor einem Dilemma. Wie sollten wir die natürlichen Klänge in eine musikalische Struktur integrieren, wo wir doch unsicher waren, ob man diese überhaupt als Musik bezeichnen konnte? Damals ahnten wir noch nicht, dass auch die Naturgeräusche eine Struktur haben können, und die Vorstellung, eine völlig fremde akustische Komponente in bekannte Musikformen einzufügen, war für uns noch neu. Stundenlang experimentierten wir mit Texturen, Referenzpegeln, Klangfarben und Rhythmen, bis wir zu dem Schluss kamen, dass Naturklänge und Musik, wie wir sie verstanden, zumindest ästhetisch kompatibel waren.

Es scheint ein wenig paradox, ein Buch über eine Erfahrung zu schreiben, die bereits zum intuitiven Wissen unserer Vorfahren gehörte – über einen grundlegenden Bestandteil ihres Lebensgefüges, der keiner Erklärung bedurfte. Die ersten Menschen hatten eine enge Beziehung zu ihren Klanglandschaften und lernten, aus der Biophonie wesentliche Informationen »herauszulesen«. Ihre Musik entstand aus einer komplizierten, mehrschichtigen Verwandlung der Klänge, die sie umgaben – der Klänge der Geschöpfe als Kollektiv und der Landschaft in ihrem Lebensraum.

Unsere Musik spiegelt stets das wider, was uns prägt – unsere Herkunft, Erziehung, Kultur und die Umwelt, in der wir leben. Doch wenn Komponisten der letzten drei Jahrhunderte die enge Verbindung ihrer Werke zur Natur hervorhoben, spiegelten sie uns in Wahrheit in einem selbstreferenziellen System nur unsere idealisierte Sicht der Natur. Meist bestand diese Natur aus einzelnen Stimmen, die sich auf eine vorher festgelegte Weise in die jeweilige Komposition fügen mussten – und somit nur ein schwacher Widerhall der unberührten Natur waren. Wie kam es dazu, dass sich unsere Musik so weit von der Natur entfernte? Macht heute noch jemand Musik, die von der tiefen Verbindung unserer Vorfahren mit dieser Natur erzählt? Und wie würde unsere Musik klingen, wenn wir mithilfe aller zur Verfügung stehenden Erfahrungen und Techniken Möglichkeiten fänden, für einen kurzen Augenblick wieder in Kontakt zur Tierwelt zu treten?

Unser konfrontatives Verhältnis zur Welt der Natur lässt sich bis in die Frühzeit der Geschichtsschreibung zurückverfolgen. Um das 3. Jahrtausend v. Chr. war der Großteil des Landes östlich des Mittelmeers mit Zedern und Pinienwäldern bedeckt. Sie lieferten den Menschen des Fruchtbaren Halbmonds Feuerholz und Baumaterial und boten unendliche Nahrungsquellen. Diese Wälder waren so schön und üppig, dass manche meinen, auf ihnen beruhe die Schilderung des mythischen Gartens Eden im Buch Genesis. Doch mit zunehmendem Bevölkerungswachstum kam es zu Konflikten um die Vormacht über die begrenzten Ressourcen, und die Region veränderte sich rasch.

Erstmals erwähnt wird das Abholzen der Zedernwälder im Gilgamesch-Epos. Irgendwann entscheidet sich Gilgamesch – ein historischer Herrscher über die mesopotamische Stadt Uruk (im heutigen Irak) um 2500 v. Chr., der sich jedoch im Lauf zahlreicher Erzählungen in einen Halbgott mit übermenschlichen Kräften verwandelte –, seine Position dadurch zu sichern, dass er eine riesige Mauer, Wallanlagen und einen Tempel errichten lässt. Allerdings galten die Wälder als Wohnsitz der (mesopotamischen) Götter und waren somit für Menschen tabu. Die Zedernwälder wurden vom Dämon Humbaba bewacht, der sie vor jedwedem Zutritt schützte. Als er auch Gilgamesch den Zutritt versagte, griff dessen Armee Humbaba in einem Augenblick an, in dem er sich nicht verteidigen konnte, und besiegte ihn. »So fällte Gilgamesch die Bäume der Wälder, und Enkidu riss deren Wurzeln bis hin zu den Ufern des Euphrat aus.« (Enkidu war ein Begleiter und Freund Gilgameschs, der vermutlich eine enge Beziehung zur unberührten Natur symbolisierte.) Die beiden holten die größten Bäume aus dem Wald, zimmerten Flöße und transportierten mit ihnen das Holz flussabwärts nach Uruk, wo die Bauarbeiten am Stadttor und an den Wallanlagen begannen.

Während sich dieser Raub anfangs kaum auf den Wald auswirkte, legte er den Grundstein für die weitere Ausbeutung durch die Phönizier – die Götter waren überwältigt und der Schutz zerstört worden –, die mit dem Holz ihre Boote bauten und ihre Städte errichteten. Doch der größte Einschlag erfolgte erst ein paar Jahrhunderte später.

Biblischen Berichten zufolge schickte König Salomo vor etwa dreitausend Jahren jeden Monat 10 000 Fronpflichtige auf den Libanon und ließ die Stämme der Zedern für den Bau seines Tempels nach Jerusalem transportieren – der erste massive und verheerende Kahlschlag, dessen Folgen bis heute spürbar sind. Ein paar Hektar der Zedern- und nachgewachsenen Pinienwälder, die sich einst zwischen Jerusalem und Bethlehem erstreckten, überlebten bis ins 19. Jahrhundert. Bis auf eine kleine Zahl isolierter biologischer Reservate – wie das Al-Shouf Cedar Nature Reserve, in dem sich drei kleine Zedernhaine befinden, ein Viertel der verbliebenen Bäume im Land – existiert nichts mehr davon. Ökohistoriker meinen, dieser erste große Einschlag in den libanesischen Wäldern könnte einen biomischen Wandel verursacht haben, durch den der Großteil der Region der Wüste anheimfiel, weil die Entwaldung und die Landwirtschaft den Grundwasserspiegel und die Flusssysteme radikal absenkten. Die natürliche Tierwelt verlor ihre ohnehin fragile Grundlage in diesem Gebiet. Wir haben zwar keinerlei Vorstellung davon, wie die alten Wälder mit ihrer besonderen Zusammensetzung der Fauna klangen, wissen aber von Rodungen durch punktuellen Holzeinschlag oder Kahlschlag, die ich und viele meiner Kollegen erlebt haben, dass das Verschwinden eines ganzen bewaldeten Landstrichs die Zerstörung wichtiger Biophonien bedeutet.

Im ersten und meistzitierten biblischen Schöpfungsmythos in Genesis 1:28 erhält der Mensch den Auftrag, die Erde zu bevölkern, zu unterwerfen und über sie zu herrschen, womit ein Keil zwischen Mensch und Natur getrieben und der Boden bereitet wurde für die Sicht unserer Kultur auf die nichtmenschliche Kreatur. Aber der durchschlagende Angriff auf die »Natur« fand erst im 4. Jahrhundert statt. Nach dem Konzil von Nicäa bekam Tanzen den Beigeschmack von Sakrileg, Hedonismus und Heidentum und war für jeden, der spirituelle Reinheit ersehnte, unbedingt zu vermeiden. Der menschliche Körper selbst, der sich bei vielen Tänzen schlängelnd und anzüglich bewegte – und in seinem urtümlichen Zustand als schlecht galt –, wurde als verdächtig und rebellisch verurteilt. Musik und Tanz waren im 1. und 2. Jahrhundert zwar immer noch Bestandteil christlicher Rituale, aber Erotik und Animismus, die darin zum Ausdruck kamen und keinen institutionellen Beschränkungen unterlagen, wirkten in den Augen der asketischen Priesterschaft zu zügellos auf die gerade erst konvertierte und ungebildete Bevölkerung, die sie unter ihre Kontrolle bringen wollte.

Der römische Kaiser Konstantin forderte die Priester auf, einen Begriff zu finden für das, was als das Wilde galt – als das nicht Fassbare, das Ungewisse, Unkontrollierbare, Gefährliche und Unzuverlässige. Das Wort, das sie dafür auswählten, lautete »natura« (beachten Sie die weibliche Endung). Das Trachten des Fleisches (eine übliche Interpretation des Wortes durch die Frühkirche) war gleichbedeutend mit »in Feindschaft zu Gott« stehend. Wer in Einklang mit der natürlichen Welt leben wollte, galt als primitiv, unaufgeklärt, sündig, heidnisch oder alles zusammen. Angesichts des beispiellosen Einflusses der Kirche auf die europäische Kultur wurden dieses Misstrauen und diese Furcht vor dem Wilden zu einem starken und anhaltenden Unterstrom in der Entwicklung des westlichen Denkens.

Bestimmte Formen der Musik wurden unterdrückt oder direkt verboten, insbesondere jene, die ihren Ursprung bei Frühchristen wie den Gnostikern hatten – das Konzil lehnte sie und ihre Musik als zu säkular ab. Damit begann ein Jahrtausend mehr oder minder ausgeprägter musikalischer Unterdrückung. Im Mittelalter, einer bemerkenswerten Hochphase dieser göttlichen Beschränkungen, ging die Kirche so weit, die übermäßige Quarte als »Teufelsnote« zu verbieten. (Es handelt sich um das Intervall vom natürlichen C zum Fis – den beiden Anfangsnoten des Liedes »Maria« in der *West Side Story* beispielsweise.) Weltliche Musik lehnten die Kirchenväter ab, nur bestimmte Arten religiöser Kompositionen waren erlaubt. Als Herrscher über Florenz während des ausgehenden 15. Jahrhunderts veranstaltete Savonarola sein berühmtes »Feuer der Eitelkeiten«, bei dem bestimmte Noten und Musikinstrumente sowie andere Kulturgegenstände, etwa Bücher, in Flammen aufgingen. Die aufkommende Massenhysterie erfasste den Maler Botticelli mit solcher Wucht, dass er selbst viele seiner Werke ins Feuer warf.[1]

Bis vor gar nicht langer Zeit wurden indigene Kulturen Opfer einer ähnlichen Repression, so zum Beispiel die Ba'Aka, denen europäische Missionare bei ihren ersten Besuchen strengstens davon abrieten, ihre althergebrachte Musik aufzuführen. Laut Chuna McIntyre, einem Sänger und Tänzer der Yupik-Eskimos, wurde die Musik seines Stammes verboten, als Anfang des 20. Jahrhunderts Prediger der Herrnhuter Brüder und russisch-orthodoxe Missionare Kontakt zu seiner Familie im Südwesten Alaskas aufnahmen. Von da an durften nur noch christliche Lieder gesungen werden. Doch die Ältesten des Stammes hielten die so in den Untergrund verbannte

Musik lebendig – McIntyre selbst lernte die alten Lieder, das Trommelspiel und Tänze von seiner Großmutter. Kurz vor ihrem Tod Anfang der 1990er-Jahre machte er noch Aufnahmen davon.[2] In jüngerer Zeit sind der russisch-orthodoxe Klerus und die Herrnhuter Gemeinde toleranter gegenüber der alten Religion und ihren Liedern geworden, und die Yupik führen ihre indigene Musik wieder als Bestandteil der lebenserhaltenden und offenen Stimme der Gemeinschaft auf.

Als sich die Menschen in Europa in geschützten Enklaven wie etwa Bergdörfern und ummauerten Städten konzentrierten, wagten sie sich seltener in die natürliche Welt vor, zum Teil deshalb, weil die um die Dörfer gelegenen Wälder abgeholzt wurden, die unberührte Natur also weiter entfernt und unzugänglich war. Mit der Weiterentwicklung der Landwirtschaft und der zunehmenden Vorratshaltung von Nahrungsmitteln entstand auch die Notwendigkeit, Festungen zur Abwehr von Invasionen und Diebstahl zu errichten. Die »Natur« wurde in der Folge mehr und mehr in den Bereich des Mythischen verbannt, Erzählungen schilderten die ihr innewohnenden Gefahren – kinderfressende Bestien und düstere Wälder, in denen jeder, der sich zu weit vorwagte, den Tod zu gewärtigen hatte. Trotz unserer tiefen psychischen Verbindung zum Wesenskern der natürlichen Welt wurde die Vorstellung von Wildnis, die für das Gemeinschaftsleben unserer Vorfahren von zentraler Bedeutung gewesen war, unterdrückt, als die Verkörperung des Bösen gebrandmarkt und/oder als unbedeutend abgetan.

Bis ins 13. Jahrhundert hinein, als Thomas von Aquin den Gedanken formulierte, nur der Mensch habe eine Seele, verspürte man im Westen kaum noch das Bedürfnis, in der Musik Tierstimmen erklingen zu lassen. Das Göttliche hatte einen anderen Kurs eingeschlagen, die Botschaft des Buches

Genesis hatte sich tief eingeprägt: Die Natur galt nun vornehmlich als Ressource – als Lieferantin von Holz, von Fellen, die die Menschen wärmten, von Fleisch und bestimmten Pflanzen, die ihre Mägen füllten, von Metallen zur Herstellung von Pflugscharen und Waffen und von tierischen und fossilen Brennstoffen zum Heizen und Kochen.

Um 1200 vor unserer Zeitrechnung (als Musik erstmals notiert wurde) begann der Mensch – sowohl in den ummauerten Städten als auch außerhalb –, sich aus eigener Kraft musikalisch zu artikulieren, anstatt die Klänge der natürlichen Welt nachzuahmen, indem er als Solist oder im Ensemble mit eigenen Mitteln Klangaufführungen veranstaltete. Schon die Musikinstrumente der Frühzeit – Artefakte aus Knochen, Stein und einer Art Schilfrohr, die bei Ausgrabungen und in Höhlen gefunden wurden – besaßen eine Ausdruckskraft, die in manchen Fällen weit über ihren ursprünglich mimetischen Zweck hinausging und den Musikern erlaubte, ihre Schöpfungen in den Bereich jenseits der Naturklänge auszudehnen.

Während ihre Wurzeln mit der Zeit immer mehr in Vergessenheit gerieten, durchlief die Musik insbesondere im Westen ein Stadium nach innen gewandter düsterer Religiosität. Die im Mittelalter vom Klerus bevorzugte Musik wurde an religiösen Stätten aufgeführt, deren dicke Steinmauern unter anderem durch langen Widerhall bei den Zuhörern die Illusion eines erweiterten Raums erzeugen sollten. Gleichzeitig schlossen sie – ob absichtlich oder nicht – die Geräusche der natürlichen Welt aus. Die religiöse (sogar die weltliche) Musik spiegelte nur noch in geringem Maß die ungezähmten Aspekte der menschlichen Seele wider. Während in frühen Musikformen beispielsweise Waldgeister gefeiert wurden, nahm das Mittelalter mit seiner Hinwendung zu Innerlichkeit und der Loslösung von weltlichen Dingen demonstrativ Abschied von der Ekstase, die die Verbundenheit des Menschen mit der Natur einst erregt hatte.

Seit der Renaissance ist die Weltsicht westlicher Kulturen vom zunehmenden Einfluss der Naturwissenschaften geprägt. Beispiele dafür finden sich im Werk von Renaissancemalern wie Giotto, da Vinci, Raffael und Brueghel, die in ihre Naturgemälde idyllisch reine Szenen einfügten und damit den Gedanken unterstrichen, dass der Mensch Ordnung schaffe, wo zuvor das Chaos der Natur herrschte. Diese Auffassung spiegelt sich auch in den bis ins Letzte durchgestalteten und geplanten Parks wie den Tuilerien (Paris), dem Hyde Park (London), dem Central Park (New York) und den Gärten von Versailles – jeweils gepriesen als rationale Veredelung des wilden Eden.

Im 18. Jahrhundert, etwa zur selben Zeit, als Wissenschaftler Tiere sammelten und studierten, die sie zuvor in großer Zahl aus ihren natürlichen Habitaten gerissen hatten, und das Fell, in Arsen konserviert, in Museumsschränken aufbewahrten, ersann der Vater der Klassifizierungslehre, Carl Nilsson Linnæus (nach seiner Erhebung in den Adelsstand Carl von Linné), eine Methode, jeden Organismus zu kategorisieren. Die Taxonomie ist zwar äußerst hilfreich bei der Systematisierung der Lebewesen unserer Umwelt, aber sie verschärfte auch die Tendenz, der natürlichen Welt unsere Ordnung aufzuzwingen. Für uns wurde »Natur« eine widersprüchliche und fragmentierte Ansammlung einzelner Elemente und das Wort selbst zum Symbol einer Trennung.

Der Naturforscher John Muir – einer der vielen Vertreter dieser Methode – steht für ein Paradox, das zum Symbol für unsere Auffassung von der Natur wurde, nämlich dass sie bewahrt, zugleich aber veredelt werden müsse. Vor der Wende zum 20. Jahrhundert trat Muir vehement für die Vertreibung der Ahwahneechee-Paiute und der Southern Sierra Miwok von ihrem angestammten Land ein. Sie waren Ureinwohner, die seit Jahrhunderten in einem relativ guten strategischen Gleichgewicht mit der Natur im und um das Yosemite-Tal gelebt hatten. Mit kontrollierter Brandrodung, einer begrenzten Landwirtschaft und der Jagd griffen auch sie in die Natur ein, aber die Auswirkungen ihrer Vertreibung durch Muir waren damit nicht zu vergleichen. Das ökologische Gleichgewicht des zuvor intakten Landes war für immer verändert. Muir meinte, er könne sich nicht der Landschaft erfreuen, wenn er sie mit den »Gräbern«, wie er sie nannte (weil sie mit einem Grabstock nach Wurzeln gruben), teilen müsse, und sie störten ihn bei deren Bewahrung. Für ihn waren die Miwok »schmutzig«, »gefallene Menschen« und daher der Bewirtschaftung des Landes, die sie und die Paiute – die beiden Stämme standen sich feindlich gegenüber – erlernt hatten, nicht würdig. Durch die Entfernung dieser »unansehnlichen« Ureinwohner konnten die betuchten, gebildeten Mitglieder des von Muir kurz zuvor gegründeten Sierra Clubs angeblich das Yosemite-Tal besser verwalten. Unterdessen verfasste Muir herrliche Lobgesänge auf die Geräusche des Windes, der durch die Koniferen der High Sierra strich, womit er viel Gefühl für den Ort demonstrierte, den seiner Meinung nach kein anderer so gut verstand wie er. Im Lauf der Zeit änderte er zwar seine Meinung, aber da war es bereits zu spät.

Musikalische Schöpfungen spiegeln den modernen Blick auf uns selbst und unseren wachsenden Abstand von der ursprünglichen Natur wider. Parallel zu den Entwicklungen in den Naturwissenschaften und den bildenden Künsten nahmen Mitte des 18. Jahrhunderts auch Komponisten die analytischen Tendenzen der rationalen Philosophen und Naturwissenschaftler auf. Nur einer vagen, idealisierten Vorstellung von Natur folgend, griffen Komponisten bei ihrer Musik lediglich auf allbekannte oder charakteristische Tierstimmen oder auf geologische und meteorologische Ereignisse zurück. Während sie »die Natur« als Inspirationsquelle für sich beanspruchten, dekonstruierten auch sie die Umwelt als Ganzes und fügten nur eine Auswahl akustischer Elemente in eine mit ihrer Kultur kompatible Ausdrucksform ein, wobei sie bestimmten Organismen oder Ereignissen eine spezielle Bedeutung zuschrieben.[3]

Mozart beispielsweise komponierte ein Stück auf seinen gefiederten Freund, einen Star. Die Sechste Symphonie (*Pastorale*) von Beethoven enthält die Stimmen eines Kuckucks und einer Wachtel, und im *Cantus Arcticus* des finnischen Komponisten Einojuhani Rautavaara sind die Stimmen von Grauen Kranichen zu hören. Der brasilianische Komponist Heitor Villa-Lobos schrieb ein Stück mit dem Titel *Uirapurú*, dessen Protagonist der im vorherigen Kapitel erwähnte Orpheuszaunkönig ist. Vivaldi setzte die vier Jahreszeiten musikalisch um. Debussy verfasste eine romantische Hymne auf das Meer. In der Musik von Olivier Messiaen hallen die Stimmen von Vögeln wider, die er bei einer Wanderung in Frankreich mit seiner Frau Yvonne als »musikalisch« empfand und aufzeichnete. Er arbeitete übrigens nicht nur in einigen wenigen Kompositionen mit Vogelstimmen. Messiaen sah sich als Ornithologe – in seinen erstaunlichen Werken unterschiedlichster Formen brachte er auch die Gesänge und Rufe von Fischadlern zu Gehör, von Fliegenschnäppern, Grasmücken, Drosseln und Lerchen, wie insbesondere Arbeiten wie *Chronochromie*, *Des Canyons aux étoiles …*, *Réveil des oiseaux* und *Oiseaux exotiques* veranschaulichen. Die Amerikaner George Crumb und Alan Hovhaness schrieben Stücke über die Kommunikation der Wale, und Paul Winter, ebenfalls Amerikaner, spielte in *Common Ground* zum Gesang von Timberwölfen Saxofon. Ein Großteil seines Repertoires, ob im Tonstudio oder auf der Bühne, war eine Hommage an die Welt der Natur.

Ich höre durchaus gern Weltklasseorchester mit Spitzendirigenten, doch so respektvoll, brillant und gewissenhaft die Stücke auch aufgeführt werden, geben nach meinem Eindruck nur wenige angeblich von der Natur inspirierte Kompositionen das Wesen jener natürlichen Lebensräume wieder, die ich kenne. Charakteristische Geschöpfe isoliert von ihrem angestammten Umfeld zu präsentieren – Tiere, deren Stimmen zufällig zum musikalischen Bezugssystem des Komponisten passen – zeugt von kreativer Kurzsichtigkeit: Solche Musikstücke präsentieren die »Natur« so, wie sie nach Meinung des Künstlers klingen sollte. Wir legen fest, was (in unserer Welt) als »musikalisch« gilt, und verwerfen das, was dem nicht entspricht. Wir filtern »fremde« Klänge zugunsten einer bevorzugten musikalischen Palette aus.

Marcel Proust begriff das, schrieb er doch in seinem Roman *In Swanns Welt*: »Vielleicht beziehen die Dinge um uns ihre Unbeweglichkeit nur aus unserer Gewißheit, dass sie es sind und keine anderen, aus der Starrheit des Denkens, mit der wir ihnen begegnen.«[4] Die genannten Versuche, naturbezogene Musik zu schaffen, wecken bei mir die Sehnsucht nach den vielschichtigeren, reich strukturierten Stimmen, die unmittelbar der Wildnis entspringen. So oder so aber bringen diese Musikdarbietungen nach der »Natur« die kulturellen Grenzen unserer Verbindung mit der natürlichen Welt deutlich zum Ausdruck. Der französische Philosoph Luc Ferry formulierte denselben Gedanken in seinem Buch *Le nouvel ordre écologique, l'arbre, l'animal et l'homme* ein wenig pointierter: »Die Natur ist schön, wenn sie die Kunst nachahmt.«

Als Collegestudent nahm ich an einem Einführungskurs in Musik bei dem angesehenen Musikwissenschaftler H. Wiley Hitchcock teil. Er machte uns mit dem Werk des britischen Ethnomusikologen Colin Turnbull bekannt, der in den 1950er-Jahren in der Demokratischen Republik Kongo die Musik der Mbuti-Pygmäen aufgenommen hatte. Hitchcock spielte uns die Musik dieses Stammes vor – schier endlose, hypnotisch wirkende Wiederholungen, komplexe Rhythmen, Melodien und Polyphonien, die miteinander kollidierten und sich mühelos voneinander lösten, eine subtile Dynamik, die den Stücken zusätzlichen Reiz verlieh. Am Ende der drei kratzigen, vor Ort entstandenen Aufnahmen ließ der Professor einen Moment lang Schweigen herrschen, damit die Kursteilnehmer das Gehörte in sich aufnehmen konnten. Das Unbehagen vieler Studenten war deutlich spürbar. Sie hätten sich lieber mit der amerikanischen Folkmusik beschäftigt, die ihnen als nächstes Thema angekündigt worden war.

Aber Hitchcock ließ uns in der Vergangenheit hängen, als wüsste er nicht recht, wie er sich ausdrücken sollte. Nervös trat er von einem Fuß auf den anderen und überlegte. Dann erklärte er uns, was wir soeben gehört hätten, sei erstens »primitiv« – ein Ausdruck, der damals üblich war, um die Musik der Pygmäen abzuwerten – und zweitens nicht besonders relevant, wenn man bedenke, wie weit die westliche Musik fortgeschritten sei. Diese Argumentation war zu jener Zeit in der Musikwissenschaft ebenso wie bei Vertretern der Unterhaltungsmusik überall zu hören. Sie folgte immer demselben Muster: Was für jene Jäger und Sammler seit Jahrtausenden von essenzieller Bedeutung war, wurde im Westen mit einem Handstreich vom Tisch gewischt.

Trotz Hitchcocks Ablehnung waren die aufgenommenen Beispiele, die er uns vorgespielt hatte, für mich so ungewöhnlich und gehaltvoll, dass ich jenen Winternachmittag im Vorlesungssaal nie vergessen habe. Wie sich herausstellte, verfügten die »Primitiven«, wie mein Professor die Pygmäen-Musiker damals nannte, über ein weitaus komplexeres, dramatischeres und dynamischeres Repertoire musikalischer Ausdrucksformen als unsere fortschrittlichsten Musikensembles. Zum einen waren die Stämme, von denen wir Musikbeispiele gehört hatten, zweifellos eher akustisch als visuell orientiert. Zum anderen beschwor ihre Musik Geschöpfe herauf, die sie ihr Leben lang hörten, womöglich aber nie zu sehen bekamen – etwa winzige Insekten, Frösche, Vögel, die hoch oben in den Baumkronen lebten, oder nachtaktive Tiere. Und ich möchte hinzufügen, dass die Ausdrucksformen in der Musik der Mbuti-Pygmäen Leib und Seele des Menschen – als eine Feier des Lebens – näher waren als das meiste, was ich von Klangkunstschulen kannte, die die innovativsten Techniken einsetzten und in poetischen Worten begründeten.

Nach seinen Vorlesungen über Folkmusik führte uns Hitchcock in das Werk des Komponisten Charles Ives ein, dessen Studium er sich für den Rest seines Lebens widmete und über den er immer wieder schrieb. Dennoch versäumte es der Professor, auf einen Aspekt hinzuweisen, der für Ives' Werk von zentraler Bedeutung war.

Vor beinahe einem Jahrhundert schrieb Charles Ives, ein Versicherungsvertreter aus Connecticut, der irgendwann beschlossen hatte, nicht mehr nur zu reden, sondern zuzuhören, seine Vierte Symphonie. Das kurz vor dem Ende des Ersten Weltkriegs fertiggestellte grandiose Werk wurde jedoch erst 1965 in voller Länge aufgeführt. Als eine Reflexion über die Ursprünge der Musik in der Wildnis ist es wohl einer der großen Beiträge zur amerikanischen (möglicherweise sogar zur gesamten westlichen) Musikliteratur der letzten hundert

Jahre. Ives, einem der wenigen aufmerksamen Zuhörer seiner Zeit, gelang es, bekannte Landschaftsgeräusche zu synthetisieren und in einen Klangteppich einzuweben, in dem die Elemente miteinander konkurrieren, kooperieren und Spannung erzeugen und der Polyphonie, Polyrhythmik, Entspannung, Gleichklang, Dissonanz, Mikrotöne, instrumentale und menschliche Stimmen und Motive enthält, die räumlich zusammenlaufen und sich wieder trennen – all das also, was sich bei akustischen Ereignissen in der Natur abspielt. (Der dritte Satz der Vierten Symphonie von Ives gehört zu meinen Dauerfavoriten in der Musik des 20. Jahrhunderts.) Noch bemerkenswerter ist, dass das Werk spontane Aspekte der menschlichen Psyche im Gegensatz zur Natur reflektiert und sowohl große Energie als auch Weichheit, tiefe Gefühle, Überraschung, Unbestimmtheit und eine unmittelbare zeitliche Präsenz zum Ausdruck bringt.

Als Komponist in der Endphase der industriellen Revolution war Ives noch in der Lage, die Schönheit und Tiefe der ursprünglichen menschlichen Natur zu erfassen – jene Elemente, die tief in uns allen vorhanden sind. Ich vermute, als Musiker und Dirigenten die Partitur erstmals lasen, waren sie irritiert von der Kraft, die dieses außerordentliche Werk entfesselte, und den Ideen, die darin zum Ausdruck kamen. Die Doppel-cis- und Doppel-b-Noten waren so weit entfernt von den üblichen eurozentrischen Kompositionen jener Zeit, dass die Orchestermusiker, insbesondere die Streicher, die Partitur zunächst nicht eindeutig interpretieren konnten. Die Aufnahme von der Premiere unter der Leitung von Leopold Stokowski (mit dem American Symphony Orchestra und dem Schola-Cantorum-Chor aus New York) zeigt das Unbehagen des Dirigenten und die Unsicherheit der Aufführenden angesichts der Vorlage. Die Interpretation klingt steif und angestrengt. Eine spätere Aufnahme mit dem Chicago Symphony Orchestra und Chorus ist weniger zaghaft. Die beste Version lieferte erstaunlicherweise das Oakland Symphony Orchestra 1967 unter der Leitung des inzwischen verstorbenen Gerhard Samuel. Sie war von einer frischen, jugendlichen Unschuld und ließ die lebhaften Texturen und Dynamiken erkennen, die Ives wahrscheinlich in seinem Meisterwerk intendiert hatte. Die Aufnahme gibt es allerdings nur in einer Archivversion, die nie veröffentlicht wurde. Obwohl ebenfalls keine »vollkommene« Interpretation, beschwört sie doch die Leidenschaft und Wildheit eines jugendlichen Amerika herauf, die wir hoffentlich eines Tages wieder hören können. 6.1

Auch andere westliche Komponisten griffen auf Klanglandschaften als wertvolle Quelle für ihr musikalisches Schaffen zurück. Ein Beispiel dafür ist Aribert Reimanns Orchesterpartitur für seine Oper *Lear*. Ihre amerikanische Premiere in San Francisco 1981 erhielt nicht nur gute Kritiken, aber ich halte sie für eines der wenigen wirklich überzeugenden westlichen Orchesterwerke vom Ende des 20. Jahrhunderts. Sie evoziert die Texturen urbaner Klanglandschaften, die in den europäischen Musikakademien nicht gerade geläufig waren, und durch die üppigen Toncluster in den Streicherorchestrierungen des ersten Akts erzeugte Reimann eine Spannung zwischen der elektronischen Studiomusik jener Ära und den Geräuschen aus der Welt der Metropolen, in der er lebte.

Zahlreiche Orchestrierungen von Benjamin Britten wie etwa zu den Opern *Billy Budd* und *Tod in Venedig* sind geradezu von den urbanen und natürlichen Klanglandschaften durchdrungen, die er bei seinen vielen Reisen ins Ausland und zu Hause im Osten Englands erlebte.

Und es gibt noch weitere Beispiele, etwa die Werke von Studenten des Center for Computer Research in Music and

Acoustics (CCRMA) in Stanford, wo Komponisten und innovative Musiker wie John Chowning an der Schnittstelle zwischen Musik und Informationstechnologie mit modernen Synthesizern als kreativen Medieninstrumenten arbeiten. Manche der Studenten haben begonnen, das Potenzial natürlicher Klanglandschaften und frühzeitlicher Instrumente als Anregung für ihre Kompositionen zu erforschen.

R. Murray Schafers Zyklus *Patria*, eine hochkomplexe Opernreihe, die in den vergangenen dreißig Jahren entstanden ist, wurde zum Teil an entlegenen natürlichen Schauplätzen inszeniert – weit entfernt von den großen Opernhäusern. *The Princess of the Stars* wird im Spätsommer auf einem See aufgeführt, meist im Norden Ontarios. Die Instrumentalisten des Toronto Symphony Orchestra befinden sich im Wald um den See verstreut und sind für das Publikum nicht sichtbar, während die Sänger morgens um kurz vor vier Uhr aus kleinen Lauben heraustreten und auf erleuchteten Booten vor dem sich verändernden Himmel kurz vor Tagesanbruch ihre musikalische Erzählung beginnen. Die Zuschauer stehen oder sitzen am Ufer, und die Darsteller lassen sich von der natürlichen Klanglandschaft, angeführt vom Chor der Vögel, in das Stück hineinführen. Schafer hat auch für einen A-capella-Chor ein Stück über den Wind geschrieben, ein Element der natürlichen Klanglandschaft, das besonders schwer durch Musik zu vermitteln ist. *Once on a Windy Night* zeigt, wie wir durch genaues Zuhören angeregt werden können, denn Schafer erfasst das Wesen dieses unsichtbaren Phänomens mit er-
6.2 staunlicher Kraft.

Der italienische Komponist David Monacchi arbeitet, wie er sagt, auf der Grundlage eines »ökoakustischen Bezugssystems«, eines flexiblen Modells, das in vielen seiner Stücke zum Tragen kommt. Im Verlauf des kreativen Prozesses verbringt Monacchi wahrscheinlich genauso viel Zeit in der Natur, um Material zu sammeln und zu lauschen, wie mit dem Komponieren selbst. Die (natürlichen) Biome, die er auf ihre biophonischen Nischen hin untersucht, prägen nahezu all seine Kompositionen – seine musikalische Inspiration bezieht er aus intensivem Lauschen und den akustischen Elementen, die er in seinen Spektrogrammen findet. Monacchis Arrangements sollen die in den Biophonien eines natürlichen Habitats verborgenen ökologischen Prinzipien insgesamt zum Ausdruck bringen. Aber hören wir ihn selbst: »Die Verteilung der Klänge auf zeitliche, frequenzielle und spezifische Nischen – beobachtbar im akustischen Ausdruck vieler unberührter Ökosysteme – ist ein Beispiel für die charakteristische narrative Struktur, die ich dem Publikum mit meiner Klangkunst und meiner Musik nahebringen möchte.« In seiner virtuosen Darbietung von Kompositionen aus dem Reich der Natur – visuell und akustisch – werden den Zuhörern unsere atavistischen Verbindungen mit den Biophonien bewusst gemacht. Mit vor Begeisterung leuchtenden Augen erklärte mir David: »Meine wichtigste Aufgabe als ökoakustischer Komponist besteht darin, die der Natur innewohnenden akustischen Formeln zu erkennen und freizulegen und zugleich in Interaktion mit den Biophonien zu treten, ohne das empfindliche Gleichgewicht ihrer feinen Strukturmuster zu zerstören.«

Bei seinen Konzerten befindet sich das Publikum inmitten eines hochkomplexen dreidimensionalen Schallfelds mit zahlreichen Lautsprechern – eines Systems, das in der Fachsprache als »AmbiSonic« bezeichnet wird[5] –, während Segmente des Materials erklingen, die die dynamische und dramatische Poesie der originalen Aufzeichnungen zum Ausdruck bringen. Gelegentlich greift der Komponist in die Ultra- und

Infraschallkomponenten ein – das heißt, er verändert die Tonhöhen –, damit sein Publikum das Zusammenspiel von niederfrequenten Elefantenlauten am einen Ende des Spektrums und hochfrequenten Fledermaus- und Insektengeräu-
6.3 schen am anderen besser hören kann.

In seiner Komposition *Nightingale* – und das ist besonders bemerkenswert – lässt er die Spektrogramme über eine große Leinwand mitten auf der Bühne laufen. In den für die Biophonie spezifischen Nischen improvisiert Monacchi auf einer Querflöte aus Holz. »In solchen Augenblicken lasse ich mich forttragen«, sagt er, was durch seine Körpersprache und seine Miene während der Konzerte bestätigt wird.

In einer anderen, jüngeren Komposition mit dem Titel *Integrated Ecosystem* kombiniert Monacchi das Spiel auf einem digitalen Synthesizer mit Aufnahmen vom Habitat eines Äquatorialwaldes. Mit den Spektrogrammen, die auch hier während der Aufführung über die Leinwand laufen, entsteht eine Klangskulptur, die strikt in den zeitlichen und frequenziellen Nischen des komplexen bioakustischen Ensembles bleibt. Über eine spezielle Software, die mit Sensoren verbunden ist und seine Handbewegungen nachzeichnet, schafft er live eine Synthese mit seiner eigenen, elektronisch erzeugten Signatur, die frei gebliebene, schmale Bandbreiten und offene Zeitfenster füllt. So erzeugt der Komponist eine eindrucksvolle Metapher dafür, wie eine Spezies – der Mensch – zum Ausgangspunkt zurückkehrt und in einem gemischten Tierorchester mitspielt; Synergien und eine ausgeglichene, harmonische Beziehung entstehen.

Die Welt der Natur hält eine Unmenge Geheimnisse bereit, die unsere Musik bereichern können, doch viele meiner Kollegen ignorieren sie bislang. Musiker und Komponisten, die meine Konzerte hören, zeigen sich häufig interessiert, mehr über Bioakustik zu erfahren, die sonst keinen Platz in ihrem Denken und ihren Erfahrungen im Unterricht, beim Üben, auf der Bühne und im Studio hat. Ich gebe ihnen immer denselben Rat: Vergessen Sie eine Zeit lang Ronnie James Dio, Orange Sky, Panic Bomber, Arvo Pärt und Philip Glass. Verbannen Sie sie aus Ihrem Kopf. Lauschen Sie den akustischen Lebensräumen, in denen sich die kreatürliche Welt artikuliert. Dann beschäftigen Sie sich wie bei jeder Komposition mit allen Klängen, die im Tierorchester zu Gehör kommen. Achten Sie darauf, wie sich die einzelnen Stimmen miteinander vermischen. »Listen to the bass, it's the one on the bottom / Where the bullfrog croaks and the hippopotamus / Moans and groans.« (»The Animal Song«.)[6] Beachten Sie die feinen Unterschiede in den Geräuschen von Flüssen, Bächen und Wasserfällen; von vorbeiziehenden Sturmzellen und Regenwänden (vergessen Sie nicht, bei Gewitter die Kopfhörer abzunehmen); lauschen Sie dem Wind in den Espen, Kiefern oder Ahornbäumen und den Wellen am Meeresufer. Versuchen Sie, die Struktur der Tiersymphonien in ganzen Habitaten herauszuhören. Beachten Sie die jahreszeitliche Dynamik, die im Frühjahr stark und komplex ist, im Winter hingegen fragil und unregelmäßig. Welche Vögel und Insekten mit hochtönenden Lauten hören Sie? Und wann (zu welcher Tages- und Jahreszeit)? An welcher Stelle fügen sich die Amphibien in die Symphonie ein? Welche Lebewesen besetzen die mittleren und unteren akustischen Bereiche? Welche Geschöpfe sorgen für Rhythmus? Welche müssen den richtigen Zeitpunkt finden, um unter all den anderen Gehör zu finden? Es sind dieselben Fragen, mit denen sich Komponisten beschäftigen, wenn sie ihre musikalischen Linien für ein Orchester beziehungsweise für die verschiedenen Instrumente arrangieren. Wie würden Sie, von dieser Palette ausgehend, die Komposition eines Musikstücks angehen?

Wenn wir die Natur als Quelle musikalischer Inspiration nutzen wollen, müssen wir uns die Zeit nehmen und uns selbst in die Wildnis begeben. Für mich ist dieser Teil der Arbeit unglaublich beglückend. Sobald ich einen lärmfreien Ort ausgemacht habe, der an sich schon einen Ausflug wert ist, lausche ich – manchmal mit geschlossenen Augen –, wie die zusammenklingenden Stimmen der Tiere den Raum definieren. Da alle Habitate – auch solche innerhalb desselben Bioms – verschiedene Klangsignaturen haben, die zusammen eine einzigartige kollektive Stimme bilden, kann ich kaum voraussehen, wie sich die durch die Biophonie bestimmte Klanglandschaft anhören wird. Jede ist, oft ganz klar, von den anderen unterscheidbar.

Die Verschiedenheit von Landschaften und ihren Bewohnern ist einer der Gründe, warum die Musik des ungarischen Musikers Béla Bartók vom Beginn des 20. Jahrhunderts so ganz anders klingt als die weit offenen, optimistischen Kompositionen von Aaron Copland, die einen idealisierten amerikanischen Westen schildern, wie ihn sich der Musiker in der Mitte des vergangenen Jahrhunderts vorstellte.

Wir alle haben mindestens eine Klangmarke im Kopf, eine charakteristische Klanglandschaft, die unsere Raumwahrnehmung bei akustischen Erfahrungen prägt. Für Komponisten ist diese Klangmarke die Quelle der Fragmente, die sie in ihre Musik einflechten. In der unberührten Natur kann diese Klangmarke sehr komplex sein – man benötigt bloß Zeit und einen ruhigen Gemütszustand, um sie zu entwirren und zu begreifen.

Eine Woche oder zehn Tage in der Natur reichen selten aus. Das Leben der Tiere richtet sich nicht an der menschlichen

Zeit aus – sie schlafen, suchen Futter und jagen meist zu ganz verschiedenen Stunden. Und der Rhythmus dieser Aktivitäten richtet sich nach dem Zyklus der Jahreszeiten, nach Tageslicht und Dunkelheit, nach dem Wetter, dem Halbschatten auf dem Waldboden im Lauf eines Tages und den verschiedenen Gerüchen, die je zu bestimmten Zeiten wahrnehmbar sind. Natürlich entziehen sich all diese Elemente in ihrer Gesamtheit einer Erfassung mit einem Ton- oder Videomedium. Wenn man sich aber einmal über einen längeren Zeitraum unter dem Baumkronendach eines Äquatorialwaldes aufgehalten hat, vereinigen sich schließlich die taktilen, akustischen und visuellen Elemente zu einem einzigen Gesamteindruck. Erst dann kann man die Phrasen vernehmen, die die Jäger-Sammler veranlassen, ihr altes Lied anzustimmen. Der Wald wird zum Ort der Andacht, und wir können uns vielleicht vorstellen, wie es gewesen sein mag, Teil der kreatürlichen Welt zu sein. Nichts kann das Erlebnis vor Ort ersetzen – und doch erweist sich womöglich gerade unsere Präsenz als die schwierigste Hürde überhaupt.

KAPITEL SIEBEN

Der Geräuschnebel

ES IST SPÄT AM ABEND, ich sitze in meinem Studio und höre mir eine Aufnahme an. Mein Arbeitsraum ist nicht groß – auf der Grundfläche würden vielleicht gerade zwei mittelgroße Autos Platz finden –, aber aufgrund der Spezialtechniken, mit denen ich meine Klanglandschaften aufgenommen habe, entsteht beim Abspielen die Illusion eines viel größeren Raums. Die Aufnahme hatte ich an einem Herbstabend im Yellowstone-Nationalpark gemacht, an dem außerordentlich viele Vogelstimmen erklangen, und es handelt sich um eine einzige, ununterbrochene, etwa eine Stunde lange Sequenz.[1] Die Textur am Anfang ist so fein und anmutig wie ein Stück zarter irischer Spitze – ein breites akustisches Gewebe, das mich so tief in Zeit und Raum des ursprünglichen Augenblicks hineinzieht, wie es nur Klang vermag.

Zwischenzeitlich schreit ein Rabe und beschreibt mit seinem Flug einen horizontalen Pfad quer durch den Stereoraum von der linken Seite des Hörfelds zur rechten. Dann aber wird der Eindruck plötzlich durch etwas zerstört, was wie ein kleines Privat- oder Militärflugzeug klingt, das sich in etwa 6000 Meter Höhe über meinen Mikros Richtung Norden bewegt. Der Lärm hallt in donnernden Wellen durch das Tal hin und her. Es dauert sechs bis sieben Minuten, bis das Flugzeug nicht mehr zu hören ist. Während des Überflugs erstirbt die Vogelbiophonie nahezu vollständig. Als nach zehn Minuten die natürliche Klanglandschaft allmählich wieder zurückkehrt, ertönt das niederfrequente Whom-whom-whom eines noch fernen Hubschraubers. Die Vögel verstummen erneut. Und diesmal wird es ganz still. 7.1

Der Anthropologe Gregory Bateson pflegte seinen Studenten eine Geschichte über den von ihm verehrten Philosophen Alfred North Whitehead zu erzählen. Als die Harvard-Universität Whitehead kurz nach dem Ersten Weltkrieg eine Stelle als Dozent anbot, nahm er an, allerdings unter der Bedingung, dass er seinen großen Freund und Mitarbeiter Bertrand Russell mitbringen konnte, mit dem er das ambitionierte dreibändige Werk *Principia Mathematica* geschrieben hatte. Neu ernannte Mitglieder des Lehrkörpers mussten eine Vorlesung über ein Thema ihrer Wahl halten, und Russell entschied sich, Max Plancks Quantentheorie zu erläutern. Es war ein heißer Augustabend im Jahr 1919, und im Hörsaal am Harvard Yard drängten sich wissbegierige Fakultätsmitglieder und, wie Bateson erzählte, die Crème de la Crème von Boston. Nachdem er sich ohne Unterbrechung 90 Minuten lang abgerackert hatte, schloss der schweißdurchnässte Russell seinen Vortrag und kehrte unter höflichem Applaus zu seinem Platz zurück. Whitehead, der geduldig auf dem Podium gesessen hatte, stand auf und begab sich langsam zum Rednerpult. Als der Applaus abebbte, sagte er mit seiner hohen Stimme: »Ich möchte Professor Russell für seine brillante Darstellung danken. Insbesondere aber dafür, dass er uns die unermessliche Dunkelheit des Themas vor Augen geführt hat.«

Ich erzähle diese Geschichte, weil es mir so geht wie Russell bei seinem Bemühen, die Quantentheorie zu erklären, wenn ich Lärm zu definieren versuche. Ambrose Bierce, der um die Wende zum 20. Jahrhundert lebte, nannte ihn »das Hauptergebnis und Bestätigungszeugnis der Zivilisation«. Les Blomberg von der angesehenen Nichtregierungsorganisation Noise Pollution Clearinghouse, die sich der Aufklärung über Lärm und dessen Verhinderung widmet, definiert Lärm als »akustischen Abfall« oder »hörbaren Müll«. Die Ursache für Lärm ist meist – zumindest aus der Perspektive der natürlichen Welt – »Anthropophonie«. Biophonie, Geophonie und Anthropophonie bilden zusammen die Klanglandschaften der Welt.

Bei der Anthropophonie kann man vier Grundtypen von Menschen erzeugter Geräusche unterscheiden: elektromechanische, physiologische, kontrollierte und Nebengeräusche. Elektromechanischer Lärm entsteht durch unsere Transportmittel und die lauten Werkzeuge verschiedener Gewerbe wie Flugzeuge, Pfahlrammen, Motorschlitten, Laubbläser, Autos und Lautsprecherwagen, Motorräder, Generatoren, Handys, Fernseher, Gettoblaster, Kühlschränke, Bleistiftspitzer, Spülmaschinen, Klimaanlagen, Mikrowellenöfen und viele andere Geräte mit komplexer Technik – beispielsweise das unablässige Klicken der Tastatur, mit der dieses Buch geschrieben wurde, oder das leise, ständige Säuseln der Lüftung meines Laptops. (Allerdings sind heutzutage die meisten Geräte schon ein paar Zentimeter von der Quelle entfernt nicht mehr hörbar.) Physiologische Geräusche – Husten, Atmen, Körpergeräusche, Niesen und Sprechen zum Beispiel – sind meist gedämpft und auf einen engen Raum beschränkt. Unseren kontrollierten Lärm können wir mit ein wenig Aufmerksamkeit und Nachdenken in den Griff bekommen, etwa bei

Livekonzerten oder Musik aus der Konserve oder bei Theatervorstellungen, was besonders dann notwendig wird, wenn sie mit einer sensiblen Biophonie in Konflikt geraten. Nebengeräusche sind beispielsweise Schritte, das Rascheln von Kleidung und Kratzen. Auch sie sind kontrollierbar und räumlich beschränkt.

Lärm erregt Aufmerksamkeit, ohne viel nützliche Informationen zu liefern. Er ist verschwendete Energie; bei entsprechender Lautstärke erzeugt er in einem geschlossenen Raum geringe, aber immerhin messbare Wärme. Als ich das vor langer Zeit im Physikunterricht hörte, dachte ich mir, angesichts dessen, was wir in unseren Städten erleben, könnten wir vielleicht in der Lage sein, durch Lärm so viel Hitze zu erzeugen, dass wir von fossilen Brennstoffen unabhängig würden. Wir müssten nur herausfinden, wie wir sie ohne Nettoverluste speichern und weiterleiten könnten.[2]

Menschen und andere lebende Organismen können nur dann ein klares Signal mit nützlichen Informationen übermitteln – natürlich vorausgesetzt, die Botschaft ist eindeutig und der Empfänger nicht behindert –, wenn die akustischen Kanäle intakt sind. Dies gilt für Tierlaute in einer Biophonie ebenso wie etwa für die menschliche Kommunikation über ein Mobilfunknetz. Ein guter Signalaustausch heißt, dass die Übertragung nützlich, sachdienlich und für den Augenblick bedeutsam und die Botschaft für den Empfänger eindeutig ist. Außerdem darf sie nicht durch andere akustische, taktile, olfaktorische oder optische Quellen gestört werden. In der Fachsprache wird dies als »sauberes« Signal bezeichnet. In der Video-Sprache ist ein »Signal« eine vollkommen eindeutige Reihe von Bildelementen, die sich auf ein oder zwei Gegenstände bezieht. In der Musik beinhaltet ein Signal in der Regel eindeutige thematische Muster von Konsonanz und

Dissonanz, die emotionale Reaktionen verschiedenster Art auslösen können. Lärm entsteht, wenn ein klares Signal auf irgendeine Weise beeinträchtigt wird – meist durch eine Reihe miteinander konkurrierender und unkorrelierter Signale oder durch Verzerrung. In der Akustiklehre bezeichnet man die Kraft eines Signals im Verhältnis zur Menge des Hintergrundlärms als »Signal-Rausch-Verhältnis«.

Für mich ist Lärm ein akustisches Ereignis, das der Erwartung widerspricht – laute Heavy-Metal-Musik in einem romantischen Restaurant (eigentlich Musik in fast *jedem* Restaurant). Ein Motorrad ohne Schalldämpfer, das durch die empfindliche Landschaft des Yosemite-Tals knattert, zerstört das Numinose, das Besucher und Tiere hier erleben. Widersprüche zwischen einem optischen und einem akustischen Inhalt, zwischen zwei akustischen oder zwei visuellen Inhalten empfinden wir in der Regel als Formen von Lärm. Ein extremer Fall wäre ein Soundtrack mit einer sanften klassischen Gitarre zu einer Gewaltszene in einem *Terminator*-Film, es sei denn, die Diskrepanz diente der Ironie. Im Kern vieler urbaner Landschaften kann akustischer Lärm auch chaotischer, dissoziierter Klang sein – mit Auto-Alarmanlagen, Sirenen, Presslufthämmern, Druckluftbremsen, dem Herunterschalten von Lkw-Dieselmotoren und Bassrollen in Pkws.

Es überraschte mich nicht, als ich las, dass 2003 dem Hersteller des lautesten bekannten Soundsystems für Autos ein Preis der Klangindustrie verliehen wurde. Meines Wissens haben bis heute nur wenige die Leistung der prämierten Technik erreicht oder übertroffen, die 130 000 Watt erzeugen kann, mit neun Basslautsprechern ausgestattet ist und dauerhaft einen Schalldruckpegel von 177+dBA erzeugen kann. Das ist mehr als doppelt so laut wie eine .357 Magnum, die direkt an Ihrem Ohr abgefeuert wird, und um das Siebenfache lauter als eine Boeing 747 beim Abheben, von der man zehn Meter entfernt ist. Die Lautstärke der NASA-Raumfähren beim Start lag normalerweise zwischen 160 und 180 dB. Ich möchte noch einmal betonen, dass dieses Lautsprechersystem im Innenraum eines Dodge Caravan installiert war.

In seinem Buch *Die Ordnung der Klänge. Eine Kulturgeschichte des Hörens* schreibt Schafer, Menschen machten gern Lärm, um sich daran zu erinnern, dass sie nicht allein seien (und um anderen, mit denen sie vielleicht nur beiläufig Beziehungen pflegen, bewusst zu machen, dass sie existieren). Dass Lärm nahezu überall vorhanden ist, wird deutlich, wenn wir ein Mikrofon einsetzen. Das Mikrofon, eine Erweiterung unserer Ohren, jedoch mit einer völlig anderen Funktionsweise, unterscheidet nicht zwischen brauchbaren Klängen und Lärm. Es nimmt *jedes* akustische Signal innerhalb seiner Bandbreite und je nach Richtercharakteristik auf. Wenn Sie wissen möchten, wie stark der Lärm in Ihrer Umgebung ist, brauchen Sie nur ein Mikro aufzustellen, an einen Rekorder anzuschließen und für eine Minute die Kopfhörer aufzusetzen. Versuchen Sie es in einem Habitat, das Ihrer Meinung nach »wilde Natur« darstellt. Das Ergebnis wird Sie schon nach wenigen Sekunden in Erstaunen versetzen.

Für uns Menschen gibt es zwei Arten von Klang: den erwünschten und den unerwünschten oder, aus der Perspektive der Bioakustik, »Information« und »unzusammenhängenden akustischen Müll«. Auch wenn wir im Vorgang des Hörens Lärm – den Joachim-Ernst Berendt in seinem Buch *Das Dritte Ohr. Vom Hören der Welt* als »akustischen Abfall« bezeichnet[3] – oft nicht erkennen, wirkt er sich dennoch schädlich auf uns aus. Unser Gehirn filtert, ohne dass uns dies bewusst ist, unerwünschte Laute fleißig aus, sodass wir die Informationen verarbeiten können, die nützlich sind. Grob gesagt, konkurrieren in den meisten Industriegesellschaften Signale und Lärm ständig um unsere akustische und visuelle Aufmerksamkeit, und wir verwenden eine Menge Energie darauf, die Signale herauszusuchen, die auf angenehme Weise unser Interesse erwecken.

Wir haben alle schon einmal erlebt, wie es ist, sich in einem lauten Restaurant oder auf einer belebten Straße mit jemandem zu unterhalten. Während wir unseren Gesprächspartner anschauen, glauben wir, alles, was er oder sie sagt, klar und deutlich zu verstehen. Doch was wir hören, ist im Großen und Ganzen durch das gefiltert, was wir sehen. Ohne diese Gleichzeitigkeit von Blick und Klang würden wir wahrscheinlich aus der Unterhaltung nur wenige nützliche Informationen ziehen. Unsere Ohren nehmen viele Klänge auf, aber unser Gehirn übernimmt die schwierige Aufgabe, Klänge mit visuellen Hinweisen zu verbinden. Indem es eifrig den Hintergrundlärm ausfiltert, verschafft es uns die Illusion, dass die Störungen unbedeutend sind.

Diese Signalverarbeitung (das Filtern) findet unabhängig davon statt, ob wir uns ihrer bewusst sind oder nicht. Weimin Zheng, ein wissenschaftlicher Mitarbeiter der Abteilung Experimentelle Neurologie am Neurosciences Institute in San Diego und einer der wenigen Forscher, die sich diesem Thema widmen, erklärt, dass man die Frage nach der relativen Beteiligung einzelner Gehirnareale »nicht direkt beantworten kann. Es ist aber möglich, aus Verhaltensbeobachtungen auf Systemebene darauf zu schließen. Selbst in ruhiger Umgebung muss die Aufmerksamkeit auf die Aufgabe fokussiert werden, um Gesprochenes zu verstehen. Sich einer einzelnen Aufgabe zu widmen erfordert eine ›aktiv‹ verminderte Leistung in manchen Gehirnbereichen und gesteigerte Aktivität in anderen … In einer lauten Umgebung wird mehr Anstrengung (Aufmerksamkeit) benötigt, und oft müssen andere sensorische Systeme herangezogen werden, insbesondere das visuelle System des Lippenlesens. Damit erhöht sich der Gesamtenergieverbrauch des Gehirns … Die Gehirnaktivität ist also wegen der Einbeziehung anderer Systeme in einer lauten Umgebung insgesamt größer als in einer ruhigen.«[4]

Donald Hodges, Professor für Musikpädagogik der Covington-Stiftung und Direktor des Music Research Institute an der University of North Carolina in Greensboro, machte mich darauf aufmerksam, dass man bei der US-Invasion in Panama 1989 Manuel Noriega, den Militärdiktator des Landes, mit Lärm von seinem Wohnsitz vertrieben habe und Militär und Polizei unerwünschte Versammlungen von Demonstranten mit hoch konzentriertem Lärm auflösen würden.

Unser akustisches Verarbeitungssystem wird im Lauf der Zeit so konditioniert, dass es erkennt, welche Signale von Bedeutung sind und welche nicht. Doch selbst wenn unsere Aufmerksamkeit auf das gerichtet ist, was wir sehen, arbeitet unser Gehirn auf Hochtouren, um erwünschte Informationen herauszufiltern und zu verarbeiten, wobei möglicherweise Ermüdungserscheinungen auftreten. Bei einer schwedischen Lärmstudie im Jahr 1998 mit 50 000 staatlichen Angestellten klagten 20 000 Teilnehmer, die bei einem Hintergrundlärm zwischen 60 und 80 dBA arbeiteten – was in den Vereinigten Staaten als moderat gilt (und dem Geräuschpegel einer durchschnittlichen städtischen Wohnstraße entspricht) –, gemeinhin über Müdigkeit und Kopfschmerzen bereits nach wenigen Stunden.

Überdies haben Forscher gezeigt, dass Müdigkeit und Stress signifikante Nebenerscheinungen beim Bemühen des Gehirns sind, Lärm von Signalen zu unterscheiden – eine Folge des Anstiegs von Glucocorticoiden um bis zu 40 Prozent. Wie sich zeigt, empfinden wir alle Lärm als aufdringlich, abstoßend oder stressig oder alles zusammen.

Unerwünschte Geräusche – in der gegenwärtigen Literatur manchmal als ISE (»Irrelevant sound effect« oder »Störwirkung von Hintergrundschallen auf die Arbeitsgedächtnisleistung«) bezeichnet – rufen vielfältige physische und psychische Reaktionen hervor, von denen viele, besonders bei anhaltendem Lärm, gesundheitsschädlich sind. Und wo Lärm die subtileren Klänge der natürlichen Klanglandschaften überdeckt, können wir bei einer Vielzahl lebender Organismen ebenfalls Reaktionen feststellen. Die Folgen schädlichen Lärms – wie Nervenanspannung, Müdigkeit und Gereiztheit – sind überall festzustellen, von unseren Großstädten über unsere Büros bis hin zu überlebenden Stämmen wie den Ba'Aka, die ins Innere ihrer verbliebenen Wälder getrieben werden, so weit wie möglich entfernt vom industriellen Lärm, um sich dort zu regenerieren.

Drei getrennte Studien von Anders Kjellberg, Per Muhr und Björn Sköldström, die kürzlich von anderen Forschern bestätigt wurden, ergaben, dass selbst mäßiger Lärm am Arbeitsplatz schon nach zwei Tagen zu messbarer Erschöpfung, Blutdruckanstieg und negativen Veränderungen des Verhaltens führen kann.[5]

Seit Beginn der 1980er-Jahre ist der Zusammenhang zwischen städtischem Lärm und zunehmendem Stress bei Menschen immer wieder erforscht worden. Eine der ersten bahnbrechenden Studien zu diesem Thema wurde im französischen Strasbourg durchgeführt. Die Versuchsleiter forderten drei Männer und drei Frauen auf, über einen Zeitraum von mehreren Wochen in einem speziell eingerichteten Labor zu schlafen, in dem sie jede Nacht Klängen und Lärm ausgesetzt waren. Die Probanden wurden an Stressmessgeräte angeschlossen, die den Herzschlag, die Fingerpulsamplitude und die Pulswellengeschwindigkeit aufzeichneten, und die ganze Nacht hindurch überwacht. Die ersten Nächte konnten die Teilnehmer ununterbrochen in Ruhe verbringen. In den folgenden zwei Wochen ließ man dann Bänder mit Verkehrslärm ablaufen. Alle Stressindikatoren stiegen dramatisch an – schon bei relativ niedriger Lautstärke. Nach zwei bis sieben Nächten ging aus Fragebögen, die die Probanden ausfüllen mussten, hervor, dass sie sich nicht mehr gestört fühlten. Sie hatten sich ausnahmslos an den Lärm gewöhnt. Doch die gemessenen Stressindikatoren waren noch genauso hoch wie in der ersten Lärmnacht. Trotz des geringen Umfangs der Studie und der Tatsache, dass seither 30 Jahre vergangen sind, gilt sie immer noch als bedeutend – während die Teilnehmer erklärten, der Lärm zeige keine Wirkung, sprach ihr Körper eine andere Sprache.

Schon seit Langem weiß man auch, dass Lärm die Konzentration von Kindern behindert und sie vom Lernen ablenkt. In einem kürzlich erschienenen Artikel in der Zeitschrift *Noise and Health* zeigen Maria Klatte, Thomas Lachmann und Markus Meis, dass ein direkter Zusammenhang besteht zwischen dem Umgebungslärm eines Kindes und seiner Leistung. Wenn eine bestimmte Aufgabe intensiver Konzentration bedarf und Lärm auftritt, der nichts mit der Aufgabe zu tun hat, wird eine verstärkte Aufmerksamkeitsteilung – die häufig für das Kind nicht zu bewältigen ist – die Ausführung messbar stören. Darüber hinaus wird in einer 128-seitigen Studie des Regionalbüros der WHO für Europa mit dem Titel *Burden of Disease from Environmental Noise* (Krankheitslast aufgrund von Umgebungslärm), die im März 2011 veröffentlicht wurde, festgestellt, dass bei Kindern im Alter von

7 bis 19 Jahren die »Aufgaben betroffen sind, bei denen die zentrale Verarbeitung und Sprache eine Rolle spielen, beispielsweise Leseverständnis, Gedächtnis und Aufmerksamkeit. Die Belastung [durch Lärm wie etwa von Autoverkehr und Flugzeugen] in der Schule während entscheidender Lernphasen … behindert die Entwicklung und [hat] lebenslange Auswirkungen auf die Lernleistung/ Lernfähigkeit«, bisweilen mit einer Absenkung des IQ um fünf bis zehn Punkte. Wenn die Lärmquellen schwächer wurden (beispielsweise durch die Verlegung eines Flughafens an einen weiter von der Schule entfernten Ort), verschwanden die beobachteten Lernbehinderungen. Weiter hieß es in dem Bericht, die Belastung durch extremen Lärm behindere nicht nur das Lernen junger Menschen, sondern könne auch – aufgrund eines epidemiologischen Anstiegs des Blutdrucks und der Ausschüttung von Stresshormonen – zu Herzinfarkten führen. Lärm komme als negative Umweltbedingung gleich nach der Luftverschmutzung.[6]

In unserer industrialisierten Welt wird mechanischer Lärm manchmal zur »Kunst« erhoben. Wenn es einem Film- oder Videodesigner gelingt, durch den Einsatz von Lärm ein Narrativ zu unterstreichen, ist dies ein Beispiel für dessen kreative Nutzung. Für andere ist der Lärm einer U-Bahn, die sich einer Haltestelle nähert, beruhigend. Es kann auch eine Ölpumpe irgendwo auf den High Plains von Wyoming sein, deren Dieselantrieb perkussive Klänge erzeugt, das Abfeuern eines Militärgeschützes oder das betäubende Dröhnen eines Formel-1-Rennens. Wer sich am Boden befindet, mag nicht begeistert sein, wenn ein Flugzeug mit mehreren Triebwerken abhebt und der Lärm an sein Ohr dringt, aber für die Fluglotsen ist der Klang synchronisierter Motoren – also solcher mit derselben Drehzahl pro Minute, die folglich jeweils dieselbe Lautstärke und Kraft erzeugen –, ihr stetiges Brummen, die süßeste und beruhigendste »Musik«, die sie sich vorstellen können.

Die Wellen von Meeren und Seen, die Wirkung des Windes und der Klang von Flüssen enthalten Elemente von weißem Rauschen. Analog zum weißen Licht bestehen diese Geräusche aus einer unendlichen Zahl über das ganze akustische Spektrum verteilter Hörfrequenzen. Die jeweiligen Hörfrequenzen sind völlig zufällig und haben im Mittel denselben Schalldruckpegel. Natürlich entstandenes weißes Rauschen hat viele positive Aspekte, ist für unsere Ohren meist angenehm und wirkt entspannend auf die Psyche. Für die Wy-am war das natürliche, geophonische weiße Rauschen der Celilo Falls ein erkennbares Signal voller praktischer und spiritueller Bedeutung, genauso, wie die Nez Percé den Wind des Schilfrohrs am Lake Wallowa als Musik empfanden. Doch wenn wir weißes Rauschen künstlich erzeugen, wirkt es oft nachteilig.

Ob bewusst oder nicht, haben sich viele von uns schon einmal in einem Großraumbüro mit offenen Abteilen aufgehalten, in dem weißes Rauschen installiert ist. Mit ähnlichen Argumenten wie bei der Vermarktung von Hintergrundmusik behaupten zahllose Werbeanzeigen, weißes Rauschen im Büro sei beruhigend und entspannend und ein wirksames Instrument, um zu verhindern, dass im nächsten Abteil geführte Gespräche mitgehört werden können. Dahinter steckt die Absicht, die Produktivität zu erhöhen – mit der falschen Prämisse, dieses weiße Rauschen klinge natürlich.

So hat sich gezeigt, dass der behauptete Entspannungseffekt nicht eintritt und somit auch nicht die Effizienz der Angestellten gesteigert wird. (Weißes Rauschen wurde auch in elektronische »Einschlafhilfen« eingebaut unter der Annahme – und mit dem Verkaufsargument –, dass es an Schlaflosigkeit Leidenden helfe einzuschlummern. Aber das war nicht der Fall.) Studien zeigen, dass das synthetisch hergestellte Geräusch die Büroangestellten im Gegenteil ermüdet und ihre Effektivität und Konzentration vermindert. Wahrscheinlich ist dies das Ergebnis von anhaltend gleichbleibendem, künstlich erzeugtem weißen Rauschen. In der natürlichen Welt ist das Geräusch von Meereswellen, Flüssen und Wind dynamisch – die Intensität verändert sich mit der Zeit, und die Geräusche haben natürliche Rhythmen. Weißes Rauschen in der Natur ist gerade wegen dieser Schwankungen entspannend: Meereswellen erzeugen rhythmische Muster, Flüsse und Wasserfälle haben jeweils einzigartige und subtile Signaturen, die uns anziehen, weil sie beruhigend wirken. In Büroräumen hingegen, wo sich das Klangniveau nie verändert, wird das weiße Rauschen zu einem weiteren Störfaktor, der unbewusst bleibt, ähnlich dem Neonlicht, mit dem die Büroangestellten ebenfalls zu kämpfen haben.

In manchen Branchen ist die akustische Umgebung bewusst so gestaltet, dass sie Stress hervorruft. Bis vor ganz kurzer Zeit – bevor Ende des vergangenen Jahrhunderts eine Bewegung entstand, die für Lärmvermeidung eintrat – war es ein offenes Geheimnis, dass Restaurantarchitekten und Raumgestalter beispielsweise bewusst bestimmte Speiselokale als mehr oder weniger stressauslösend konzipierten, wobei Lärm der Hauptbestandteil war. Wenn Sie ein Restaurant mit harten, hallenden Flächen betreten – Wände, Böden und Decken, die den leisesten Ton reflektieren und verstärken –, so können Sie davon ausgehen, dass all dies dazu gedacht ist, Ihre Nerven zu reizen. Und wie um die Absichten der Architekten bis zum Letzten zu verwirklichen, spielen Wirte oft noch laute, aufdringliche, mitreißende Musik ab, installieren Fernsehbildschirme für die Übertragung von Sportprogrammen oder tun beides. Der Lärm aus den Lautsprechern erzeugt vielleicht die momentane Illusion, dass hier »etwas los ist«, eine Wirkung, die durchaus gewollt ist; bei denjenigen, die eine intimere Atmosphäre suchen, ruft der Lärm rasch Spannungen und Müdigkeit hervor, mit der Folge, dass die Gäste häufig wechseln und der Wirt somit höhere Gewinne erzielt.

Ich weiß, wie entspannt meine Frau Kat und ich uns in einem ruhigen Restaurant mit vielen schallabsorbierenden Materialien in der Einrichtung fühlen, in dem es zudem nur wenig oder keine Hintergrundmusik gibt. Wir verspüren keinerlei Eile, das Restaurant wieder zu verlassen.

Mitte der 1980er-Jahre, als das Thema Restaurantlärm noch mehr Zugkraft hatte, griff die *New York Times* es in einer Artikelserie auf. Danach war der Lärmpegel mehrere Jahre lang Bestandteil der Restaurantkritiken des Blattes. Etwa um dieselbe Zeit versah der *San Francisco Chronicle* seine Restaurantbesprechungen mit kleinen Glockensymbolen, die den Geräuschpegel des jeweiligen Lokals anzeigten. Viele andere Gastronomiekritiker von Zeitungen und Zeitschriften folgten diesen Beispielen, verzichten aber inzwischen bis auf ein paar beiläufige Anspielungen darauf. Während sich neuerdings die Aufmerksamkeit mehr auf die Sterne des Chefkochs, das Essen, die Einrichtung und die Kundschaft richtet, steigt der Geräuschpegel in den Restaurants wieder an – mit all seinen Nebenwirkungen. In einem Artikel des *Scientific American* vom Herbst 2010 wurde darauf hingewiesen, dass aufgrund von starkem Lärm sogar das Essen fad schmecken kann. Die Messungen in einem Restaurant in meiner Nähe, das ich vor Kurzem mit meiner Frau besucht habe, ergaben einen Geräuschpegel von 94 dBA. Und das ohne Musik und gegen halb sieben Uhr am Abend, bevor die Gästezahl ihren Höhepunkt erreicht hatte. Wir werden wohl kaum wieder hingehen.

Der Lärm eines Menschen kann für einen anderen durchaus ein Geräusch sein, das Bedeutung hat – wer Lärm erzeugt, hat vielleicht ein Interesse daran, das die Hörer nicht haben. Für mich sind die Geräusche, die wir von uns geben, wirksame Ergänzungen zu unseren visuellen Signalen – eine Erweiterung der Kleidung, die wir tragen, unseres Haarschnitts, unserer Körpersprache –, Eindrücke, die wir vermitteln möchten, und andererseits Signale, wie wir einander erleben.

Die alles übertönenden Geräusche der Industrie – die eigentlichen akustischen Signaturen der Moderne – enthalten Klänge, die vielen gefallen, besonders wenn sie sich zur Geltung zu bringen wollen. Ein extremes Beispiel dafür ist die Geschichte von James Watt, dem Innenminister Ronald Reagans. Laut R. Murray Schafer bemerkte Watt einmal im Zusammenhang mit dem Office of Noise Abatement and Control (Amt für Lärmbekämpfung und -kontrolle), das damals noch zur amerikanischen Umweltschutzbehörde EPA gehörte und das Watt abschaffen wollte, Lärm und Macht gingen Hand in Hand: Je mehr Lärm wir als Land machen, desto stärker erscheinen wir. Denken Sie nur an die getunten Autos, die die Aufmerksamkeit auf sich lenken, wenn sie die Straße entlangfahren, an die Motorräder ohne Schalldämpfer oder die »Muskelautos« – ihre Geräusche wirken bombastisch und zeugen von einer arroganten Haltung (»He! Seht, was für ein toller Typ ich bin!«). Einen weiteren extremen Fall schilderte ein Biologe, der auf einem Versuchsgelände der US-Armee arbeitete. Bei einer Konferenz von Klanglandschaftsökologen in Washington habe er mit einer Teilnehmergruppe darüber gesprochen, dass er Vögel durch Kanonendonner von der Startbahn vertrieben habe. Später meinte eine Kollegin, dass sie das Geräusch von Kanonen gern höre. Für sie war es der Klang der Freiheit. Natürlich ist die entscheidende Frage, auf welcher Seite der Kanone man sich befindet.

Heute scheinen wir Menschen von dem Zwang beherrscht, unseren Lärm überall hinzutragen. So schaffen wir Klanglandschaften aus beliebigen Quellen, die einige wenige mögen, die große Mehrheit jedoch ärgerlich findet. Sie leidet unter den unerwünschten Geräuschen, die in ihre Lebensräume »überschwappen«. Wir suchen die Seen mit Jetski und Motorbooten heim, Meeresstrände mit Gettoblastern, die Wälder mit Mountainbikes, Geländeautos und Kettensägen, die Wüsten mit Dünenbuggys und die Naturschutzparks mit Motorrädern ohne Schalldämpfer, Motorschlitten und inzwischen sogar Schusswaffen. Überall hören wir den Lärm von Maschinen – Spielzeugen, ohne die wir anscheinend nicht leben können. Wir hören Kriegsgeräusche, die lärmende Musik anderer Leute und den Krach von Düsenflugzeugen oder Privatmaschinen, die nahezu überall, wo Menschen leben, über uns hinwegdonnern. Wo auch immer wir Erholung suchen vom Getöse in unserem Leben, stört uns Lärm.

Lärm ist eine Melodie, die unsere Freizeitaktivitäten beherrscht. Zum Beispiel ein berühmtes Dragracing der National Hot Rod Association etwa 45 Autominuten nördlich von San Francisco, das im Juli und August an mehreren Sonntagnachmittagen stattfindet. Es zieht über 100 000 Fans an, die die fragwürdige Überlegenheit des Menschen in Sachen Geschwindigkeit und Lärm feiern. Die Rennbahn befindet sich ungefähr 30 Kilometer südlich von unserem Haus. Das Dröhnen der Motoren breitet sich nicht in gerader Linie landeinwärts aus, sondern muss mehrere kleine Bergrücken an der Küste, Täler, geschützte Sumpfgebiete und einen Regionalpark überwinden. Dennoch kann ich zu Beginn jeder neuen Runde das Geräusch, das von der Rennbahn kommt, messen, und es erreicht beunruhigende Werte. Die Dragster haben eine Lautstärke, die weit über dem normalen Tagesniveau der Geräuschkulisse an unserer Grundstücksgrenze liegt – selbst wenn der Wind in die entgegengesetzte Richtung weht. R. Murray Schafer sagte einmal zu mir, wenn der Lärm nicht wäre und es nur um Geschwindigkeit ginge, würde die Zuschauerzahl bei Dragraces und Rennen der U. S. Navy Blue Angels wahrscheinlich um mehr als 90 Prozent sinken.

Der Geräuschpegel von Filmtrailern, die mit dem THX- oder einem Dolby-Digital-Soundsystem abgespielt werden, ist mehr als sechsmal so hoch wie Anfang der 1990er-Jahre – und liegt oft jenseits der Grenzwerte für Industrielärm, wie ihn die OSHA (Occupational Safety and Health Administration; Bundesbehörde für Sicherheit und Gesundheit am Arbeitsplatz) und die Environmental Protection Agency (Umweltschutzbehörde), die damals noch über das erwähnte Amt für Lärmschutz verfügte, festgelegt hatten. Als ich einen Mitarbeiter von Skywalker Sound (einem Unternehmen, das zu LucasFilm gehört) nach den lauten Tonabmischungen bei den Filmtrailern fragte, stellte er die Bedingung, anonym zu bleiben, ehe er antwortete: »Es geht nur um Vermarktung. Hohe Lautstärken sorgen für anhaltende Aufmerksamkeit des Publikums. Die Kinobesucher können sich kaum unterhalten, wenn der Soundtrack laut ist. Sonst hätten die Trailer keine Wirkung.« Produzenten und Sounddesigner sind der Überzeugung, dass das Publikum von den heute üblichen lauten, niederfrequenten »Schlägen« und Soundeffekten bei Filmtrailern überfallen werden will, da sie ein starkes Gefühl von

Erregung und Spannung erzeugen. Mir erscheint das Verhältnis von Filminhalt und Klang umgekehrt proportional zu sein – je weniger Substanz ein Film hat, desto rascher die ablenkenden Filmschnitte und desto lauter und häufiger die Klangeffekte. Nicht 3-D-Brillen sollten zur Verfügung gestellt werden: Wenn Kat und ich ins Kino gehen, nehmen wir Ohrstöpsel mit.

Kaum dass wir Fortschritte bei der Beruhigung unserer Umwelt sehen, unter anderem durch die Einführung weniger lauter Hybrid- und Elektroautos, schon haben die Hersteller Bedenken, die so entstehende Ruhe stelle eigentlich eine Gefahr für Fußgänger dar, für die sie sich verantwortlich fühlen. Folglich ertönt beim Fisker Karma, einem Hybridauto mit Elektroantrieb zu etwa 100 000 Dollar, das 2011 auf den Markt kam, aus Lautsprechern an der vorderen und hinteren Stoßstange ein Motorgeräusch, das klingt wie eine Kreuzung aus Raumschiff und Formel-1-Wagen – ein Kompromiss, bei dem die Gefahr, ein herannahendes Auto zu überhören, höher eingestuft wird als der psychische und physische Stress, den das Dröhnen eines Formel-1-Wagens erzeugt. So werden unsere ohnehin schon unter Druck stehenden Städte mit weiterem Lärm zugemüllt. Andere Hersteller erwägen ähnliche Lösungen für ihre Elektroautos.

Obwohl im Allgemeinen als akustisches Phänomen betrachtet, spricht man heute auch von »visuellem Lärm« oder einer Mischung aus beiden. So wird beispielsweise der Nachthimmel durch die Lichtverschmutzung der Städte – das Licht von Straßenlaternen, Neonwerbung, Gebäuden und Denkmälern – überblendet. Oder denken Sie an eine Fernsehsendung, egal, auf welchem Kanal: Die unterschiedlichsten Bilder und miteinander konkurrierende Botschaften flackern über die Mattscheibe und werden noch mit unruhigen, hoch verdichteten und modulierten Klängen sowie ununterbrochenen geisttötenden Sprüchen selbst ernannter Autoritäten gemixt. All diese Elemente sollen unsere Aufmerksamkeit auf die Fernsehbilder mit jeweils einer Vielzahl von Informationen lenken. Der »Lärm« von Ton und Bild soll uns mit Absicht aus dem Gleichgewicht bringen. Und wenn wir aus dem Gleichgewicht geraten, fühlen wir uns unwohl.

Bei einem gewissen Maß an Unbehagen, dessen Quelle nicht genau identifiziert werden kann, bringen viele die angestaute Frustration in Form von Ärger oder, noch wahrscheinlicher, in Form von Wut zum Ausdruck. Wenn eine verzerrte Medienbotschaft oft genug wiederholt wird, kommt es zur Gehirnwäsche – einem Vorgang, den der Psychologe Michael Langone als die »systematische Manipulation psychischer und sozialer Einflüsse« durch Lärm bezeichnet.

In unserer Welt ist es kaum jemals ruhig. Und dennoch, was passiert, wenn nur eine störende Lärmart – Düsenflugzeuge und Privatmaschinen – aus unserem Leben verschwindet? Eine unheimliche und dennoch denkwürdige Wirkung der Sicherheitsvorkehrungen unmittelbar nach der Katastrophe am 11. September 2001 war die verblüffende Ruhe, die sich für ein paar Tage über das Land legte. Kurz vor 9/11 hatte die Federal Aviation Administration (FAA; US-Bundesluftfahrtbehörde) die Anflugbahn für die aus dem Nordwesten der Vereinigten Staaten kommenden, den San Francisco International Airport ansteuernden Maschinen geändert, sodass im Sinkflug befindliche Verkehrsflugzeuge in einer Höhe von gut 5000 Metern direkt über unser Haus im Sonoma Valley flogen. Außerdem wird der Luftraum über unserem ansonsten herrlichen Fleckchen Erde (auch bekannt als Jack Londons *Tal des Mondes*) für die Ausbildung von Piloten einmotoriger

Flugzeuge genutzt. Da nach 9/11 der Luftverkehr für 48 Stunden eingestellt wurde, befanden sich in dieser Zeit keinerlei Flugzeuge in der Luft. Auch gab es so gut wie keinen Autoverkehr.

Emotional erschöpft, saßen Kat und ich einen Tag nach dem Attentat still in unserem Garten. Und da die Anthropophonie weitgehend zum Schweigen gebracht war, konnten wir einer spätsommerlichen natürlichen Klanglandschaft lauschen, wie wir sie zu jener Jahreszeit nie vernommen hatten. Goldzeisige, Junkos, Buschmeisen, Kleiber, Andenbaumläufer, Annakolibris, Hausgimpel, Rötelgrundammern und Schwalben – die Laute all dieser Vögel bildeten ein durchlässiges Stimmengewebe, das wir zum Ende des Sommers nicht vermutet hatten. Irgendwann gestanden wir uns gegenseitig, dass wir ein schlechtes Gewissen hatten, weil wir uns geistig und physisch durch die Abwesenheit des Fluglärms – der »normalen« Zeichen von Zivilisation und Handel – erfrischt fühlten. Dieselbe Verblüffung müssen Stadtkinder empfinden, wenn sie bei einem Stromausfall den Nachthimmel betrachten.

So entsetzt wir auch über die Ereignisse des vorherigen Tages waren, so genossen wir zugleich die beruhigende, entspannende Atmosphäre. Noch überraschender aber war die Zahl der E-Mails und Anrufe, die wir während und unmittelbar nach jenen düsteren Tagen von überall her erhielten, sogar aus dem fernen Europa, und deren Verfasser sich über die Friedlichkeit äußerten, die für eine kurze Zeit in den Lufträumen eingekehrt war. Alle fühlten sich durch diese Ruhe erleichtert und getröstet – und alle waren erstaunt über den Reichtum natürlicher Klänge in diesem Augenblick. Wir fragten uns beide, welche Möglichkeiten unser Land hätte zu entschleunigen, dachten über einen landesweiten Tag der Ruhe nach, an dem wir alle gemeinsam Luft holen und die akustischen Wohltaten in unseren eigenen Gärten würden genießen können.

Der Schriftsteller Garret Keizer machte einmal eine Bemerkung, die nachdenklich stimmt: Terroranschläge wie die vom 11. September 2001 führen zu einem Krieg zwischen den Lärmsignaturen verschiedener Kulturen. Die Motive der Terroristen, so meint er, könnten in dem Wunsch begründet liegen zu verhindern, dass ihnen der Lärm der westlichen Kultur mit unterdrückerischer Macht oktroyiert würde. Und er fährt fort: »Ich bezweifle, dass wir jemals in der Lage sein werden, unseren Feinden ›zuzuhören‹ oder sie dazu zu bewegen, uns zuzuhören, solange wir nicht unseren eigenen Lärm mit ihren Ohren hören.«

Wie sollen wir mit dem Lärm umgehen? Ohrenstöpsel helfen, wenn ich ein Rockkonzert oder einen Aufnahmemix durchstehen muss. Wenn mir aber etwas in die Ohren gehämmert wird, ist die Qualität der gesamten Klanglandschaft beeinträchtigt – sowohl das Signal als auch der Lärm. Die Ohrenstöpsel sind daher nur sinnvoll bei akustischen Ereignissen, die sonst schmerzhaft wären. Als die Firma Bose im Jahr 1986 Kopfhörer mit Rauschunterdrückung einführte – mithilfe der sogenannten aktiven Lärmkompensation oder ANC (Active noise control) –, ahmten sie damit ein kleines bisschen von dem nach, was unser Gehirn macht. Diese Kopfhörer entnehmen der Umgebung ständig Lärmproben und erzeugen dann die spiegelbildliche gegenteilige akustische Wellenform (+1 und -1 = 0), um den Lärm zu neutralisieren. So werden störende Hintergrundgeräusche wie etwa von einem Düsenflugzeug eliminiert. Inzwischen sind diese Kopfhörer weit verbreitet und kosten zwischen 30 und 350 Dollar. Aber solche technischen Hilfsmittel reichen nicht, um die Umgebung, in der die meisten von uns freiwillig leben, generell leiser zu machen.

Eine oft praktizierte Lösung des Problems ist die Errichtung ruhiger Gebäude für eine Atempause. Die Architektur hat schon immer die Geräuschübertragung und -kontrolle in ihre Planungen einbezogen. Ich habe bereits die mittelalterlichen Kirchenbauten erwähnt, die die Außengeräusche abschirmten und die Klänge im Inneren verstärkten. Die dieser Bauakustik zugrunde liegende Philosophie hat sich bis in die Gegenwart erhalten. Bei großen öffentlichen Projekten ist jedes Element darauf ausgerichtet, das Erlebnis des inneren Raums in gewissem Maße durch eine weitgehende Eliminierung der Außengeräusche, ob anthropophonischen oder biophonischen Ursprungs, zu regulieren. Paradoxerweise verstärken womöglich gerade diese Gebäude den Eindruck vom Geräuschpegel der Straße, womit wiederum die Notwendigkeit ruhiger Innenräume noch offensichtlicher wird. Angesichts des vorhandenen Wissens und der Mittel zur vollständigen Neugestaltung der Räume, die wir errichten und bewohnen, angesichts auch der Tatsache, dass die urbanen Räume immer dichter und lärmintensiver werden, spricht alles dafür, Gebäude zu schaffen, die die akustische Außenwelt vollständig eliminieren und die Innenräume durch die Anpassung an unsere subtileren Bedürfnisse neu definieren.

Der Schätzung einer Lärmstudie zufolge, die vor ein paar Jahren in den USA durchgeführt wurde, stieg der städtische Lärmpegel in den Vereinigten Staaten zwischen 1996 und 2005 um zwölf Prozent an. Über ein Drittel der Amerikaner klagte über Krach, und mehr als einer von zehn fühlte sich davon belästigt. Wie bereits vorherige Studien gezeigt hatten, ist das Lärmproblem so schwerwiegend geworden, dass über 40 Prozent sagten, sie wollten ihren Wohnort wechseln. Seither haben europäische, nord- und südamerikanische und viele asiatische Gemeinden eine exponentielle Zunahme des von Menschen erzeugten Lärms erlebt, weil sich die Landschaft aufgrund des Flächenbedarfs der explodierenden Bevölkerungen verändert hat. Inzwischen steigt der urbane Geräuschpegel so rasant an, dass es gefährlich sein kann, sich in Städten im Freien aufzuhalten.

Die Europäische Union hat die Auswirkungen des Lärms auf die Lebensqualität von Mensch und Tier erkannt und strenge Grenzwerte für den Lärm aufgestellt, den Autos, gemessen aus einer Entfernung von zehn Metern, ausstoßen dürfen. Zum Vergleich hier ein kurzer Überblick über verschiedene Länder:

Europäische Union: 74 dBA
Korea: 75 dBA
Australien: 77 dBA
Japan: 78 dBA
USA, Kanada, Israel: 80 dBA

In den Vereinigten Staaten stellt der Wert von 80 dBA lediglich eine Empfehlung dar – nicht eine erlaubte Höchstgrenze – und ist um den Faktor 2 höher als der EU-Grenzwert. Angesichts dessen, dass ein Teil der US-Bevölkerung jeglichen Eingriffen des Staates skeptisch gegenübersteht und gebetsmühlenartig verkündet, Lärm sei Macht, ist in absehbarer Zukunft wohl nicht mit strikteren Kontrollen und gesetzlichen Regelungen zu rechnen.

Um zu verstehen, warum heute in den USA Lärmbeschränkungen ineffektiv sind, müssen wir auf die ersten Jahre der Regierung Reagan zurückblicken. Als man 1982 die Finanzierung des Office of Noise Abatement and Control (ONAC) abrupt einstellte, wurde das Amt geschlossen, und die FAA erhielt das Exklusivrecht, die Werte für Fluglärm festzulegen. Der Noise Control Act (Lärmbekämpfungsgesetz) von 1972, infolge dessen das ONAC gegründet wurde, ist nach wie vor gültig. Darin heißt es: »Die Vereinigten Staaten verfolgen die Politik, eine Umwelt für alle Amerikaner zu fördern, die frei ist von gesundheitsschädigendem und das Wohlergehen bedrohendem Lärm.« Da jedoch das ONAC – die Abteilung, die für die Umsetzung verantwortlich war – keine staatlichen Gelder mehr erhielt, wurde die Lärmkontrolle wieder der Gerichtsbarkeit der einzelnen US-Staaten zugewiesen, die nur über geringe Ressourcen und unvollständige Dokumente verfügen und Wichtigeres zu tun haben, als sich dem Lärmproblem zu widmen.

Jeder US-Staat geht anders mit dem Thema »Lärm« um. Die meisten geben den vielen Interessengruppen und Lobbyisten nach, die natürlich Industriezweige vertreten, deren Erzeugnisse viel Lärm machen, zum Beispiel den Herstellern von Motorschlitten, Jetski, Motorrädern und Geländefahrzeugen. Die amerikanische Umweltschutzbehörde EPA, Kontrollbehörden und Aktivistengruppen fordern seit Jahren vergeblich die Wiedereinrichtung des ONAC.

Das Ergebnis all dieses Lärms ist für die meisten, dass ihr Gehörsinn beeinträchtigt wird. Da die Weltbevölkerung weiterhin von der Agrar- zur Industrie- und schließlich zur digitalen Wirtschaft übergeht, wissen die Menschen in der jeweiligen Region, dass sich ihre akustische Umwelt verändert: Autobahnen, Eisenbahn und Fabriken verändern das Land und seine Klänge drastisch. Wir befinden uns auf dem Weg zu einem allumfassenden, globalen Zeitalter der Maschine mit all dem Lärm, der damit verbunden ist. Lärm dringt in unsere Umwelten ein und verdeckt ästhetischer klingende Töne –

auch wenn John Cage einmal behauptete, jedes Geräusch sei Musik. Und Sasha Frere-Jones erklärte 2010 im *New Yorker*: »Heute ist Lärm für viele Menschen nicht unbedingt ein aggressives oder befremdendes Element; er klingt natürlicher als die Natur.«

KAPITEL ACHT

Lärm und Biophonie

ES WAR AN EINEM FRÜHLINGSTAG am Mono Lake in Kalifornien, einem See östlich des Yosemite-Tals in der Sierra Nevada, der vor über 750 000 Jahren entstanden ist. Da er keinen Abfluss hat, wurde das Wasser im Lauf der Zeit stark alkali- und zwei- bis dreimal so salzhaltig wie das Meer. Ken Norris, damals Direktor des Environmental Studies Department (Fakultät für Umweltforschung) der University of California in Santa Cruz, war nicht besonders an dem See interessiert. Viel eher wollte er wissen, ob es in den temporären Gewässern um diesen verblüffenden Ort, die nur im Frühjahr zu finden sind, stimmfähige Organismen gab. Als einer der ersten Unterstützer meiner Nischen-Hypothese regte er mich dazu an, dies mit einem Hydrofon zu prüfen. »Ich habe da so eine Ahnung«, meinte er.

Ein paar Hundert Meter südlich der Straße, die die West-Ost-Tangente an der Nordseite des Sees abseits des Highways 395 schneidet, entdeckte ich eine flache Senke, etwa 15 Zentimeter hoch gefüllt mit gerade erst geschmolzenem Schnee und Eis. Es war Ende März und tagsüber frisch, klar und warm, während es nachts noch Frost gab. Anfangs herrschte kein Wind, und abgesehen von den Schreien einiger Kaliforniermöwen, umgab uns vollkommene Ruhe. Da der sandige, poröse Boden jeden Laut absorbiert, erscheint die Hochwüste relativ still. Aber ein Geräusch ist nicht zu überhören. Wenn am Nachmittag der Schatten der hohen Berge im Westen über das Gebiet fällt, beginnen New-Mexico-Schaufelfußkröten mit ihren synchronen Darbietungen und erfüllen die Luft um die mit Wasser angefüllte Mulde mit ihrem Stimmenensemble.

Ich entrollte das Kabel und senkte vorsichtig das Hydrofon in den Tümpel, setzte meine Kopfhörer auf und schaltete den Rekorder ein – ein mittlerweile eingeübtes Ritual. Völlig unvorbereitet traf mich eine Klangexplosion in meinen Kopfhörern, eine Vielzahl von Geräuschen – leises Knistern, hohes Quieken, Knall- und Kratzlaute –, alle biologischer Herkunft, nahm ich an. Nach einer Weile durchpflügte ich mit einem kleinen Eimer und einer Schaufel, die ich für alle Fälle mitgenommen hatte, das Schlammwasser und entdeckte dabei Gemeine Rückenschwimmer, Insektenlarven und Kaulquappen, die den Wasserstimmen, die ich soeben eingefangen hatte, ein Gesicht gaben. Dann schloss ich ein Mikrofon an einen Kanal meines Verstärkers und das Hydrofon an einen anderen an. Auf diese Weise wollte ich herausfinden, ob die Amerikanischen Schaufelfußkröten ihre Laute nicht nur außerhalb des für ihre Existenz unabdingbaren Wasserhabitats, sondern gleichzeitig auch in demselben übermittelten.[1] Sie tun es. Es war ein beglückendes Erlebnis, auf dieses Phänomen zu stoßen (und unter den Ersten zu sein, die Zeuge davon wurden). Wieder einmal hatte Norris das richtige Gespür gehabt.

New-Mexico-Schaufelfußkröten sind wundersame Geschöpfe. Als ich bei der California Academy of Sciences als Assistent arbeitete, ging ich einmal zu einer Besprechung in das Labor des bekannten Ornithologen Luis Baptista. Dabei war ich ein wenig zu früh dran. »Sehen Sie das hier?«, fragte er mich aufgeregt, ohne mich richtig begrüßt zu haben. Er deutete auf ein Glasgefäß, dessen Inhalt aussah wie ein kleines Dolma – das aus der griechischen Küche bekannte gefüllte Weinblatt. »Es ist ein Tierpanzer mit einer Kröte darin. Sie steht seit fünf Jahren auf meinem Schreibtisch, ohne je Wasser oder Nahrung bekommen zu haben, und ist immer noch am Leben.«

»Wie ist das möglich?«, fragte ich skeptisch. »Ich wusste gar nicht, dass Sie sich für Kröten interessieren.« Ohne darauf zu reagieren – Baptista studierte alles –, stand er von seinem Schreibtisch auf, nahm das Glas und ging mit schnellen, schwungvollen Schritten zum Waschbecken. Er füllte das Glas gut einen halben Zentimeter mit Wasser – sodass ein Teil des Panzers untergetaucht war – und stellte es auf den Tisch. Danach gingen wir zum Mittagessen. Als wir ein paar Stunden später in das Labor zurückkehrten, war nach fünf Jahren in dem Glas eine Schaufelfußkröte zum Vorschein gekommen – lebendig.

Unter optimalen Bedingungen, wenn der winterliche Niederschlag, der sich auf der Wüstenoberfläche angesammelt hat, absinkt und die Feuchtigkeit die einen Meter unter der verhärteten Oberfläche vergrabenen Kröten erreicht, sprengen sie ihre Umhüllung und wühlen sich mit ihren schaufelartigen Füßen an die Oberfläche, um sich zu paaren, Eier zu legen und sie auszubrüten. Zunächst aber sammeln sie sich um die oben beschriebenen temporären Teiche, um in gut aufeinander abgestimmten Chören ihre Stimmen erklingen zu lassen. Wenn der Brutzyklus vollendet ist, graben sie sich wieder etwa einen Meter tief in das schwierige Terrain hinein, wo sie in einer nahezu undurchdringlichen Membran verharren – manchmal jahrelang –, bevor sie hochkrabbeln, um erneut ihre kurze Brutperiode zu durchlaufen. (Eine Amerikanische Schaufelfußkröte hat in der freien Natur eine Lebensspanne von elf bis dreizehn Jahren.)

Früher schrieb man den Lautgebungen der Schaufelfußkröte zwei Funktionen zu: die Werbung um eine Partnerin und den Schutz des Reviers. Dabei wurde jedoch eine weitere wichtige Aufgabe übersehen, die mit ihrem Überleben zu tun hat: Ein synchron singender Chor garantiert eine nahtlos schützende akustische Textur. Wenn alle Kröten gemeinsam ihre Stimmen erklingen lassen, tun sich akustisch orientierte Raubtiere wie etwa Füchse, Kojoten und Eulen schwer, ein Opfer anzugreifen, weil die Tiere als Einzelne nicht auszumachen sind. Wenn aber die pulsierende, rhythmische Struktur verloren geht und die einzelnen Kröten versuchen, ihren Platz im Chor wiederzufinden und damit identifizierbar werden, kann die Hölle ausbrechen. Raubvögel und Hundeartige warten nur auf solche Augenblicke.

Das Singen im Chor dient also unter anderem dazu, Raubtiere fernzuhalten. Innerhalb der begrenzten Welt der Spezies selbst hören die Kröten alle Stimmen als voneinander unterschieden. Die stimmlichen Charakteristika eines Schaufelfußkrötenindividuums sind so einzigartig, dass es in der Lage ist, ziemlich aggressiv um Partnerinnen zu konkurrieren und zugleich die Integrität und das Überleben der Gruppe zu sichern, indem es dem Chor seine Stimme leiht. Mit unserer begrenzten Fähigkeit, im akustischen Bereich subtile Unterschiede zu erkennen, können wir die jeweiligen stimmlichen Eigenheiten der Individuen nur schwer erkennen. Durch das gemeinsame Handeln genießt jede einzelne Stimme in der Menge ein gewisses Maß an Anonymität und Schutz.

Abbildung 10 zeigt den Stimmenchor der Schaufelfußkrö-

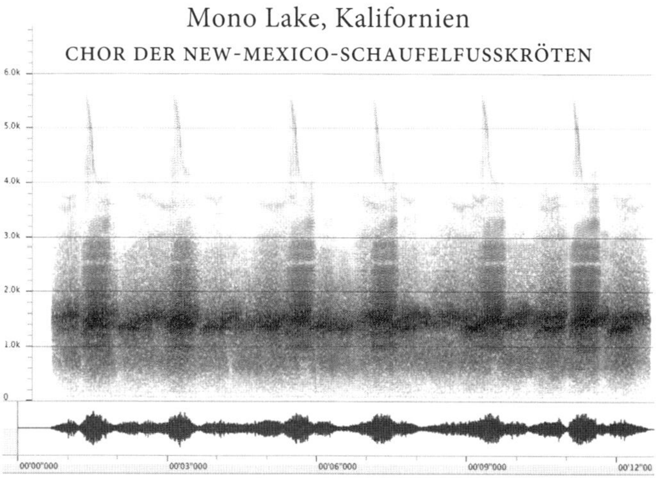

Abbildung 10. Synchrone Stimmen der New-Mexico-Schaufelfußkröten (Spea intermontana).

ten ohne jeden Bruch in der Abfolge und ohne Störung durch von Menschen erzeugten Lärm. Hier erzählen die gemeinsamen Stimmen Dutzender Kröten in etwa zehn Sekunden – der Länge des Audioclips, von dem dieses Spektrogramm stammt – eine eindrucksvolle Geschichte. 8.1

Abbildung 11 zeigt den Ausgang der Geschichte. An diesem 10-Sekunden-Clip sehen wir, was geschieht, wenn ein Düsenjäger fast sechs Kilometer westlich des Aufnahmestandorts im Tiefflug über das Gebiet fliegt und mit seinem dröhnenden Lärm – unsere Messstation zeigte etwa 110 dBA an – die Stimmen der Kröten beeinflusst. Im Spektrogramm lässt sich die Signatur des Flugzeugs mit unter 1 kHz am unteren Rand erkennen. Beachten Sie die Abbrüche im Chorgesang und die Abnahme der Energie in der Krötengruppe. Weitaus weniger robust als der Chor in Abbildung 10, bricht dieser im oberen

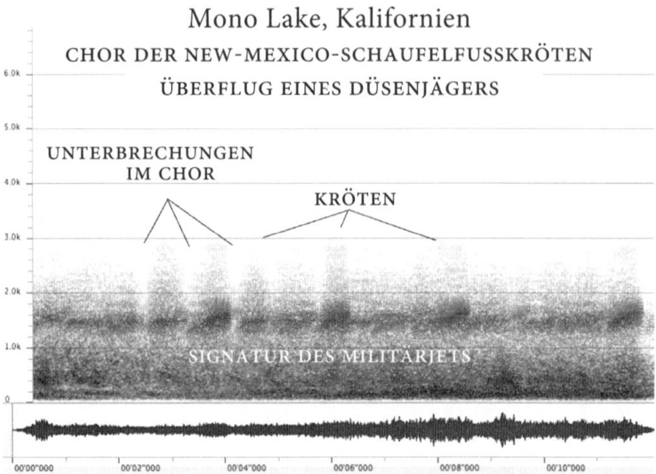

Abbildung 11. Durch den Überflug eines Düsenjägers gestörter Chor der New-Mexico-Schaufelfußkröten.

Bereich ab und bietet so einen Augenblick lang Raubtieren die Gelegenheit zuzuschlagen. In diesem Fall brauchten die Kröten eine ganze Weile, ihre schützende akustische Verbindung untereinander wiederherzustellen – zwischen 30 und 45 Minuten nach Abebben des Fluglärms –, und meine Frau und ich beobachteten von unserem nahe gelegenen Lager aus, wie sich unter dem vom Mond erleuchteten Himmel zwei Kojoten und ein Virginia-Uhu auf ein paar Kröten stürzten, während diese versuchten, die Stimmensynchronizität wiederherzu-
8.2 stellen.

Nicht nur die Laute einer einzelnen Spezies – die mit Paarung, Revier, Kommunikation oder Schutz vor Räubern zu tun haben – werden durch Lärm beeinträchtigt. Vom Menschen erzeugter Lärm wirkt sich auf ganze Biophonien aus.

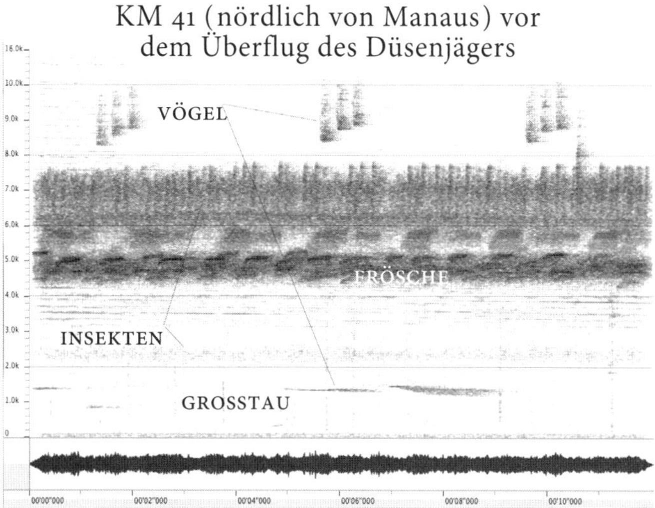

Abbildung 12. Amazonasgebiet: Biophonie im Übergang von der Morgendämmerung zum Vormittag.

Als ich Anfang der 1990er-Jahre an einem Vormittag Aufnahmen im Amazonasgebiet machte, flog eine mehrmotorige Maschine in einer Höhe von 600 bis 900 Metern direkt über unseren Standort hinweg. Das Dröhnen war so laut, dass es den Chor von Vögeln und Insekten vollständig zum Verstummen brachte. Als wir uns die Wirkung des Lärms auf die Klanglandschaft ansahen, entdeckten wir, dass die Störung viele Tiere dazu gebracht hatte, sich überhaupt nicht mehr stimmlich zu artikulieren, und andere ihr Muster deutlich veränderten. Der momentane Einbruch in die zuvor intakte Biophonie bot Räubern wie etwa Falken oder im Habitat lebenden Säugetieren die Möglichkeit, Beute zu machen, da der Zeitraum, in dem der Chor der Vögel und Insekten beeinträchtigt war, lang genug war.

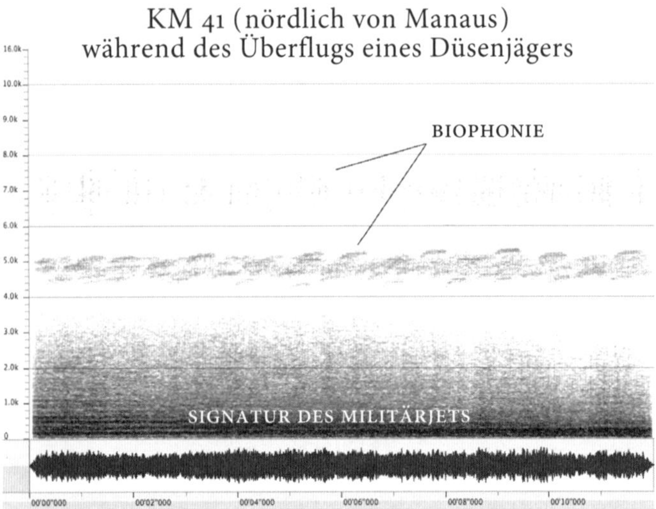

Abbildung 13. Zwei Minuten später, während des Überflugs des Düsenjägers, am selben Ort wie bei Abbildung 12.

Abbildung 12 ist das Spektrogramm eines zwölf Sekunden dauernden Soundclips, der die normale Biophonie des Chors tagaktiver Lebewesen im Übergang von der Morgendämmerung zum Vormittag zeigt. Beachten Sie die feinen biophonischen Muster der Insekten-, Frosch- und Vogelstimmen.
8.3 Abbildung 13, das Spektrogramm eines ebenfalls zwölf Sekunden langen Clips, wurde etwa zwei Minuten später als Teil derselben Sequenz aufgezeichnet. Hier sieht man, wie die Biophonie wegen eines über das Habitat fliegenden Flugzeugs unterbrochen und in ihrer Ganzheit zerstört wird. Da der Düsenjäger sehr tief flog, dauerte es nur gut fünf Minuten, bis der Lärm ganz verebbt war. Wäre er in größerer Höhe geflogen, hätte er wahrscheinlich noch mehrere Minuten länger
8.4 nachgeklungen.

Wie im Amazonasgebiet werden allmählich auch in der kalifornischen Sierra Nevada die Auswirkungen von Lärm auf die Biophonien erkannt. Anfang der 2000er-Jahre erhielt ich zusammen mit Stuart Gage von der Michigan State University und ein paar anderen Kollegen den Auftrag für eine erste, auf ein Jahr angelegte Klanglandschaftsstudie in den Nationalparks Sequoia und King's Canyon – einem großen Naturschutzgebiet, das nicht so bekannt ist wie Yosemite, aber nicht weit von diesem entfernt in südlicher Richtung liegt. Wir wollten einen Grundstock von Klanglandschaftsaufnahmen über alle vier Jahreszeiten und von vier verschiedenen Orten anlegen. Während unserer dritten Phase Ende Mai, als wir gerade unsere Mikrofonsysteme aufgestellt hatten, um die Dynamik eines Frühlingschors in der Morgendämmerung zu messen, flog eine Formation von Militärjets des Typs F-18 von der nahe gelegenen Lemoore Naval Air Station über uns hinweg. Obwohl sich die Maschinen in einer Höhe von über 3200 Metern befanden, brachte das tieffrequente Grollen am einen Ende des Spektrums im Verein mit dem Heulen der in Hochgeschwindigkeit fliegenden Maschinen die Biophonie mit einem Schlag zum Verstummen. Als der Lärm sechs bis sieben Minuten später aufhörte, blieb es noch eine ganze Weile still – und danach erreichte der Chor der Morgendämmerung nicht mehr jenen Umfang, den wir zuvor aufgezeichnet hatten.

David Graber, wissenschaftlicher Leiter des National Park Service, Region Pacific West, der seinen Sitz in den Parks Sequoia und King's Canyon hat, erklärte uns, sowohl die Artenvielfalt als auch die Gesamtzahl der Vögel seien in den fast zwei Jahrzehnten, seit er dort sei, zurückgegangen. Da der Park mehrere Jahre lang einer starken Luftverschmutzung aus Richtung des im Norden gelegenen Central Valley ausgesetzt gewesen sei, eine Dürreperiode, ein messbar wärmeres Klima und eine beträchtliche Zunahme des Lärms von Motorfahrzeugen aller Art sowie von Düsenmaschinen erlebt habe, die von dem Luftwaffenstützpunkt im nahe gelegenen Visalia starteten, sei er sich nicht sicher, welche Kombination von Faktoren die Ursache dafür sei. Und während anfangs die Kröten- und Froschpopulationen abgenommen hatten, hatte sich die Zahl mancher Arten anscheinend stabilisiert. Nachdem Graber das Lärmproblem bewusst geworden war, unterstützte er unsere Studie, weil sie Lärm als ein spezifisches Problem thematisierte und die Ergebnisse möglicherweise zu neuen politischen Empfehlungen führen könnten.

Bei unseren Aufnahmen im Sequoia-Park verwendeten wir neue Techniken und neue akustische Modelle, mit denen wir, wie wir hofften, ein breites Spektrum jener Faktoren erfassen konnten, die die natürliche Klanglandschaft beeinträchtigten. Dazu gehörten alle von Graber genannten Einflussfaktoren sowie die landschaftliche Struktur des Habitats und seine jeweiligen biotischen Eigenarten (wir arbeiteten gleichzeitig an vier verschiedenen Stellen im Park: im Eichenwald, im Unterholz am Rand, an Gewässern und in alpinen Zonen). Bei unseren jeweiligen Aufnahmesessions bestätigten sich allmählich die Verluste, die viele von uns schon seit einiger Zeit instinktiv gespürt hatten. An allen Orten im Westen der USA, wo ich Aufzeichnungen gemacht hatte und wohin ich später für erneute Aufnahmen zurückkehrte, stellten wir Veränderungen fest wie etwa eine Abnahme der Vogelarten und die Verminderung ihrer absoluten Zahl, wie an unserer Arbeit in Jackson Hole gut ablesbar ist. Schon die ersten in Sequoia gesammelten Daten wiesen darauf hin, dass selbst entfernte Lärmquellen das Morgenkonzert vieler Biome in Hörweite unterbrachen – alle zur selben Zeit und viele mit kumulativer Wirkung. Und obwohl wir keine automatischen

Beobachtungsstationen hatten, mit denen wir diese These damals hätten objektiv beweisen können, schien eine Veränderung im biophonischen Mix eines Habitats einen ähnlichen bioakustischen Effekt auf andere Lebensräume in der Nähe zu haben.

Die Sammlungen von Langzeitaufnahmen, die wir anlegen, zeigen Stück für Stück eine deutliche Abnahme der Populationsdichte, der Artenvielfalt und der Klangfülle vieler Arten in zahlreichen Habitaten etwa in Afrika, Alaska, im Amazonasbecken, Costa Rica und im amerikanischen Westen. Doch wir haben noch zu wenig Kenntnisse über die Funktionsmechanismen, die das Maß der Erholung von den beschriebenen Lärmstörungen bestimmen (falls sich die Biophonien überhaupt wirklich regenerieren). Wie bereits erwähnt, blüht die natürliche Klanglandschaft manchmal – wenn das betreffende Biom physisch intakt ist und nur zwischenzeitlich durch Anthropophonie beeinträchtigt wird – schon wenige Minuten nach einem Lärmereignis wieder auf. Aber je nach der relativen Wirkung des menschlichen Eingriffs in das Habitat kann dies auch viel länger dauern – eine Stunde, einen Tag oder sogar Jahre.[2] Wie von vielen Naturforschern konstatiert wurde, haben sich bestimmte Vogelarten wie etwa Stare, Habichte, Krähen, Spatzen und Rotkehlchen sowie einige Säugetiere, zum Beispiel Kojoten und sogar hier und dort ein Puma, die in und um laute städtische Gebiete leben, an den Krach, den wir erzeugen, gewöhnt. Allerdings verfügen wir über keine genauen Daten, wie ihnen dies gelungen ist. Jedenfalls ist zu beobachten, dass sich Wildtiere mit dem Schwinden einst naturbelassener Habitate zunehmend in der Nähe menschlicher Siedlungen oder an deren Rändern niederlassen.[3]

Als ich mich in den 1960er-Jahren erstmals in die freie Natur hinausbegab, spielte Lärm kaum eine Rolle. Da aufgrund der analogen Geräte die Zeit für die Aufnahmen begrenzt war, mussten wir selektiv vorgehen. Doch obwohl wir für die kurze Aufnahmezeit vor Ort so viel Zeug herumschleppen mussten, fiel es uns nicht schwer, ideale Plätze zu finden, weil viele Habitate noch intakt waren. Außerdem war bei den kurzen aufgenommenen Sequenzen die Wahrscheinlichkeit einer Störung von außen geringer.[4]

Mit den leichter tragbaren digitalen Audiomagnetbändern (DAT, Digital audiotape), die Ende der 1980er-Jahre auf den Markt kamen, fingen wir auch mehr Lärm ein, teils weil mehr Lärm da war, teils aber auch, weil uns diese Technik längere Aufnahmesequenzen ermöglichte. Damit wurde Lärm zu einem schwerwiegenden Problem, weil er die protomusikalischen Strukturen zerstörte, aufgrund deren die Biophonien so schön anzuhören waren. Quasi mit jeder Woche verbesserte sich die Software für die Verarbeitung der Aufzeichnungen, sodass es leichter wurde, mit größeren Mengen umzugehen und sie zu speichern. Als es uns gelang, deutlich identifizierbare natürliche Klanglandschaften zu erhalten, war unser Material daher robuster denn je.

Mit den heute zur Verfügung stehenden solarbetriebenen digitalen Geräten, die keine sich bewegenden Teile mehr enthalten (lediglich Flash-Speicher), benötigen wir nicht nur keine Bänder mehr, sondern sind auch nicht mehr ausschließlich auf Festplatten angewiesen, um unsere Daten zu speichern. Wir können an einem bestimmten Ort beliebig viele Rekorder aufstellen und jeweils Hunderte Stunden lange Aufnahmen an einem Stück machen – manche Geräte wiegen gerade einmal ein Kilogramm und liefern Qualitätsaufnahmen, die um etliches besser sind als die, die wir vor 15 Jahren mit der besten und teuersten Ausrüstung machten. Heute hören wir alles: das Gute und das Schlechte.

Die Anfänge der musikalischen Geschichte des Menschen sind noch hörbar im Gemurmel und in den Seufzern einiger verbliebener Primärwälder. An manchen sehr entlegenen Stellen haben sich die orchestrierten Stimmen seit der Existenz des Menschen, die, geologisch betrachtet, nur die Dauer eines Lidschlags ausmacht, nur mäßig verändert. Doch der darin verborgene Reichtum der akustischen Informationen ist nicht mehr so leicht vernehmbar, da die Biophonien häufig überlagert werden. Die Auswirkungen von Lärm auf meine Arbeit haben exponentiell zugenommen. Leider muss ich sagen, dass ich aufgrund des Verlusts an Habitaten durch die Erschließung von Baugelände oder Rohstoffabbau heute über zweihundertmal mehr Zeit benötige, um eine Stunde lärmfreies Aufnahmematerial zu erhalten, als vor etwa 40 Jahren zu Beginn meiner Tätigkeit als Bioakustiker. Die wirklich naturbelassenen Gebiete nehmen zahlenmäßig ab, und fast überall befinden sich menschliche Wohnstätten oder Industrie in solcher Nähe, dass die Anthropophonie beinahe immer hörbar ist. Auf der Grundlage jahrelanger Erfahrungen mit Aufnahmen in der Natur und der Kenntnis dessen, wie viel ungestörten Klang ich in einer Stunde zusammenbekomme, vermute ich, dass in 80 bis 90 Prozent solcher Biome über den Großteil der Zeit Anthropophonie zu hören ist.

Aber der Lärm vermindert nicht nur unsere Chancen, Wildnis zu erleben, auch das Verhalten der Lebewesen selbst verändert sich durch den Stress, den Lärm auslöst. Aus der Beobachtung in Gefangenschaft gehaltener Wildtiere wissen wir, dass sie durch urbane Klanglandschaften stark beeinträchtigt werden. (Natürlich bringt die Gefangenschaft selbst Stress mit sich und führt zu Verhaltensproblemen). Als beispielsweise 1993 ein Düsenjäger bei einem routinemäßigen Übungsflug über den Frösö-Zoo in Schweden – etwa 500 Kilometer nördlich von Stockholm – raste, gerieten Tiger, Luchse und Füchse in Panik. Die Tiere zerfleischten und fraßen insgesamt 23 ihrer Jungen, darunter auch fünf seltene Sibirische Tigerbabys. In dem Versuch, ihren Nachwuchs vor der Lärmattacke zu schützen, griffen die verängstigten Raubtiere zum Kindsmord.

Scott Creel, Professor an der Montana State University, veröffentlichte 2002 eine inzwischen berühmte Studie über die Auswirkungen von Motorschlittengeräuschen auf Wölfe und Wapitihirsche in den Nationalparks Yellowstone, Isle Royale und Voyageurs. Creel und seine Kollegen untersuchten den Glucocorticoidgehalt im Kot von Wölfen und Wapitis, der einen Hinweis auf den Stress liefert, unter dem die Tiere stehen. Die Ausscheidung von Glucocorticoiden ist eine klassische endokrine Reaktion auf Stress, und der Anstieg dieser Enzyme, der bei vielen Säugetieren festgestellt wurde, geht mit starkem Bluthochdruck einher. In der Studie heißt es, der Gehalt jenes Enzyms im Kot beider Gruppen sei direkt proportional zum Lärmpegel gestiegen. Waren keine Motorschlitten unterwegs, fiel der Glucocorticoidgehalt auf das normale Niveau zurück. Obwohl klar war, dass der Lärm Stress auslöste, kamen die Autoren zu dem Schluss, dass er sich noch nicht auf die Populationsentwicklung der beiden Gruppen ausgewirkt habe. (Die Studie wurde übrigens zum Teil von der Holzwirtschaft in Michigan finanziert.)

Wenn Lärm in eine Klanglandschaft eindringt und die normale akustische Dynamik eines Bioms zerstört, reagieren die Tiere meist irritiert. Eines der ersten Anzeichen besteht darin, dass sie entweder verstummen oder, je nach Art des Lärms, durch Alarmrufe Angst zum Ausdruck bringen.

Manche Tiere sind deutlicher betroffen als andere. Im Spektrogramm stellt man dann häufig den Ausfall einer Reihe von Insekten fest. Bei besonders aufdringlichem Lärm mit einer größeren Bandbreite hören auch Frösche, Vögel und Säugetiere auf, sich stimmlich zu artikulieren. In einem Regenwald müssen Raubvögel, große Wildkatzen und andere Räuber, die subtile Veränderungen in der Klanglandschaft registrieren, ihr Verhalten anpassen, da es schwieriger für sie wird, ihre Beute zu hören, und für die Beutetiere wiederum ist es schwieriger, die leisen Hinweise auf einen möglichen Angriff zu erkennen. In marinen Milieus führt Lärm dazu, dass Fische aversives Gruppenverhalten zeigen, wie viele von uns schon erlebt haben: Wenn wir an die Glaswand eines großen Aquariums klopfen, in dem sich Schwarmfische derselben Art befinden, wird der Schwarm als Ganzer sofort in die der Lärmquelle entgegengesetzte Richtung abdrehen. Lärm kann auch das Immunsystem von Säugetieren und Fischen schwächen – wie es wahrscheinlich bei Wapitis und Wölfen der Fall ist, die dem Lärm von Motorschlitten ausgesetzt sind –, das natürliche physiologische Resultat eines hohen Stresshormonspiegels. Und wo das Lärmsignal besonders laut ist, kann es zu dauerhaften physischen Schäden oder sogar zum Tod führen.

In den schwersten Fällen, also dort, wo der Lärm die Toleranzschwelle übersteigt, schwimmen viele Wal- und Robbenarten an Land und sterben. Da in Meeresmilieus eindringende Geräusche, die nicht durch Landmassen behindert werden, sehr große Distanzen überwinden können, kann mechanisch oder elektronisch erzeugter Lärm unter Wasser zu ganz besonderen Problemen führen. Ein Beispiel hierfür ist der hohe Geräuschpegel, den das U.S. Navy Low Frequency Active Sonar (LFAS, tieffrequentes aktives Sonar der US-Kriegsmarine) erzeugt, vermutlich einer der Faktoren, die für den

Tod der Cuvier-Schnabelwale vor den Bahamas und im Mittelmeer verantwortlich sind. Kurz nach dem Untergang der *Titanic* im Jahr 1912 experimentierten Forscher in Großbritannien und Kanada mit tieffrequenten Vermessungsgeräten und entwickelten eine einfache Art von Oszillatoren und Hydrofonen, die zu Beginn des Ersten Weltkriegs zur Erkennung von U-Booten verwendet wurden. Bis zum Zweiten Weltkrieg wurde die sogenannte Sonar-Technik (ein Akronym für »Sound Navigation and Ranging«, Schall-Navigation und -Entfernungsbestimmung) für den Bergbau und Schiffe weitgehend verbessert und verfügte über einen ziemlich genauen Empfang. Wie bei der Echoortung der Fledermäuse sandten hierbei Unterwasserakustiker ein Signal aus, das, wenn es von einem Objekt zurückgeworfen wurde, (durch das zurückkehrende Differenzsignal) half, die Entfernung des Objekts zu bestimmen und ob es statisch oder in Bewegung war. Und wenn es sich bewegte, in welche ungefähre Richtung und mit welcher Geschwindigkeit.

Aufgrund bahnbrechender Entwicklungen im Schiffsbau während des Kalten Kriegs wurden die Marineschiffe erheblich leiser und damit schwerer identifizierbar. Folglich waren präzisere Geräte für die Ortung notwendig. In den 1980er-Jahren entschied sich die amerikanische Kriegsmarine für das genannte LFAS als Alternative zu den älteren Modellen. Ohne jede Umweltverträglichkeitserklärung umging die Navy die übliche Genehmigungspflicht nach dem Endangered Species Act (ESA; Gesetz über gefährdete Tierarten) und dem National Environmental Policy Act (NEPA, Gesetz zur Umweltverträglichkeitsprüfung) und führte erste Tests durch. Nachdem im Jahr 1996 die Zahl gestrandeter Wale angestiegen war und es zu öffentlichen Protesten kam, erklärte sich die amerikanische Kriegsmarine bereit, die Wirkung der

LFAS-Geräusche auf die Umwelt, insbesondere die Reaktion von Meeressäugern, durch ein Forschungsteam überprüfen zu lassen. Bei dem sogenannten Scientific Research Program (SRP; Wissenschaftliches Forschungsprojekt) wirkten sowohl Regierungsbeamte als auch Wissenschaftler mit. Sie kamen zu dem Ergebnis, dass das Gerät der US-Marine die Lautstärke von 235 dB überstieg. Noch in einer Entfernung von fast 500 Kilometern von der Quelle wurden 140 dB gemessen, ein potenziell schädlicher und für viele Meereslebewesen sogar tödlicher Wert. Im Jahr 2003 verfügte ein Richter am Bundesgerichtshof in San Francisco, die US-Kriegsmarine müsse das Gerät dahingehend verändern, dass die Meeresfauna keinen Schaden erleide.

Im Jahr 2001 schrieb Ken Balcomb, ein Walforscher und Gründer des Center for Whale Research in Friday Harbor, Washington, einen offenen Brief an den Leiter des LFAS-Programms:

> Wenn Cuvier-Schnabelwale via LFAS oder Echolote mittlerer Reichweite hochintensivem Sonar in ihrer Luftraumresonanzfrequenz ausgesetzt werden, kann dies Schmerzen auslösen und lebensbedrohlich sein. Stellen Sie sich einen Fußball vor, der einzig durch den Luftdruck zur Größe eines Tischtennisballs zusammengequetscht wird. Stellen Sie sich weiter vor, dass sich dieser Tischtennisball Hunderte Male pro Sekunde zusammenzieht und wieder ausdehnt. Dann stellen Sie sich vor, dieser Tischtennisball befinde sich in Ihrem Kopf, zwischen Ihren beiden Ohren. Genau das erlebten die Cuvier-Schnabelwale, als die Navy im März 2000 in den Bahamas Sonartests durchführte. Luftraumresonanzphänomene führten zu Gehirnblutungen, der Ursache für die Massenstrandung vor den Bahamas.[5]

Die tödliche Wirkung des LFAS – das extrem hohe Signalpegel zwischen 20 und 100 Kilometer weit übertragen kann – wirkt sich auf Schnabelwale und andere Meeresbewohner wie Delfine, Zwergwale, Orcas und Fische aus.

Aber das Sonar ist nicht das einzige anthropophonische Element, welches das Leben im Meer beeinträchtigt. Während ich mich auf meine Promotion vorbereitete, beteiligte ich mich an einer Untersuchung im Auftrag der Nationalparks in der Glacier Bay in Alaska. Wir wollten herausfinden, warum die Buckelwalpopulationen in der Bucht trotz reicher Nahrungsvorkommen zurückgingen. Man hatte beobachtet, dass die Buckelwale vor großen Touristenschiffen davonschwammen, deren Maschinen und Schiffsschrauben enormen Lärm erzeugten. Die Tiere verbargen sich in den akustischen Schatten von Inseln oder großen Eismassen, die sich vom Gletscher gelöst hatten. In dem Bericht wurde der Schluss gezogen, dass ungedämpfte Schiffsgeräusche eine der wichtigsten möglichen Ursachen für die Abnahme der Populationen waren. Der Bericht wurde jahrelang nicht veröffentlicht, weil, so Charles Jurasz aus Juneau, Biologielehrer und Naturforscher sowie Projektleiter der Studie, der damalige Innenminister James Watt den National Park Service angewiesen hatte, die Ergebnisse unter Verschluss zu halten. Wegen der möglichen negativen Auswirkungen auf den touristischen Schiffsverkehr in der Bucht folgte der Parkservice der Anweisung. Jurasz erhielt später keine Genehmigung, seine Daten in der Glacier Bay zu bestätigen oder eine Folgestudie durchzuführen. Er hatte mehrmals vergeblich versucht, die notwendige Erlaubnis zur Fortsetzung seiner Arbeit zu erhalten. Jurasz war am Boden zerstört. Immerhin wurde er kürzlich von der National Oceanic and Atmospheric Administration für seine bahnbrechenden Studien zum »Bubble-Netting« der

Buckelwale und seine Bestimmungsbemühungen ausgezeichnet.[6]

In den letzten Jahrzehnten wurde der von Handelsschiffen in der Glacier Bay ausgestoßene Lärm durch weniger stark vibrierende Motoren, Verkleidungen und Schiffsschrauben ein wenig gemindert. Laut jüngeren Berichten haben die Walpopulationen wieder ihre »nahezu normale« Stärke erreicht. Allison Banks und Chris Gabriele, Mitarbeiter des National Park Service in Bartlett Cove in der Glacier Bay, erzählten mir im Juni 2010, dass die Buckelwalpopulationen wieder wachsen und gedeihen.[7]

In einer kürzlich veröffentlichten Studie über Meeresanthropophonie hat Hans Slabbekoorn vom Biologischen Institut der Universität Leiden nachgewiesen, dass Industriegeräusche mit kurzer Dauer – etwa Detonationen und Schallimpulse beim Sonar – Fische schädigen können. Anders als Meeressäuger, die Klänge empfangen und verarbeiten und sich stimmlich artikulieren, haben viele Fischarten, wie bereits erwähnt, zwei Organe für die Erkennung von Druckwellen im Wasser. Eines ist das Innenohr – sie haben kein Mittel- und kein Außenohr –, das Frequenzen im Tausender-Hertz-Bereich wahrnehmen kann. Das andere ist die Seitenlinie – ein dünnes Organ, das in einem geraden, schmalen Strich von den Kiemen bis zum Schwanz verläuft und niedrigfrequente Klangwellen, gewöhnlich unter 100 Hz, empfängt.

Geräusche längerer Dauer wirken sich womöglich auf größere Bereiche und zahlreiche Spezies aus. Slabbekoorn stellte fest:

> Kürzlich durchgeführte Experimente belegen eindeutig, dass Geräusche die Partnerwahl von Fischen beeinflussen können. Weibliche Haplochromis-Buntbarsche, die die

> Wahl zwischen zwei Männchen gleicher Größe und Farbe hatten, zogen die Interaktion mit dem Männchen vor, bei dem artgenössische Klänge abgespielt wurden … [aber] es wurde vermutet, dass die Geräusche vorbeifahrender Schiffe die Erkennungsdistanzen bis auf ein Hundertstel verringerten. Überblendung, die eine Verminderung der Erkennungsdistanz oder des sogenannten aktiven Raums nach sich zieht, kann die Partneranziehung verhindern.

Lärm stört also unter Umständen die sexuelle Selektion, Brutzyklen und die Dynamik von Tierpopulationen – in welchem Maße, ist allerdings noch unklar.

Es gibt mehrere Veröffentlichungen über die neuen Lärmstudien des National Park Service. Dazu gehören auch die in den Jahren 2009 und 2011 von Jesse Barber, Kevin Crooks und Kurt Fristrup durchgeführten Untersuchungen zu den Auswirkungen von Lärm auf die »effektive Hörfläche«, also auf jenen Bereich, in dem stimmliche Signale von Tieren gehört und beantwortet werden können. Beide Studien zeigen jeweils auf unterschiedliche Art und Weise, dass schon bei lediglich minimalen Veränderungen des Lärmpegels (etwa bei einer Erhöhung um 3 dB durch einen Windpark, durch Flugzeuge oder Straßenverkehr) die Hörfläche (die Fähigkeit der untersuchten Tiere, die Signale ihrer jeweiligen Biophonie zu empfangen) um 30 Prozent abnahm. Diese Studien sind deshalb von großer Bedeutung, weil sie nicht mehr nur wie zuvor das Lärmproblem in Bezug auf das behandeln, was Menschen mit technischen Hilfsmitteln oder durch direktes Zuhören wahrnehmen können. Mit anderen Worten, früher richtete sich das Interesse auf »hörbaren Lärm«, meist von Flugzeugen, ohne dass ebenso wichtigen Fragen wie der nach der Wirkung auf die Tierwelt, auf ihr Kausalverhalten und den Folgen für die Besucher Beachtung geschenkt wurde. Die neuen Studien hingegen widmen sich mehr und mehr der Frage, inwiefern die Anthropophonie lebende Organismen aller Art beeinträchtigt und welche spezifischen Arten von Fluglärm (oder andere Lärmarten) das Verhalten der Tiere und das Erleben der Besucher beeinträchtigen.[8] Als sich die Forscher endlich diesen fundamentalen Fragen widmeten, untersuchten sie das Ursache-Wirkungs-Verhältnis in einem größeren Rahmen und nahmen den Gedanken ernst, dass verschiedene Spezies durch verschiedene Lärmarten, zu verschiedenen Tages- und Nacht- sowie Jahreszeiten unterschiedlich beeinträchtigt werden.

In meiner Kindheit fuhren meine Eltern einmal während der Herbstferien mit meiner Schwester und mir in die schneebedeckten Täler des Yellowstone-Nationalparks. Als wir etwa in der Mitte zwischen dem Eingang West Yellowstone und dem Geysir Old Faithful mit Blick in ein breites Tal standen, umfing uns, obwohl die Straße nicht weit entfernt war, eine Stille, die nur unterbrochen wurde von dem reichhaltigen Repertoire von Raben und den Lautgebungen von Hähern, Elstern, Ohrenlerchen, Wapitis und anderen Vierbeinern, die in die unteren Regionen gelockt wurden, weil sie dort geschützter waren und mehr Nahrung fanden. Zeitweise war es so still, dass wir, wenn auch nur ungefähr, Organismen irgendwo in den Schneefeldern anhand ihres Atems ausmachen konnten. Noch subtiler war die weiche Raumtextur, die durch entfernte Flüsse und die sanfte Brise in den Kronen der Koniferen erzeugt wurde. Noch heute träume ich von jenem bezaubernden Augenblick.

Das letzte Mal, als ich dort war – im Februar 2002, an derselben Stelle, wo meine Eltern vor einem halben Jahrhundert

neben der Straße verweilt hatten, um den Klängen des Winters zu lauschen –, war die einstige Magie verschwunden, zerstört durch Maschinenlärm und Smog. Vor Kurzem wurde das Problem mit den Motorschlitten durch Lärm- und Geschwindigkeitsbeschränkungen bis zu einem gewissen Grad eingedämmt. Ferner wurden Allradfahrzeuge verboten und die Zahl der Fahrzeuge begrenzt, die zu einer bestimmten Zeit im Park erlaubt waren. Dennoch ist niemand ganz zufrieden mit dem jetzigen Zustand. An einem Extrem – wenn überhaupt von einem »Extrem« die Rede sein kann – wollen Umweltschützer überhaupt keine Motorschlitten oder Motorräder ohne Schalldämpfer in den Parks. Auf der anderen Seite möchten sich die Motorschlittenfahrer nicht den Geschwindigkeitsbegrenzungen und der Pflicht, sich in Konvois zu bewegen, unterwerfen, die sie als Einschränkung ihrer individuellen »Freiheiten« betrachten. Dennoch wäre eine Lösung denkbar: Unmittelbar an den Grenzen des Parks in West Yellowstone gibt es in den Nationalforsten Straßen mit einer Gesamtlänge von über 3000 Kilometern, die frei sind von irgendwelchen Beschränkungen. Für den Rest der Menschen hingegen, der Ruhe sucht und sich auch Ruhe für den Park wünscht, gibt es solch eine Zufluchtsstätte außerhalb seiner Grenzen nicht, und ohne lange Strecken zu gehen, findet man
8.5 auch im Park selbst kaum etwas Derartiges.

Nationalparks sind geschützte Gebiete, die vom Kongress festgelegt werden. Doch die Anthropophonie wie etwa der Lärm der Motorschlitten in Yellowstone ist in vielen amerikanischen Nationalparks ein Problem.

Im Grand Canyon hindern uns der Lärm von Rundflügen und die pfeifende Dampflok des Touristenzugs, die am Rand entlangfährt, daran, in Ehrfurcht zu verharren, wenn wir oben stehen oder durch die Schlucht wandern. Die Bilder von diesem Park vermitteln nur einen kleinen Bruchteil dieses Erlebnisses.

Und im Grand-Teton-Nationalpark wurde mitten in dem Hochtal Jackson Hole ein Regionalflughafen erbaut – der einzige Flughafen innerhalb der Grenzen eines Naturschutzgebiets. Zwischen sechs Uhr morgens und elf Uhr abends starten hier sage und schreibe 20 Maschinen in der Stunde, die die natürliche Klanglandschaft eines der schönsten Flecken Amerikas permanent zunichtemachen. (In der Mehrzahl handelt es sich um Privatflüge; im Jahr 2007 wurden hier lediglich etwa sieben Linienflüge pro Tag abgefertigt.) In der kalifornischen Mojave-Wüste zerstören Strandbuggys und Geländemotorräder vielerorts die natürliche Stille.

Dennoch gibt es Hoffnungsschimmer. Allmählich begreifen wir – wenn auch ziemlich spät –, dass intakte natürliche Klanglandschaften ebenso Ressourcen darstellen wie eine ungehinderte Sicht und ebenso entscheidend für unsere Freude an der natürlichen Wildnis und unsere Achtsamkeit für sie sind. Seit 1982 die einzige Bundesbehörde für Lärmkontrolle unter die Ägide der Bundesluftfahrtbehörde fiel, tut sich der National Park Service schwer, seine Lärmprobleme zu bewältigen. Doch einige Aktivisten innerhalb dieser Einrichtung haben die wichtige Verbindung zwischen dem Menschen und den Klanglandschaften der Wildnis erkannt und zum Schutz dieser Klanglandschaften als wertvoller Ressource ein striktes Bildungs- und Verwaltungsprogramm initiiert.

Der inzwischen verstorbene Wes Henry und sein Kollege Bill Schmidt vollzogen diesen radikalen Kraftakt, indem sie sich zunächst insgeheim trafen und von Mitte der 1990er-Jahre bis 2001 Schritt für Schritt vorgingen. Für eine kurze Zeitspanne wurden natürliche Klanglandschaften im Akustikprogramm des NPS als ein höchst kostbares Element betrachtet, das für Besucher und Tierwelt erhalten werden sollte. Henry, Schmidt und weitere Kollegen, die sich später dem Projekt anschlossen, stellten fest, dass es in den verschiedenen Parks noch große Gebiete mit intakten Klanglandschaften gab. Die Klagen der Besucher über den Lärm in den Nationalparks überzeugten schließlich viele Mitarbeiter von NPS und Innenministerium davon, dass man Klanglandschaften anders betrachten und behandeln müsse – als notwendige Voraussetzung dafür, dass die Besucher die Parks auch wirklich genießen konnten, als Voraussetzung auch für einen sachgemäßen Umgang mit der Wildfauna und den Habitaten, in denen sie gedeiht.

Solche Bemühungen zeitigten durchaus positive Ergebnisse: Im Yellowstone-Nationalpark unterliegen Motorschlitten moderaten Beschränkungen und werden überwacht; im Rocky Mountain Nationalpark gibt es so gut wie keine Rundflüge mehr; und die Flüge über den Grand Canyon wurden zahlenmäßig reduziert und auf Gebiete, Zeiten und Umstände beschränkt, die die FAA und der NPS von Zeit zu Zeit überprüfen und verändern – vor allem in Abhängigkeit von dem jeweiligen politischen Klima in Washington. Seit Kurzem ist der Lärm der Rundflüge über den Grand Canyon wieder viel stärker geworden: Zum Zeitpunkt der Arbeit an diesem Buch hat er laut dem Ortsverband des Sierra Club für den Grand Canyon in einem Maße zugenommen, dass 75 Prozent der Besucher während ihres ganzen Aufenthalts Flugzeuge hören und die restlichen 25 Prozent in mindestens 60 Prozent der Zeit, die sie im Park verbringen, und zwar bis auf ganz entlegene Gebiete überall. Doch angesichts der schleichenden Prioritätsverschiebungen seit dem Jahr 2000 – als George W. Bush zum Präsidenten gewählt wurde – und da sich die Politik gegenwärtig auf andere, drängendere Probleme konzentriert, ist ungewiss, wie es mit den Parks weitergeht, da die ursprüngliche ministerielle Direktive, nach der die Lärmbeschränkungen eingeführt wurden, 2004 auslief. Je nach dem politischen Klima bringt der Widerstand vieler Regierungsmitglieder gegen Umweltschutzmaßnahmen zumindest kurzfristig die große Gefahr mit sich, dass Schritte wie der Erhalt von Klanglandschaften für Besucher nicht mehr in der weitsichtigen Weise unterstützt werden, die ursprünglich beabsichtigt war.

Ich bin sogar davon überzeugt, dass das Konzept natürlicher Klanglandschaften auf manche Menschen bedrohlich wirkt. Wes Henry beauftragte mich damals, für das Projekt »Klanglandschaften für Besucher« den Maßnahmeplan zu schreiben. Er wurde *Natürliche Klanglandschaften in den Nationalparks: Leitlinien für ein Bildungsprogramm zum Hören und Mitschneiden* betitelt und anfangs mit dem Kurznamen »Programm Natürliche Klanglandschaft« versehen. Ziel des Projekts war es, natürliche Klanglandschaften innerhalb der Parkgrenzen sowohl für ein umfassenderes Besuchererlebnis als auch zum Schutz der Wildtiere zu bewahren, und der Geltungsbereich sollte innerhalb der Parks und auch auf andere vom Innenministerium ausgewiesene Bereiche ausgedehnt werden. Es ermöglichte großen Bevölkerungskreisen Zugang zu den Klängen der natürlichen Welt, in deren Genuss viele wohl sonst nicht gekommen wären. Aber der Name »Programm Natürliche Klanglandschaft« wurde 2004 umgewandelt in »Programm Naturklänge« – ein neutralisierter Begriff, der keine bestimmten Vorstellungen weckte –, und mit dem Titel war es auch mit dem Interesse der Besucher vorbei, das man hatte fördern wollen.

Oberflächlich betrachtet, erscheint ein Namenswechsel eher harmlos. Aber in diesem Fall ging er mit starken Einflüssen einher, die nicht aus dem Innenministerium kamen, mit dem Ergebnis, dass ein Großteil der kenntnisreichen Arbeit zunichtegemacht wurde.

Die damalige Innenministerin Gale Norton war von Don Young, einem Kongressabgeordneten für Alaska und damals Vorsitzender des Haushaltsausschusses, und seinem Kollegen Richard Pombo, ehemaliger Abgeordneter des 11. Bezirks von Kalifornien, gedrängt worden, den Namen des Programms zu ändern. In ihren Augen war der Begriff »Klanglandschaft« zu belastet (mit anderen Worten: zu »grün«, obwohl die etymologischen Wurzeln des Wortes keinen stärkeren politischen oder sozialen Beiklang haben als Begriffe wie »Landschaft« oder »Meerlandschaft«).

Howie Thompson, ein Freund von mir, der vor seiner Pensionierung an dem Klanglandschaftsprogramm des NPS mitwirkte, als es sich auf dem Höhepunkt seiner Entwicklung befand, und auch an den nachfolgenden Diskussionen beteiligt war, weiß noch, dass wegen des politischen Drucks Anfang 2004 (als Folge eines Briefs von Young und Pombo im November 2003)[9] wenige Wochen nach Beginn des neuen Jahres von Nortons Büro die Empfehlung an die Gruppe lanciert wurde – offenbar durch Fran Mainella, den damaligen Direktor des National Park Service –, den Namen des Programms zu ändern. Don Young, der auch Vorsitzender des Ausschusses für Transport und Infrastruktur war – jenes Gremiums, das die Aufsicht über das Innenministerium innehatte –, nahm kein Blatt vor den Mund und äußerte offen seine Verachtung für Restriktionen in öffentlichen Räumen und für jene, die sie durchsetzen wollten. Einen guten Eindruck von Youngs Fanatismus vermittelt ein Artikel in der Zeitschrift *Rolling Stone* von 2006, in dem Young wie folgt zitiert wird: »Umweltschützer sind ein auf sich selbst bezogener Haufen schwafelnder, in Harvard studierender intellektueller Idioten«, die »keine Amerikaner sind, nie Amerikaner waren und nie Amerikaner sein werden«. Bei einer Kongress-Debatte über das Recht der Ureinwohner Alaskas, die Geschlechtsorgane gefährdeter Tiere als Aphrodisiaka zu verkaufen, zog er den 45 Zentimeter langen Penisknochen eines Walrosses hervor und fuchtelte damit herum wie mit einem Schwert.[10]

Das von Wes Henry und Bill Schmidt initiierte Klanglandschaftsprogramm des NPS war sehr gut durchdacht und zweigleisig. Eine Komponente bestand darin, den von Touristenhubschraubern, Flugzeugen sowie durch Bodentransporte verursachten Lärm zu vermindern. Die zweite Komponente betraf den Schutz natürlicher Klanglandschaften um ihrer selbst willen. Hier waren auch umfassende Besucherprogramme vorgesehen – ein entscheidender Schritt, um Menschen die Bedeutung der Schutzmaßnahmen bewusst zu machen. Während der Amtszeit von Präsident George W. Bush – und laut Howie Thompson nicht zuletzt auch durch den Warnbrief von Young und Pombo an Norton – wurde das Besucherprogramm auf Eis gelegt, zusammengestutzt und mit Ausnahme einer kleinen Website, die immer noch im Netz ist, kaum umgesetzt.[11] Gleichzeitig wurden die Bundesmittel für die Nationalparks wesentlich gekürzt, da der politische Grundgedanke dieser Zeit war, dass die meisten staatlichen Dienstleistungen ausgegliedert und privatisiert werden sollten. Während das Klanglandschaftsprojekt ursprünglich als wichtige Ressource für Besucher konzipiert war, verlor dieser Aspekt bei den Behörden für mehrere Jahre an Bedeutung. Im Frühjahr 2011 jedoch fand ein gewisser Kurswechsel statt, als das für das Programm Naturklänge des Natural Park Service zuständige Zentrum in Fort Collins einen Handlungsleitfaden mit dem Titel *The Power of Sound (Die Kraft des*

Klangs) herausgab, wonach die Öffentlichkeit wieder mit der natürlichen Klanglandschaft vertraut gemacht werden sollte.

In einem umfassenderen Sinn sind natürliche Klanglandschaften an sich als eine der ergiebigsten, allen zur Verfügung stehenden Informationsquellen bisher nicht ausreichend erforscht. Sie enthüllen die Geheimnisse unseres Ursprungs und unserer Vergangenheit, spiegeln unsere gegenwärtige Kultur wider und vermitteln signifikante Einblicke in unsere Zukunft – die durch die Zunahme von Lärm und Veränderungen durch den Klimawandel und die menschliche Evolution geprägt sein wird. Doch all diesen Rätseln kommen wir nur mit Sensibilität, Wissen, Takt, Geduld und Neugier auf die Spur. Wenn wir unvoreingenommen und im reinsten Sinn absichtslos an die Biophonien herangehen – denn sonst können wir sie gar nicht fassen –, werden sie zu einem Kompass, der uns angesichts der Veränderungen eines allseits bedrohten Planeten leiten kann. Mit der Erwärmung der Meere und der Atmosphäre, den steigenden Fluten und dem Wechsel der magnetischen Pole passen sich die Biophonien überall an und machen vielfältige Wirkungszusammenhänge sichtbar, von denen wir die meisten noch gar nicht genau kennen. In manchen Habitaten hat sich der Mix stimmfähiger Lebewesen vollständig geändert, während andere in bedenklicher Weise verarmt oder ganz verstummt sind.

Wenn Lärm zu einem Bestandteil unserer Umwelt wird, verwenden wir beträchtliche Energien darauf, ihn auszusperren oder auszufiltern. Klanglandschaften hingegen, die in vertrauten Mustern orchestriert sind, fesseln unsere Aufmerksamkeit – nicht selten in höchst positiver Art und Weise. Ich muss immer wieder an meinen Vater denken, der vor über zehn Jahren starb. Nachdem er mit Ende achtzig an Demenz erkrankte, war er für fast ein Jahr ans Bett gefesselt und konnte auch mit einem Rollator oder der Hilfe einer Pflegerin nur kurze Strecken zurücklegen. Bei der Feier zu seinem 90. Geburtstag, die in einem Restaurant mit einer kleinen Tanzfläche stattfand, spielten wir auf der Anlage des Lokals ein wenig leichte Tanzmusik. Zur allgemeinen Verblüffung sprang er nach wenigen Sekunden auf, ging auf die Tanzfläche und tanzte ohne Hilfe voller Energie fast eine halbe Stunde lang mit seinen Enkeln, die um die dreißig waren, und anderen Verwandten aller Altersstufen. Gespräche, Fernsehen und Vorlesen hatten ihn nicht in die Gegenwart holen können, und nichts in seinem Pflegeheim konnte ihn zum Aufstehen bewegen. Dies vermochte nur gestalteter Klang – jene alte Verbindung zu einer längst vergangenen Welt. In seinem Buch *Der einarmige Pianist: Über Musik und das Gehirn* berichtet Oliver Sacks von Patienten mit verschiedensten Erkrankungen – von Parkinson bis hin zum Gehirntumor –, die sich, wenn sie eine vertraute rhythmische Melodie erkennen, verwandeln, ihre Passivität abschütteln und eins mit der Musik werden, indem sie klatschen, sich dazu bewegen, singen oder sogar tanzen. Angesichts solcher Reaktionen auf Musik stellt sich mir die Frage, welche Wirkung wohl orchestrierter natürlicher Klang auf die Patienten hätte. Louis Sarno meint, eine Teilantwort darauf könne man bei den Ba'Aka finden: Während der Stress, den der Kontakt mit der modernen Welt bei ihnen auslöst, sie psychisch und physisch beeinträchtigt, wirkten die Klanglandschaften ihres traditionellen Lebensraums im Regenwald – fernab der Zivilisation – auf sie ebenso belebend wie damals die Musik auf meinen Vater.

KAPITEL NEUN

Die Coda der Hoffnung

ALS WIR ANFANG 1990 AUF DEM WEG zum heutigen Parque Estadual do Rio Doce waren, einer kleinen ökologischen Oase in der brasilianischen Region Minas Gerais, die unter Naturschutz steht, hatten wir einen Zwischenaufenthalt in Rio de Janeiro und übernachteten auch dort. Über einen guten Freund wurden ein Kollege und ich zu einem Abendessen mit Antônio Carlos Jobim eingeladen, dem Komponisten von Titeln wie »The Girl from Ipanema«, »Desafinado« und »One Note Samba« und Pionier des Bossa nova. Als »Tom« (wie er bei allen Brasilianern hieß) hörte, was wir vorhatten, erzählte er den ganzen Abend bis in die frühen Morgenstunden von seiner Kindheit, als er und seine Freunde unter dem Kronendach des Dschungels spielten und mit den Tieren des subtropischen Waldes, die einst bis an den Rand der Großstadt kamen, Musik machten. Um seinen Geschichten mehr Lebendigkeit zu verleihen, imitierte er die Rufe und Lieder der geliebten Vögel, Frösche und Säugetiere, an die er sich noch erinnern konnte – und von denen inzwischen viele ausgestorben sind –, so geschickt und mühelos, als wären die Laute Teil seiner Muttersprache. Seine anrührende Nachahmung eines Sperlingsvogels klang so echt, dass sich die Gäste umsahen, um zu schauen, ob wirklich ein Vogel in dem Restaurant war.

»Es ist schon traurig«, sagte er irgendwann und schüttelte den Kopf. »Vor ein paar Jahren habe ich diesen Vögeln ein Album gewidmet [*Passarim*]. Parque Estadual, wohin Sie morgen fahren werden, liegt vierhundert Kilometer nördlich von hier. Es ist der kleine Rest eines der Naturwunder der Welt, das Überbleibsel genau des Waldes, in dem ich mit meinen Freunden immer gespielt habe. Nur dass damals der Dschungel in Laufweite von diesem Restaurant begann. Das letzte Mal, als ich dort war, waren fast keine Stimmen mehr zu hören, weil der Wald in Segmente aufgeteilt wurde, überall von Farmen und Bauprojekten gesäumt und enorm geschrumpft ist. Nehmen Sie alles genau auf. Es ist das Letzte, was von dem einst großen Mata Atlântica, vom Atlantischen Regenwald, noch übrig ist.«

Es war kurz vor Sonnenaufgang, als wir in unser Hotel zurückkehrten. Es blieb keine Zeit mehr, zu duschen oder die Kleider zu wechseln, denn wir wurden schon früh abgeholt, um die achtstündige Fahrt durch die quirlige Innenstadt von Rio de Janeiro zum Rio Doce anzutreten. Unser Lager dort war von riesigen, über 30 Meter hohen Laubbäumen umgeben, insbesondere von Flaschenbäumen, die uns Schutz boten. Bei unserer ersten Wanderung in den Wald nach unserer Ankunft entdeckten wir hoch oben in den Baumkronen eine Gruppe von Goldenen Löwenäffchen und fingen ihr schrilles perfekt nachgeahmtes Geschwätz ein. Das war ein Glücksfall. Wir hörten oder sahen sie nicht wieder.

Tausende Arten, die einst in diesem prächtigen Wald lebten, sind inzwischen verschwunden. Viele sind ausgestorben. Andere migrationsfähige Spezies, die einfach größere unbe-

rührte Flächen brauchten, zogen fort. Als wir zum Rio Doce kamen, war kaum noch ein Prozent des ursprünglichen pulsierenden Waldhabitats übrig. Der dort ansässige Wildhüter erklärte uns, das Gebiet würde sich auch dann nur langsam erholen, wenn mehr Land zur Verfügung gestellt und landwirtschaftliche Flächen in den ursprünglichen Zustand zurückversetzt würden. Allerdings seien manche Arten wie die Löwenäffchen, wenn auch mit mäßigem Erfolg, wieder angesiedelt worden. Viele Lebewesen, Menschen wie Tiere, die einst ein prekäres Gleichgewicht aufrechterhalten hätten, seien allein im letzten Jahrhundert von diesem bezaubernden Ort verschwunden. Wir konnten den Verlust förmlich spüren. Ein paar seltene Spinnenaffen und einige Brüllaffen näherten sich uns so weit, dass wir ihre Stimmen aufzeichnen konnten, aber der Vogelgesang war dünn und nur sporadisch zu hören. Und nicht einmal von Insekten war etwas Besonderes zu vernehmen. Die Biophonie klang sehr spärlich – bei Weitem nicht so dicht, wie wir in einem Regenwald, ja sogar in einem Trockenwald erwarten konnten. Es war, als hätte man ein komplettes Grabenorchester und Dutzende Schauspieler für eine Broadway-Show wie *Spider-Man* auf ein Trio zusammengeschmolzen. Mein Kollege war verzückt, als wir die Affenstimmen aufnahmen – aber seine Begeisterung wurde durch unsere Betrübnis angesichts der unglaublichen Verwüstungen gedämpft, die fast an jeder Stelle unübersehbar waren. Brandrodung löst bei mir immer das Gefühl aus, ein geliebtes Familienmitglied verloren zu haben, das man nie ganz vergisst. Kein Ort in diesem Wald war entlegen genug, um den Gespenstern zu entgehen, die der moderne Mensch
9.1 gerufen hatte.

Indem wir die miteinander verwobenen natürlichen Klänge der Biophonie und Geophonie mit unserem Lärm übertönen, verändern wir auch die wilde, natürliche Welt selbst – oder zerstören sie sogar. Diese Tatsache wird uns natürlich mehr und mehr bewusst, doch vor dem Hintergrund einer globalen Wirtschaft, die zunehmend die Folgen ihres eigenen Wachstums ignoriert, ist es hilfreich – und zugleich ernüchternd –, sich das Schrumpfen der wilden Natur vor Augen zu führen, das ich mit meinen Archiven akustisch demonstrieren kann.

Insgesamt habe ich die Laute von weit über 15 000 Arten aufgenommen und natürliche Klangteppiche mit einer Gesamtlänge von 4500 Stunden angesammelt. Etwa 50 Prozent der Habitate, von denen sich Aufnahmen in meiner Bibliothek befinden, sind inzwischen so ernsthaft gefährdet – wenn nicht sogar biophonisch verstummt –, dass viele dieser einst reichen natürlichen Klanglandschaften inzwischen nur noch in meiner Sammlung zu hören sind. Bemessen nach der Gesamtstundenzahl der Aufnahmen, mag dies nicht die größte Sammlung sein – mit solarbetriebener digitaler Technik und Multifunktionsgeräten kann man inzwischen in einem einzigen Monat Material von mehreren Tausend Stunden zusammenbekommen. Aber mein Archiv fokussierter, überwachter Feldaufnahmen, bei denen mehr Wert auf Qualität als auf Quantität gelegt wurde, enthält die größte und älteste Sammlung einst existierender Biophonien magischer Orte, von denen wir viele höchstwahrscheinlich nie mehr live zu hören bekommen. Warum? Der offensichtlichste Grund ist natürlich der Verlust repräsentativer Habitate. Ein weiterer ist die Zunahme menschlich erzeugten Lärms, der meist die fein strukturierten akustischen Texturen in den verbliebenen Lebensräumen zerstört. Ein unmittelbares Resultat dieser Vorgänge ist eine abnehmende Dichte und Diversität wichtiger lautgebender Lebewesen, ob groß oder klein, die typische natürliche Klanglandschaften prägen.

Die Wissenschaftler sind sich im Großen und Ganzen einig darüber, dass es im Leben auf unserem Planeten bisher fünfmal zu einem Massenaussterben kam. Bei einem Weltwissenschaftsfestival, das vor Kurzem in New York stattfand, ging es um das sechste Massenaussterben. Es wird in der erdgeschichtlichen Zeit angesetzt, in der wir leben – dem Holozän, einer Periode, die vor etwa 12 000 Jahren begann. Nach Auffassung vieler entwickelte sich in dieser Ära die gesamte landwirtschaftliche Zivilisation, und sie begann mit der natürlichen Erderwärmung nach der letzten Eiszeit, über die ich auf den ersten Seiten dieses Buchs geschrieben habe. In der ersten Periode des Holozäns hatten die Zahl und Vielfalt nichtmenschlicher Lebewesen einen Gipfelpunkt erreicht, den wir uns heute kaum vorstellen können. Doch wohin auch immer die Wanderung den Menschen führte, gingen viele Arten verloren, in der Regel zuerst die großen Säugetiere – die Megafauna – und leicht zu erbeutende, am Boden lebende Vögel mit ihren Eiern. Heute verschwinden laut einer Schätzung des Biologen Edward O. Wilson aus den 1990er-Jahren etwa 30 000 Arten pro Jahr. Im Jahr 2005 revidierte Wilson seine Schätzung und sagte, mit der gegenwärtigen Rate der vom Menschen verursachten Schädigungen der Biosphäre werde die Hälfte der Lebensformen auf der Erde bis 2100 ausgestorben sein.

Die Menschen, die Australien, Neuseeland, kleine Inseln im Pazifik, die Karibik, das Mittelmeer und die Küste Südafrikas besiedelten, stießen auf eine Fülle von Tieren und Pflanzen als Lebensquelle. Nicht weltweite klimatische oder astronomische Ereignisse – wie etwa ein Asteroid, der auf der Erde einschlägt – waren die Ursache jener großen Verluste, sondern unser Einfluss auf die Umwelt, in der wir uns niederließen, im Verein mit den invasiven Organismen, die wir in unsere neuen Lebensräume mitbrachten, von Mikroben über Ratten bis hin zu Hauskatzen und anderen aggressiven Spezies, die ebenfalls einen Beitrag zur Zerstörung leisteten.

Hawaii beispielsweise mag für viele ein Paradies sein. Für andere hingegen stellt es den Ort dar, an dem so viele Arten ausstarben wie nirgendwo sonst auf der Welt. In den zwei Jahrhunderten seit der Besiedlung durch Europäer verschwand hier sage und schreibe die Hälfte der 140 Vogelarten. Aber dafür waren nicht allein jene Europäer verantwortlich. Das schöne Gefieder vieler Vögel war beim polynesischen Königtum und später bei den amerikanischen Kolonisten hoch geschätzt. Ein einziger polynesischer Federmantel erforderte die Tötung mehrerer Tausend Vögel, wie ein 600 Jahre altes Exemplar zeigt, das erhalten blieb. Aber auch Weichtiere und einige Insekten, wie etwa eine Vielzahl von Nachtfalterarten, verschwanden, weil ihre Habitate durch Eingriffe des Menschen tief greifende Veränderungen erfuhren.

Auf der anderen Seite des Planeten, auf der Insel Madagaskar vor der Ostküste Afrikas, starben 15 Lemurenarten, eine Elefantenvogelart (*Aepyornithidae*), ein Zwergflusspferd und Riesenschildkröten aus – ganz zu schweigen von 90 Prozent der Auenwälder und schätzungsweise der Hälfte der Tiere, darunter endemische Insekten und Vögel, die verschwanden. Die Wälder taugten nicht mehr als Schutzraum jener Lebewesen, auf die die Madagassen angewiesen waren; der Teufelskreis der Verluste verstärkte sich und wurde nicht nur sichtbar, sondern hörbar. Stellen Sie sich einmal die Klanglandschaften vor, die wir genießen könnten, wenn all jenes Leben noch vorhanden wäre.

Wenn wir das, was gegenwärtig auf diesem Planeten existiert, mit dem vergleichen, was höchstwahrscheinlich vor 16 000 Jahren los war, kommen wir zu einem erschütternden

Ergebnis. Nicht nur sterben Arten in alarmierender Zahl aus, wie Terry Glavin in seinem Buch *Warten auf die Aras. Geschichten aus dem Zeitalter des Verschwindens* betont, wir verlieren darüber hinaus ein musikalisches und sprachliches Erbe sowie Sehweisen, Wissen und Lebensformen. Unsere Welt klingt nicht mehr wie vor fünf, fünfhundert oder fünftausend Jahren.

Mit dem Verschwinden der Lebewesen verlieren wir auch ein riesiges Wissensrepertoire, das Aufschluss gibt über die Ursprünge unserer Kultur in beinahe all ihren Facetten. Nachdem ich im Herbst 2008 beim Weltwissenschaftsfestival an der Columbia University zusammen mit Richard Leakey auf dem Podium gesessen hatte, unterhielten wir uns am Abend mehrere Stunden lang über die verschiedenen Sichtweisen auf die sechste Aussterbewelle. Die höchste Aussterberate ist unter den Säugtieren zu verzeichnen. Laut einem Artikel, der in jenem Jahr in der Zeitschrift *Scientific American* erschien, ist jede vierte Säugetierart bedroht. Abgesehen von wenigen Standorten, nehmen die Froschpopulationen überall auf der Welt ab. Und neben einem Schrumpfen der Gesamtzahl sind bei Vögeln deutliche Anzeichen für Standortwechsel an beiden Enden der Migrationswege und an vielen Rastplätzen dazwischen zu erkennen. Im Großen und Ganzen waren Leakey und ich uns einig, dass es selbst in den unberührtesten Habitaten stiller wird. Vielleicht ist John Cages Werk *4′33″* der kryptische Ausdruck einer Vorahnung davon, welche Zukunft die natürlichen Klanglandschaften erwartet.

Schrumpfende Habitate und der zunehmende Höllenlärm, den der Mensch erzeugt, haben Bedingungen geschaffen, unter denen die für das Überleben der Wildtiere notwendigen Kommunikationskanäle völlig verstopft werden. Zugleich enthalten wir uns selbst ein Erleben der wilden Naturwelt vor, das für unsere spirituelle und psychische Gesundheit von entscheidender Bedeutung ist – eine Quelle tief verwurzelter Weisheit, wie wir sie in unserem modernen Leben schlicht nirgendwo anders finden werden. Die Stimmen der Wildnis in ihrer reinsten Form, ohne jeden vom Menschen erzeugten Lärm, bringen wunderbare Symphonien hervor – es sind Ensembles, aus denen wir Anregungen schöpfen und die wir nachahmen können. Der Ökologe Bill McKibben formulierte einmal, was schon viele vor ihm empfanden: »Was die Wildnis vom modernen Leben unterscheidet, sind nicht etwa dort lauernde Gefahren (sie ist höchstwahrscheinlich ungefährlicher als jede Stadt oder Straße) oder die Einsamkeit (wie es heißt, kann man sich in einer Menge furchtbar allein fühlen) oder die Fülle exotischer Tiere (im Zoo findet man wohl mehr). Vielmehr ist es die Tatsache, dass es, begibt man sich nur ein paar Kilometer hinein, nichts mehr zu kaufen gibt.« Das klangvolle Proto-Orchester der Wildtiere – das Konzert der natürlichen Welt, aus der unsere eigene Musik hervorgegangen ist – verliert Tag für Tag an Volumen. Das zarte Gewebe der natürlichen Klänge wird zerrissen durch unser scheinbar grenzenloses Bedürfnis, unsere Umwelt zu erobern, statt möglichst im Einklang mit ihr zu leben.

Es ist bereits schwierig, ursprüngliche Orchestrierungen unverfälschter Habitate aufzufinden, noch schwieriger aber erscheint es mir, die Grundlagen unserer musikalischen Vergangenheit und die Ursprünge der komplexen Verbindungen zwischen den Spezies freizulegen. Besonders erschreckend sind für mich die tief greifenden akustischen Veränderungen, die in kaum mehr als der Hälfte meiner Lebenszeit stattgefunden haben – also geologisch betrachtet, in einer Nanosekunde.

Aufgrund der »normalen« Klimazyklen ist es naheliegend, dass sich die meisten natürlichen Klanglandschaften über lange Zeiträume hinweg allmählich verändern. Doch die Geschwindigkeit, in der dies gegenwärtig geschieht, ist geradezu unvorstellbar. Eine amerikanische Ureinwohnerin – sie war 91 Jahre alt, als ich 1971 Aufnahmen von ihr machte – bemerkte solch eine Veränderung sogar innerhalb ihrer eigenen Lebenszeit. Ihre prophetischen Worte wurden mir durch Elizabeth Wilson an einem Herbstabend übermittelt, eine der Ältesten vom Stamm der Nez Percé. Es war ein Narrativ, das aus vielen der von der alten Frau erzählten Geschichten hervorgegangen war, und zugleich eines, das die ganze Menschheit betrifft. Die Flötenmelodie zu Beginn dieser Aufnahme wurde zufällig auf demselben Instrument gespielt, das Elizabeth' Sohn Angus, wie in Kapitel 2 geschildert, am Wallowa-See aus Schilfrohr geschnitzt hatte.

So gingen die Medizinmänner zu dem Geist, um sich
Führung zu holen.
Sie nahmen Kontakt auf mit den Tieren, oder wie immer
man es nennen will,
Sie tanzten jeden Winter.
Sie wurden stark, und sie bekamen Kraft und Energie.
Kraft und Energie.
Alles war anders.
In jener Zeit war alles anders.
Klare Luft und wilde Natur, und sie hatten Kontakt zu den
Tieren.
Aber ich glaube, heute können sie das nicht mehr.
Alles ist verloren gegangen – der Lärm und all das …
Ja, so ist es! Die Zeit der Legenden wird enden;
bald kommt der Mensch.

Keine Zeit mehr für Legenden.
Es wird keine mehr geben.
Und alle werden traurig sein wie ich,
Verzweifelt bin ich wegen meines letzten Kindes,
Das nie mehr zurückkehren wird.
Der Tod hat es mir genommen.
Und so wird es kommen:
Ich wandere nur noch allein durch die hohen Berge
Zu den Quellen der Flüsse, die überall sind.
Nie mehr gehe ich dorthin, wo das zivilisierte Land ist.
Ich bleibe oben in der Wildnis.
Über Jahre hinaus werden die Menschen ihr einziges Kind verlieren,
Und sie werden fühlen, was ich fühle: Trauer.
Und deshalb sind wir heute so, wie wir sind.
Eine große Traurigkeit ist über uns gekommen. 9.2

In einer anderen Aufnahme sprach Elizabeth auch über eine Melodie, die sich mit dem Atemdunst eines Büffels im Sonnenlicht eines Wintermorgens offenbart. »Eine Art Pfeifen und Seufzen«, erklärte sie, den Blick in die Ferne gerichtet. »Ein ganzes Lied in einem Pfeifen und Seufzen.« Mehr sagte sie nicht. Aber solche bedeutungsvollen Aphorismen waren Bestandteil aller Geschichten, die sie erzählte.

Ich hatte zufällig ein Gespräch von Angus Wilson mit seiner Mutter über die Eigenschaften des Windes aufgenommen. »Flussaufwärts am Snake River blies der Wind in einer Weise, dass es sich anhörte wie eine Gruppe von Männern und Frauen in der Ferne, die alle zusammen mit leiser, sanfter Stimme sangen«, erinnerte sich Angus.

»Das ist ein besonderer Wind, der sich anhört wie ein geflüstertes timmmmmmmm, wenn er durch tote Baumstämme bläst. Wir haben ihn früher überall gehört, aber heute gibt es ihn nur noch in den Tälern am Fluss, durch die das Feuer gefegt ist«, antwortete seine Mutter. »Schon ein einziger hohler Stamm erklingt im Wind. Bei einer ganzen Gruppe aber singen sie zu uns. Es ist ein trauriges Lied. Ich habe es gehört. Alle Töne sind darin.« Dann sinnierten Angus und Elizabeth, dass der Wind das Wasser lehre, traurige Lieder zu singen. Überhaupt war häufig von Trauer die Rede. Dann lehrte das Wasser, einsam, weil es auch mit anderen Geistern als nur dem Wind singen wollte, die Insekten das Singen, diese wiederum die Frösche und diese die Vögel und Bären und Eichhörnchen. Die Nez Percé lernten ihre Musik und ihre Tänze von der Geophonie und von den Tieren, von denen sie sich leiten ließen. Die Klänge der natürlichen Welt waren stets treibende Kräfte in ihrem Leben gewesen, bis der Kontakt mit »modernen« Menschen ihre Klanglandschaften zerstörte.

* * *

Viele Klänge in meiner Sammlung stammen aus inzwischen gefährdeten oder verschwundenen Habitaten, deren Biophonien folglich wohl niemand mehr in ihrem ursprünglichen Zustand zu hören bekommen wird. (Als ich 1968 mit den Naturaufnahmen begann, waren noch 45 Prozent der Urwälder in den Kernstaaten der USA vorhanden. Im Jahr 2011 existierten keine zwei Prozent mehr davon.) Sicher verändern sich die akustischen Eigenschaften eines Habitats im Lauf der Zeit. Doch man kann mit Fug und Recht davon ausgehen, dass bei mehr oder weniger gleichbleibenden, ungestörten ökologischen Bedingungen Habitate und Klanglandschaften über relativ kurze Perioden hinweg (selbst Tausende von Jahren sind keine lange Zeit) in den Grenzen einer bestimmten

Bandbreite bleiben und sich lediglich den natürlichen Klimaveränderungen, Wetterereignissen oder geologischen Veränderungen anpassen.

Am Ende der letzten Eiszeit veränderten sich die natürlichen Klanglandschaften wahrscheinlich lediglich in den Grenzen eines dynamischen Gleichgewichts, in dem die Stimmendichte und -vielfalt mit den 24-stündigen Zyklen des Wetters und den Jahreszeiten zu- oder abnahmen – das heißt, die Tierlaute ertönten auf mehr oder weniger vorhersagbare Art je nach den »normalen« Klimaschwankungen in einer bestimmten Zeitspanne, aber immer so, dass sie in einem vielfältigen Stimmenchor in optimaler Weise übertragen und rezipiert wurden, und so war es immer. Selbst Ende der 1960er, als ich mit meinen Naturaufnahmen begann, konnte ich relativ sicher sein, dass mir bei dem erneuten Besuch eines meiner Lieblingsorte nach einem Jahr die Klangsignatur des Habitats zumindest vertraut sein würde. Die Biophonie hatte eine Art roten Faden, und Variationen fanden sich lediglich in der Durchführung, nicht jedoch im Kontext oder im Inhalt. Doch dann veränderte sich alles rapide – vor allem in den 1980er-Jahren.

Die Klanglandschaften jüngerer Biome – derjenigen, die durch menschliche Aktivitäten einen Wandel erfuhren – spiegeln verschiedene Grade von Ordnung und Chaos wider.[1] Doch um einen Eindruck davon zu bekommen, wie es zu den Veränderungen in einem Habitat gekommen sein könnte, bleibt uns nur, die ursprünglichen Habitate, die wir für relativ ungestört halten, mit denen in verschiedenen Wachstums- oder Erholungsstadien zu vergleichen (da es erst seit etwa einem halben Jahrhundert gute Aufnahmetechniken gibt). Mit anderen Worten, wir können zwar Simulationsmodelle am Computer entwickeln, die uns skizzenhafte Informatio-

Borneo (Chor der Morgendämmerung)

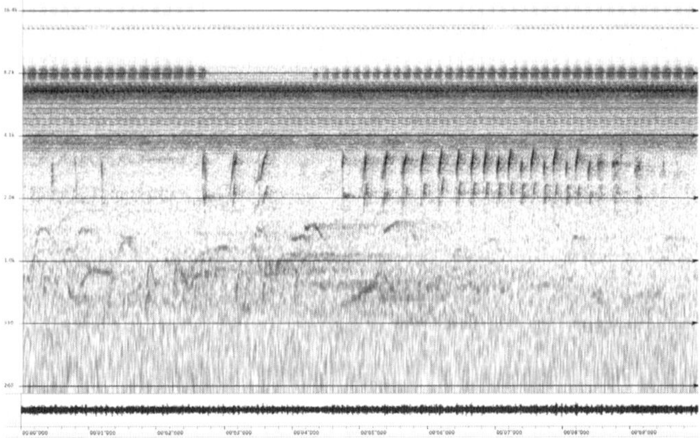

Abbildung 14. Urwald in Borneo.

nen liefern, aber wir können die Biophonie eines gegenwärtig sich verändernden Bioms nicht vor dem Hintergrund dessen bewerten, wie es vor tausend – oder auch vor hundert oder sogar nur vor fünfzig – Jahren geklungen hat.[2]

Um eine Vorstellung davon zu bekommen, wie sich eine Klanglandschaft in der Folge menschlicher Eingriffe entwickelt, habe ich drei zeitlich aufeinanderfolgende Spektrogramme generiert, die nur insofern miteinander zu tun haben, als sie aus einst intakten tropischen oder subtropischen Biomen stammen. Sie dienen nicht dazu, bestimmte Habitattypen miteinander zu vergleichen. Ich möchte damit nur eine ungefähre Vorstellung von den Variationen in der strukturellen biophonischen Dichte als Folge von menschlichen Eingriffen verschiedenen Umfangs vermitteln. Und ich möchte damit zeigen, welches Bild sich uns wahrscheinlich böte, wenn wir langfristige Beobachtungen vom selben Ort hätten,

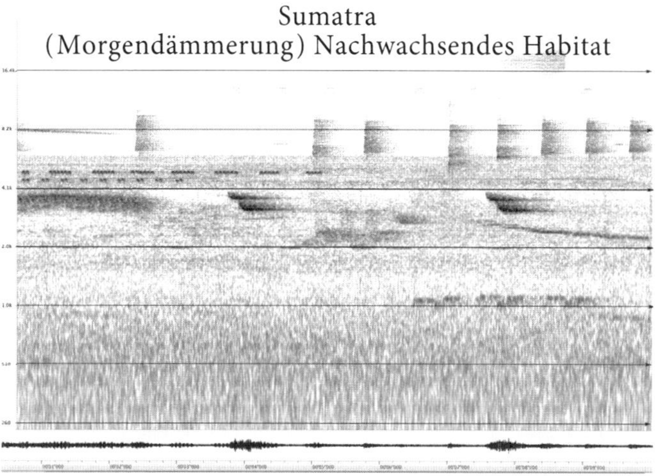

Abbildung 15. Nachwachsendes Habitat in Sumatra.

anhand deren wir ein Vorher und Nachher miteinander vergleichen könnten. Zwei der abgebildeten Spektrogramme stammen aus tropischen, einander ziemlich ähnlichen Habitaten, das dritte aus einem subtropischen Biom. Das erste (Abbildung 14) bildet die Klanglandschaft eines Urwaldhabitats auf Borneo in der Morgendämmerung ab. Ohne die Spezifika der verschiedenen Lebewesen genauer in Augenschein zu nehmen, sehen wir doch deutlich, dass alle Laute klar definiert sind und der Klangteppich dicht gewebt ist. Das zweite (Abbildung 15), das aus Sumatra stammt, zeigt ein Habitat, das durch Holzschlag unter Druck geraten ist, sich dem Augenschein nach aber auch im Stadium der Erholung befindet. Beachten Sie, dass zwar gewisse biophonische Strukturen vorhanden sind, das Bild aber längst nicht so dicht ist wie in Abbildung 14. Das dritte schließlich (Abbildung 16) stammt von einem Habitat in Costa Rica, das in den 1990er-Jahren

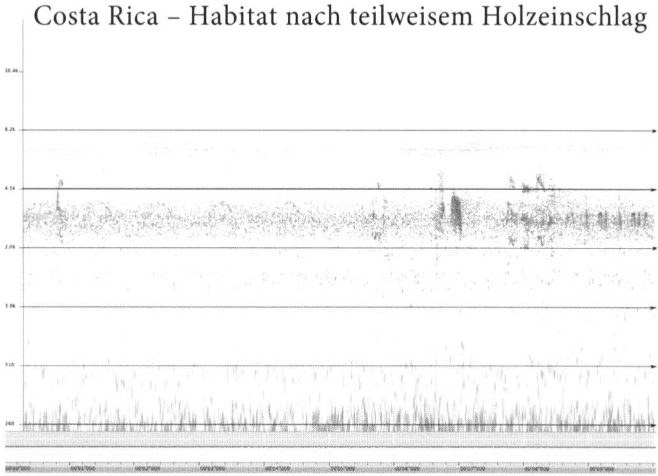

Abbildung 16. Abgeholztes Habitat in Costa Rica.

völlig entwaldet wurde und sich noch nicht wieder davon erholt hat. Hier fehlt jegliche Dichte, und abgesehen von ein paar hervorstechenden Insektenlauten, sind kaum unterscheidbare Elemente vorhanden, die man bestimmten Arten zuschreiben könnte.

Wilde, unberührte Natur – ausgedehnte, nicht von Menschen bewirtschaftete Gebiete – gibt es, in welcher Gestalt auch immer, kaum noch, mit Ausnahme vielleicht von ein paar isolierten Flecken in Alaska, dem hohen Norden Kanadas, in Sibirien und Teilen der Antarktis. In Afrika oder Australien finden wir sie zweifellos nicht mehr, ebenso wenig auf den verbliebenen, Millionen Hektar großen, umzäunten und staatlich verwalteten Wald- und Parkflächen der Vereinigten Staaten. Immerhin existieren im amerikanischen Westen noch einige große private Ländereien mit Grunddienstbarkeiten zum Schutz von Wildfauna und -flora – ein Modell, das von Nichtregierungsorganisationen wie Nature Conservancy und Conservation International durchgesetzt wurde und sich weltweit positiv auswirken könnte.

Wenn die Nationalparks der USA »Amerikas beste Idee« sind, wie es in den Werbespots des Senders PBS für die Fernsehserie über unsere Nationalparks hieß, dann müssen wir uns ernste Gedanken machen. Die Ende des 19. Jahrhunderts verbreitete Vorstellung von Wildnis, die die Flora und Fauna in unseren Naturparks prägte, basierte ursprünglich auf dem Plan, amerikanische Ureinwohner – Bevölkerungsgruppen, die in einem quasi-dynamischen Gleichgewicht mit der Wildnis lebten – im großen Stil aus solchen Gebieten zu vertreiben, um Staatsgrund als exotische Spielwiese für reiche weiße Urlauber zu erschließen. Im vorigen Jahrhundert setzten mehrere Bundes- und bundesstaatliche Raumordnungsbehörden, insbesondere in Wyoming, Idaho und Montana, die Entfernung wichtiger Raubtierarten – zum Beispiel von Wölfen – aus den Naturparks durch, nicht zuletzt aus Angst, dass Besucher den Bestien zum Opfer fallen könnten.

Diese unter staatlicher Verwaltung stehenden Lebenswelten, obwohl hoch geschätzt wegen ihrer vielen grandiosen Aussichten, sind wohl kaum ein Rezept für die Wildnis. Die Wildnis wird nicht verwaltet, ist nicht mit Beschilderungen, gut gepflegten Wegen, detaillierten Karten und Geschenkläden ausgestattet, die Becher und T-Shirts verkaufen. Und es gibt dort auch keine übereifrigen Naturführer, die das verborgene Leben von Wapitis oder Grizzlybären erläutern. Wie der Autor Jack Turner uns erklärt, existiert das Wilde dort, wo wir eine Woche lang kontinuierlich in eine Richtung gehen können, ohne auf eine Straße oder einen Zaun zu stoßen – wie beispielsweise im Arctic National Wildlife Refuge[3], dem nördlichsten Naturschutzgebiet der USA in Alaska –, wo wir allein und wachsam der nichtmenschlichen Kreatur und der Flora in all ihren Formen gegenüberstehen und durch das Bewusstsein unserer Einsamkeit zu neuem Leben erweckt werden. In den Kernstaaten der USA, in denen 83 Prozent der Ländereien nicht mehr als einen Kilometer von einer Straße entfernt sind, dürfte das schwerlich möglich sein.

Um die wilde biophonische Welt vernehmen zu können, müssen wir uns an Orte begeben, die frei von menschlichem Lärm sind. Ich meine damit nicht solche, wo absolute Stille herrscht. Dort würden wir überhaupt nichts hören. Es gibt nur wenige Plätze auf der Welt, die von Natur aus völlig geräuschlos sind – und man hält sich nicht gern lange dort auf. In jedem Habitat – auch in einem abgelegenen Haus – gibt es zu einem gewissen Grad wahrnehmbare Umgebungsgeräusche, die uns Orientierung geben.

Nahezu kein fühlendes Wesen kann in einer völlig lautlosen Umgebung existieren. Absolute Geräuschlosigkeit bedeutet Reizentzug. Stellen Sie sich beispielsweise einen schalltoten – in der Regel kleinen, ein paar Quadratmeter großen – Raum vor, in dem es totenstill ist und es keinen Hall gibt. In einem solch hoch kontrollierten Umfeld werden normalerweise die Rauschkurven von High-End-Mikrofonen und Lautsprechern ermittelt. Sollten Sie sich jemals in einem solchen Raum aufhalten, werden Sie wahrscheinlich schon nach wenigen Minuten einen Nervenzusammenbruch erleiden.

Im Rahmen einer Auftragsarbeit stieß ich einmal zufällig im Grand Canyon auf einen beinahe schalltoten Raum. Es war der lautloseste Ort in der natürlichen Welt, den ich je betreten hatte – ein entlegenes Sacktal mit hohen Sandsteinwänden, etwa 1,5 Kilometer vom Fluss entfernt. Ich war an einem Nachmittag hineingewandert und wollte dort mein Lager aufschlagen. Als ich einen Augenblick ruhig dasaß, merkte ich bald, dass ich nur das Blut in meinen Adern fließen hörte: ein leises pulsierendes Pochen am einen Ende des Spektrums und ein Heulen am anderen Ende, das ich noch nie wahrgenommen hatte, wahrscheinlich ein im Entstehen begriffener Tinnitus. Darüber hinaus nur noch das Rascheln, das ich verursachte, als ich einen Platz für meinen Schlafsack suchte. Einen Moment lang dachte ich, ich hätte mein Gehör verloren. Als ich auf meinen Geräuschmesser sah, zeigte das Display den niedrigsten Wert an, den das Gerät messen konnte – 10 dBA, also quasi Grabesstille. Nach kurzer Zeit war ich so verwirrt, dass ich anfing, mit mir selbst zu sprechen und zu singen und Steine an die Canyonwände zu werfen, um andere Geräusche zu hören als nur das Pulsieren meines Bluts in meinem Kopf und das zunehmende Dröhnen in meinen Ohren. Die Abwesenheit jeglicher akustischer Signale machte mich verrückt, und so packte ich bald meine Sachen zusammen und kehrte in die Hörweite des Flusses zurück, wo mir das fließende Wasser akustische Orientierung bot.

Stille hingegen bedeutet etwas völlig anderes und ist eine Grundbedingung, die erfüllt sein muss, damit sich gesunde Lebewesen physisch und geistig stark fühlen. Chris Watson, ehemals Musiker und inzwischen einer der führenden BBC-Naturakustiker, spricht aus eigener Erfahrung, wenn er sagt, dass wir uns nach Orten und Zeiten sehnen, wo wir diese Art von Ruhe spüren – eine Stille, die weitaus subtiler ist als Lautlosigkeit. Dieser hörbare Übergangsbereich, ein akustisches Saumbiotop zwischen messbaren Klängen und Totenstille, berührt unser emotionales Gehirn und führt uns psychisch in einen Zustand reinsten Friedens.

Für eine Rundfunksendung in Koproduktion mit BBC Radio 4 mit dem Titel *A Small Slice of Tranquillity* (*Ein kleines bisschen Ruhe*) ging Watson eine Zeit lang der Frage nach, ob akustische Stille ein Geisteszustand ist oder ein konkreter Ort. Um zu erfahren, wie andere darüber dachten, besuchte er eine Museumsausstellung, in der die Geräusche im Bauch einer schwangeren Frau zu hören waren und die zeigte, wie ein 16 Wochen alter Fötus, umhüllt von Fruchtwasser, die akustische Umgebung aus Herzschlägen und pulsierendem Blut erleben könnte. Watsons weitere Nachforschungen, unter anderem bei Medizinern und Psychologen, bestätigten, dass es bestimmte Geräusche und Laute gab – etwa vom Atem, von Schritten, von Herzschlag, Vogelgesang, Grillenzirpen, Wellengeplätscher und dem Rauschen eines Flusses –, die Menschen als ruhig bezeichneten. Forscher konnten belegen, dass solche Klänge das limbische System im Gehirn stimulieren, wodurch es zur Ausschüttung von Endorphinen kommt und die betreffende Person eine gewisse heitere Ruhe empfindet. Watson kam zu dem Schluss, dass Stille auf eine elementare Klangschicht verweist, ein akustisches Fundament, auf dem mentale Prozesse stattfinden. Die Erfahrung dieses elementaren Klangs gleicht der des rhythmischen Klopfens von Regen auf ein Dach und ist stets ein gedämpftes, leises, zugleich volles und harmonisches Grundgeräusch.

Seit dem Pleistozän findet der Mensch in diesem Wispern ein gewisses Maß an Ruhe. Wie Watson betont, wirken solche Orte jedoch keineswegs einschläfernd, vielmehr handelt es sich um stimulierende akustische Lichtpunkte. Sie befähigen uns zu klarem Denken und haben sogar messbare therapeutische Wirkung. Der 1926 gegründete Council for the Protection of Rural England (CPRE, Rat zum Schutz des ländlichen England) widmete sich diesen Orten, um eine »nachhaltige Zukunft« für die ländlichen Gebiete Englands zu unterstützen. Später definierte der CPRE eine »ruhige Zone« als »ein Gebiet, das mindestens vier Kilometer von einem großen

Kraftwerk, drei Kilometer von einer großen Autobahn, einem großen Industriegebiet oder einer Großstadt, zwei Kilometer von anderen Autostraßen, Landstraßen oder kleineren Städten, einen Kilometer von verkehrsreichen Ortsstraßen, auf denen über 10 000 Fahrzeuge pro Tag fahren, und von den stark frequentierten Fernbahnstrecken entfernt ist. Auch sollte es nicht von Zivil- und Militärflugzeugen beeinträchtigt sein.« Als weiteres Kriterium wurde genannt, dass man sich um 360 Grad drehen können müsse, ohne dass der Blick durch Stromleitungen oder Gebäude behindert werde.

In den 1960er-Jahren gab es noch an die 40 Plätze in Großbritannien, wo man keinen von Menschen erzeugten Lärm hörte, doch die unaufhörliche Erschließung von Grund und Boden ließ sie rasch verschwinden. Um das Jahr 2005 brachte der CPRE farblich codierte Karten heraus, auf denen die ruhigen Gebiete verzeichnet waren und die häufig von Wanderern, Campern, Fahrradfahrern und Liebhabern des einfachen Lebens benutzt wurden. Heute kann Watson nur noch ein paar Plätze finden, die ruhig genug sind, dass er Aufnahmen machen kann, und der Preis, den wir als Gesellschaft für den Verlust an Stille zahlen, entsetzt ihn. Doch er berichtet auch von einem seiner unbewohnten Lieblingsplätze für Aufnahmen – in Northumberland an der englisch-schottischen Grenze –, der bis vor etwa 400 Jahren von Tausenden testosterongesteuerten Menschen, den Border Reivers – Räuberbanden im Gebiet der schottischen Grenze –, besiedelt war. Heute ist diese Region beinahe völlig verlassen – ein Ort, der wieder seinen ursprünglich wilden Zustand angenommen hat, mit der entsprechenden Klanglandschaft und vielem mehr und ohne Bewohner – ein Habitat, in dem Watson stundenlang Aufnahmen machen kann, ohne je einen anderen Menschen zu hören oder zu sehen.

In seinem Buch *Das letzte Kind im Wald? Geben wir unseren Kindern die Natur zurück* schreibt Richard Louv: »Es ist noch nicht lange her, da bestand die Melodie der Tage und Nächte von Jugendlichen großenteils aus den Noten der Natur. Die meisten Menschen wuchsen auf dem Land auf, arbeiteten und fanden dort auch ihre letzte Ruhestätte. Die Beziehung war unmittelbar.«[3]

Obwohl sich die Landschaft meiner Kindheit im Übergang vom Ländlichen zum Urbanen befand, hallt der Soundtrack, von dem Louv spricht – und der vor 70 Jahren in das Gehirn des Kindes eingebrannt wurde –, immer noch klar und deutlich in mir nach. Wenn wir unsere Hörneuronen frühzeitig schulen, bleiben uns das so erworbene Gehör und die Offenheit für Hörerlebnisse – Ähnliches gilt für das Fahrradfahren oder Schwimmen – meist erhalten, insbesondere, wenn wir sie ab und zu aktivieren. Mich hat die Wildnis zwar stets auf rätselhafte Weise angezogen, aber ich bekam erst mit fast 30 Jahren die Gelegenheit, wieder Kontakt zu ihr aufzunehmen. Damals war mein Gehör intakt, jedoch aufgrund von Trägheit und weil ich, gedrängt von Freunden und Wissenschaftskollegen, von den Klängen der Wildnis zu einer eher formalisierten Musik übergegangen war, schlechter geworden. Auch übten die Kraft urbaner Klanglandschaften und die aufkommenden Technologien der Musikindustrie eine enorme Anziehungskraft auf mich aus. Mit dem Synthesizer und meinem Eintritt in die Musikwelt Hollywoods wurde ich Teil eines Systems – eines exklusiven Zirkels von Künstlern, Studiomusikern und Produzenten –, in dem alle willige Gefangene waren. Eine Zeit lang verdiente ich fast mühelos mein Geld, und mein Ego erfuhr enorme Bestätigung. Doch der geruhsame unterschwellige Klangstrom meiner jungen Jahre war nur unter einem Berg von Lärm vergraben und wurde wieder zum Leben erweckt, kaum dass ich vor ungefähr 40 Jahren den Wald von Muir Woods betrat und einen Rekorder einschaltete.

Der Ökologe Paul Shepard ging sogar so weit zu vermuten, dass die akustischen Elemente von Urlandschaften in unsere DNA eingeschrieben sein könnten. Den Gedanken entwickelte er, lange bevor das menschliche Genom kartiert wurde, und er glaubte, Klanglandschaften würden, wie alle anderen Klangarten auch, physisch von uns aufgenommen und im Lauf der Zeit genetisch verankert. Darüber hinaus meinte er, eine lebenslange Verbindung zu den natürlichen Klanglandschaften der Welt sei entscheidend für unser emotionales, spirituelles und physisches Wohlbefinden. Dem kann ich nur beipflichten und damit Shepard meinen Respekt zollen.

Tief in uns verborgen finden sich Spuren dieser genetischen Verbindung: Im Lauf meiner vielen Gespräche mit R. Murray Schafer meinte der Komponist und Musiker einmal, dass wir alle emotional wie physisch von einem bestimmten natürlichen Klanglandschaftstyp angezogen würden, der zu verschiedenen Zeiten in unserem Leben auftauche. Bei manchen ist es der Klang der Wellen am Meer oder an den Ufern eines Sees. Andere neigen eher zu Auenlandschaften, bewaldeten Gebieten, durch die ein Fluss fließt. Wieder andere sind bezaubert vom zarten Wind und dem Geflüster der Lebewesen in den Hochwüsten oder den alpinen Regionen der Welt. Und zweifelsohne gibt es auch die, die von bestimmten Musikrichtungen oder dem Chaos der Metropolen angelockt werden, wo der Lärm »Action« und Betriebsamkeit signalisiert. Jeder verfügt in sich über eine »Totem-Klanglandschaft«, wie ich es nenne, die wir hören, wenn wir in den Spiegel schauen oder uns unserem Partner zuwenden, um mit ihm über eine Atempause vom Alltag zu sprechen. Ich neige zu dem Gedanken, dass, wie bei der Entscheidung, die ich nach meinem ersten

Aufnahmetag im Muir Woods traf, unser wildes limbisches System, das sonst heftig unterdrückt wird, viele dazu bringt, instinktiv – unbewusst, reflexhaft – auf der Grundlage von Klängen lebensentscheidende Beschlüsse zu fassen.

Als Achtzehnjähriger konnte ich nicht ahnen, welche Richtung mein Leben einmal nehmen würde. Inzwischen habe ich weit mehr als die Hälfte meiner Jahre mit der Aufnahme von Klängen lebender Organismen und natürlicher Habitate verbracht. Für mich gibt es keine Aufgabe, die lohnender oder fesselnder sein könnte. Nichts Herrlicheres, nichts Heilsameres, nichts, was mehr über unser Verhältnis zur Natur offenbaren würde. Jedes Habitat mit seiner einzigartig strukturierten Stimme ist für mich eine Art Musikbibliothek, deren Partituren die »Natur« als Ganzes um ihrer selbst willen aufführt.

Die kollektive Stimme der natürlichen Welt ist die älteste und schönste Musik auf diesem Planeten. Aber wilde Klanglandschaften sind nicht so ohne Weiteres zu haben – und wenn wir sie überhaupt hören wollen, müssen wir ihnen sorgfältig Beachtung schenken und Ehrfurcht entgegenbringen.

Viele Menschen halten es »auf dem Land« (ganz zu schweigen von der echten Wildnis) und fern von der urbanen Welt schlicht nicht aus. Meine Frau Kat und ich vermieten ein Ferienhaus auf unserem Grundstück im Weinbaugebiet des Sonoma County, und vor ein paar Jahren kam ein junges Paar aus New York City, um dort ein ruhiges spätsommerliches Wochenende zu verbringen – das die meisten unserer Gäste auch tatsächlich erleben. Als ich gegen 6.30 Uhr am nächsten Morgen – einem atemberaubenden und strahlenden Tag – unser Haus verließ, um in der morgendlichen Stille einen Waldlauf zu machen, sah ich, wie das Pärchen, reisefertig gekleidet, sein Gepäck, das am Fuß der Treppe stand, in den Wagen lud. Die beiden wirkten ziemlich beklommen. »Was ist los?«, fragte ich, entsetzt darüber, dass sie so hektisch aufbrechen wollten. »Es ist uns zu ruhig hier«, erwiderte die Frau mit einer Spur von Angst in der Stimme. »Wir konnten nicht schlafen, und obwohl wir alle Fenster geschlossen hatten, haben wir ständig diese verdammten Grillen gehört. Wir checken aus und fahren lieber nach San Francisco. Dort haben wir ein Zimmer in der Innenstadt reserviert, mitten im Geschehen.« (Nach diesem Vorfall habe ich der Sammlung von CDs mit urbanen Klanglandschaften, die neben dem Gästebett steht, eine Reihe von Aufnahmen aus New York, Chicago, Lissabon, Paris und von ein paar Schnellstraßen in L. A. hinzugefügt.)

Es gibt viele Hindernisse, die unserer Begegnung mit der natürlichen Welt entgegenstehen. Als ich an dem Morgen des Frühlingstags, an dem ich diesen Abschnitt schrieb, auf einem Waldweg in der Nähe unseres Hauses spazieren ging, fand ich das Morgenkonzert besonders bezaubernd. Doch dann war da diese Frau um die dreißig mit dem Jogginganzug, das Handy ans Ohr gedrückt, die mit ihrer Körpersprache zum Ausdruck brachte, dass sie nichts von der Welt um sie herum und der Begleitmusik der Natur wahrnahm, die auch für sie erklang. Es tat mir leid, dass ihr dieser wunderbare Augenblick entging.

Während zahlreiche Studien, darunter viele von der Spiele- und Hightechindustrie finanziert, auf eine Steigerung der Konzentrations- und der kognitiven Fähigkeiten durch das Surfen im Internet und Computerspiele verweisen, kommen neuere Untersuchungen wie die des Wirtschaftsjournalisten Nicholas Carr zu einem anderen Schluss, der bestätigt, was etliche von uns schon seit Längerem vermuten. Danach sind Stress und Erschöpfung messbare Nebenwirkungen eines ständigen Umgangs mit unseren neuen Technologien. In einem

Artikel in der *New York Times* über die Folgen der digitalen Technik und ihre kontraproduktiven Auswüchse beschreibt der Journalist Matt Richtel, wie dieselben Ablenkungen, die Carr aufführte, unsere Verbindungen zur lebendigen Umwelt und sogar zu unseren eigenen Familienangehörigen zerstören. Die Prämissen und Schlussfolgerungen des Artikels sind umstritten, dennoch legen die vom Autor vorgelegten Daten nahe, dass unsere Konzentration gerade durch unser Bedürfnis nach großen Mengen rasch zur Verfügung stehender Informationen schwerwiegend beeinträchtigt wird und uns unfähig macht, uns mit umfassenderen, komplexeren Themen zu befassen. Zugleich werden wir von solchen Informationssystemen abhängig, und uns fällt schon gar nicht mehr auf, dass sie unsere ganze Aufmerksamkeit verlangen.

In den vergangenen Jahrzehnten habe ich viel Zeit mit Kindern sowohl in Kindergärten als auch in Schulen bis zur achten Klasse verbracht und ihnen die Wunder natürlicher Klanglandschaften vorgeführt. Von Mitte der 1980er- bis weit in die 1990er-Jahre konnten sich jüngere wie ältere Kinder über lange Zeiträume intensiv darauf konzentrieren, Vögeln, Fröschen und Insekten zu lauschen, sowohl im Freien als auch im Klassenzimmer, wenn ich ihnen meine Aufnahmen vorspielte. Doch dann änderte sich all dies. Laut einer kürzlich veröffentlichten Studie der Henry J. Kaiser Family Foundation verbringen Kinder und Jugendliche im Alter von 8 bis 18 Jahren im Schnitt siebeneinhalb Stunden mit iPhones, Smartphones und dem Austausch von SMS. Angesichts einer solchen Technikbegeisterung verliert die persönliche Begegnung zwischen Menschen an Bedeutung, und die momentanen sozialen Bedürfnisse junger Menschen – insbesondere im Alter zwischen 10 und 15 Jahren – werden vorwiegend über die Displays mobiler Geräte befriedigt.

Möglicherweise schien den Schülern das Thema nun nicht mehr von unmittelbarer Bedeutung, oder die Art meiner Präsentation kam bei ihnen nicht an. Zweifellos aber ist es schwieriger geworden, sich im Lärm der konkurrierenden Medien Gehör zu verschaffen, was mich sehr traurig macht. Die natürliche Welt lässt sich in der Regel nicht über diese Technik und auch nicht so schnell vermitteln. Sie steht uns zu ihrer eigenen Zeit und in ganz anderen Zeitfenstern zur Verfügung. Um diese Kluft zu überbrücken, können wir uns die digitalen Geräte vielleicht so nutzbar machen – jedes Smartphone eignet sich für Aufnahmen –, dass junge und alte Technikfreaks wieder Kontakt zu ihren natürlichen Wurzeln finden.

In Gesprächen mit Kollegen und Autoren, die sich mit anderen Aspekten der Natur befassen, werde ich immer an die Frage erinnert, die der im 18. Jahrhundert lebende Philosoph George Berkeley einmal stellte: »Wenn in einem Wald ein Baum umfällt und niemand da ist, der es hört, gibt es dann ein Geräusch?« Berkeley hielt offenbar die Menschen für die einzigen mit einem Hörsinn ausgestatteten Lebewesen. Ein solch verengter, auf die menschliche Welt zentrierter Blick hat einen Keil zwischen die Menschen und die Natur getrieben, und die Spaltung besteht bis heute. Die Frage ist: Können wir durch Hören lernen, uns wieder mit dem Wilden zu verbinden?

Abgesehen von der Musik, hatten die Waldbewohner und ich keine gemeinsame Sprache, als wir uns kennenlernten, und so redeten wir nicht viel miteinander. Doch eng mit der wilden Natur verbundene Menschen waren schon immer meine besten Lehrer gewesen. Im Amazonasgebiet und in Afrika habe ich gerade in Phasen langen Schweigens den natürlichen Klanglandschaften intensive Aufmerksamkeit geschenkt und versucht, deren Botschaften zu entschlüsseln –

Offenbarungen, die einst für die gesamte Menschheit von lebenswichtiger Bedeutung waren. Aber im Lauf der Zeit haben wir verlernt, einen Zugang zu finden zu den großen akustischen Erzählungen, die in den wilden Klanglandschaften verborgen sind, und sie zu deuten. Dass sie insgesamt in unserer Geschichtsschreibung ebenso wenig vorkommen wie in der Biologie und der Musikwissenschaft, zeigt, wie wir die Welt hören. Zugleich können wir daran ablesen, dass wir inzwischen unsere gegenwärtigen akustischen Umwelten für normal halten und sie akzeptieren.

Ist es möglich, in einer absolut engagierten, aktiven statt passiven Weise hören zu lernen? Ich denke, jeder, der dazu bereit ist, kann eine tiefe Achtsamkeit gegenüber der Welt lebendiger Klänge gewinnen. Wir sind von solchen Klängen umgeben, und unser Bewusstsein dessen stärkt unsere Verbindung zur Biosphäre. Je mehr Zeit ich mitten in der Natur verbracht habe, desto hingebungsvoller habe ich ihr gelauscht. In den Klanglandschaften, besonders den ursprünglichen, natürlichen, finde ich fast immer Zeichen jener Ereignisse, die in meiner Umgebung stattfinden. Ältere, noch halbwegs intakte Lebensräume besitzen noch eine klassische akustische Ganzheitlichkeit, in der die subtilsten Hinweise – leichte Irritationen in den Vogelgesängen, Insektenstimmen, deren Intensität nachlässt, Froschchöre, die plötzlich verstummen – meist mehr aussagen als Veränderungen in gefährdeten Habitaten. Mit ihren kontrapunktischen, festen Rhythmen sind sie die Johann Sebastian Bachs des natürlichen Klangs. Ich bin zu der Erkenntnis gekommen, dass wir diese Zeichen, die die Urwälder uns geben, aufs Spiel setzen, wenn wir sie ignorieren.

Als Tonmann bin ich ein behutsamer Voyeur – ein umsichtiger Eindringling – und nehme mir, was ich gerade bekommen kann, begrenzt nur durch meine technischen Möglichkeiten. Ich achte aber sorgfältig darauf, keine Lebewesen in ihren mit Bedacht gewählten Behausungen zu stören. Früher glaubte ich, das, was ich auf meinen Bändern festhielt, sei »authentisch«, aber heute weiß ich es besser und bin bescheidener geworden. Die einer Klanglandschaft eigene Bedeutung ist eng an die Gegebenheiten des Lebensraums gebunden, dem sie entspringt. Wenn man sie aufnimmt und beispielsweise auf eine CD oder einen iPod überträgt, verändert sie sich und verliert – wenn auch nicht gänzlich – an Kraft. Was man auf einer modernen Musikanlage hört, während man, umringt von einem Hightech-Surround-System, auf einer bequemen Couch sitzt, ist nur ein schwacher Abklatsch im Vergleich zu dem, was man vor Ort erleben würde. Dort steigern der Wind oder der Regen auf der Haut, der Geruch des Waldbodens oder die trockene Luft der Wüste zusammen mit dem fein gezeichneten Himmel der Morgendämmerung oder dem Abendlicht den Augenblick in einer Weise, wie es das Abspielen einer Aufnahme allenfalls erahnen lässt. Auch der Akt des Aufnehmens natürlicher Klänge selbst ist nichts weiter als der Griff nach einem flüchtigen, bruchstückhaften und illusionären Augenblick, in dem man Zeit, Ort und Ausführung sorgfältig auswählt. Wie eine lange Jazzimprovisation variiert der Chor der Natur aber ständig, sucht stets nach dem bestmöglichen akustischen Ausdruck und lotet dessen Grenzen aus. Die Biophonie eines Tages bleibt nicht statisch und wird sich auch nie wiederholen. Gerade diese überragende, ausgesprochen selektive Wandelbarkeit im zeitlichen Verlauf ist der authentische biophonische Ausdruck des Wilden.

Dennoch können kurze, aufgezeichnete Ausschnitte von Klanglandschaften etwas ganz Wunderbares sein – man kann ihnen mit minimalem Aufwand und größtem Vergnügen zuhören – und sind, als Abstraktionen, die einzige Möglichkeit, zumindest Fragmente der wilden, natürlichen Welt einzufangen. Indem man ihnen lauscht, kommt man dem tatsächlichen Erlebnis in der freien Natur so nah wie mit keinem anderen bekannten Medium. Von der Klanglandschaft bleibt zumindest ein physisches Element erhalten – die vorübergehende Wiederauferstehung einer vergänglichen Stimme.

Beinahe in jedem Habitat auf diesem Planeten, ob ursprünglich oder nicht, hört man die Stimmen der Bewohner. »Some sing low, some sing higher / Some sing out loud on the telephone wire.«[4] Wenn ich mir Zeit nehme und aktiv lausche, entdecke ich in der Natur Totemklänge – Klänge, die so aufregend sind, dass sie mich geradezu fesseln und mir der Atem stockt. Das umfangreiche Repertoire einer Spottdrossel, das sogar den unmusikalischsten Menschen verblüfft. Ein verletzter Biber, der mit einer Stimme über den Verlust seiner Partnerin und seines Nachwuchses trauert, wie ich sie noch nie zuvor gehört habe. Eine Ameise. Ein Regenwurm. Ein Virus. Manchmal ist es ein Frosch, der als Solist hervorsticht und zugleich von zahllosen Amphibien- oder Insektenstimmen unterstützt wird.

Manchmal stammen die Totemklänge, die ich höre, von Wellen am Meeresufer. Oder von dem Fluss im Arroyo in der Nähe unseres Wohnorts, der sich während der nordkalifornischen Winterstürme mit Wasser füllt. Heute sind es die resoluten Schreie und das rasche Hämmern eines Helmspechtpärchens, das sein Nest am Hang gegenüber meinem Schreibtisch gebaut hat. Solche Augenblicke rufen mir ins Gedächtnis, warum ich diese Reise begonnen habe. Mit etwas Glück werde ich noch öfter Totemklänge hören, wenn ich in Erwartung eines weiteren großen Abenteuers in die Wildnis stapfe.

Die Menschen haben erst spät damit begonnen, die natürlichen Klanglandschaften der Welt aufzuzeichnen und ihnen zu lauschen, aber mittlerweile schenken sie ihnen doch mehr Aufmerksamkeit. Mit kompetenten Fachleuten wie Martyn Stewart, Chris Watson, Walter Tilgner und Jean Roché, die ihr Wissen verbreiten, und seit Kurzem auch einer Vielzahl sachkundiger Gruppen wie der E-Mail-Gruppe naturerecordists@yahoogroups.com, der Nature Sounds Society (www.naturesounds.org) und dem World Listening Project (worldlistening@yahoogroups.com) hat jeder Zugang zu umfassenden, zuverlässigen Informationen. Die Zahl der Menschen, die überall auf der Welt schweigend und mit Kopfhörern an den Ohren in den Wäldern sitzen, scheint mit jedem Monat sprunghaft zu steigen. Mithilfe leicht handhabbarer Technik liefern uns diese Frauen, Männer und Jugendlichen mit jedem Gigabyte aufgezeichneter Klänge wunderbare neue Einblicke. Manche von ihnen werden ihr Material in neue musikalische Formen integrieren, wie wir sie uns bislang nicht haben vorstellen können. Die außerordentliche Wirkung dieser neuen Methoden wird dazu führen, dass die Gedanken, die hinter der Arbeit mit natürlichen Klanglandschaften stecken, endlich in größerem Maßstab Verbreitung finden.

Eines steht zweifelsfrei fest: Überall dort, wo es noch Biophonien und Geophonien gibt, die nicht durch menschlichen Lärm beeinträchtigt werden, finden wir Orte der Wiederbelebung und der Inspiration. Wir alle, die wir auf diesem Gebiet arbeiten, haben Mosaiksteinchen einer Wirklichkeit entdeckt, die als Ganze vielleicht der Weltgemeinschaft am Ende den unbezahlbaren Wert unserer natürlichen akustischen Ressourcen vor Augen führen kann. Es ist ein lebenslanges Bemühen, das zutiefst fesselt und uns belohnt, im ästhetischen Sinn, aber auch insofern, als die Äußerungen der natürlichen Welt unsere Sinne schärfen. Unsere Arbeit stellt uns vor große physische und emotionale Herausforderungen und bringt oft Gefahren mit sich. Man bedenke nur, wie schwierig es heute ist, entlegene Lebensräume zu finden, die noch ruhig und intakt sind. Doch die Wonnen und Wunder, die wir bei unserer Arbeit erleben, machen den Energieeinsatz und die zahlreichen Risiken mehr als wett.

Ich werde oft gefragt, ob die natürlichen Klanglandschaften wiederhergestellt werden könnten, wenn wir nicht mehr in die Natur eingreifen würden. Neben dem von Menschen aufgegebenen Land in Northumberland ist hierfür Tschernobyl in der Ukraine ein hervorragendes Beispiel. Nach der Kernschmelze im Atomkraftwerk im April 1986 verließen die Menschen das Gebiet nahezu vollständig. Nach dem Unfall senkte sich Stille über die Welt um Tschernobyl – eine solche Stille, dass die ersten Wissenschaftler, die hingeschickt wurden, um Untersuchungen anzustellen, verblüfft waren. Doch ebenso frappant war für sie die allmähliche Rückkehr der Naturklänge vom dritten Jahr nach der Katastrophe an. Es wurden zwar vor und nach Errichtung des Kernkraftwerks keine akustischen Studien durchgeführt oder Klanglandschaften aufgezeichnet, aber ein paar Tonkünstler haben den Nachwirkungen des Unfalls große Aufmerksamkeit geschenkt. Zu ihnen gehört Peter Cusack. Der britische Klangökologe und Musiker reiste im Frühjahr 2006 und dann noch einmal im Sommer 2007 zu Aufnahmen nach Tschernobyl. Die Ergebnisse seiner Arbeit offenbaren eine bemerkenswert dichte Klangmischung ohne menschliche Geräusche, die Wiedergeburt von Teilen der ökologischen Struktur, die deutlichere Bandbreitenunterschiede aufweist als manche nachwachsenden Habitate in Nordamerika. Der Begleittext zu seiner Doppel-CD *Sounds from Dangerous Places* beschreibt, wie selbst die am meisten beschädigten Orte auf der Welt ohne uns klingen würden. Cusack schreibt über die Flora und Fauna in Tschernobyl:

> In völligem Gegensatz zu menschlichem Leben scheint in Tschernobyl die Natur zu gedeihen. Die Evakuierung der Menschen hat eine ungestörte Oase geschaffen, die die Natur in vollem Umfang für sich genutzt hat. Heute findet man hier Säugetiere und Vögel, die es an diesem Ort seit Jahrzehnten nicht mehr gegeben hat – Wölfe, Elche, Seeadler, Schwarzstörche –, sodass die Sperrzone von Tschernobyl heute zu den erstklassigen Naturgebieten gehört. Es heißt, dass sich manche Arten unmittelbar nach dem Unfall aus dem Gebiet zurückzogen, aber alle nach drei Jahren wieder zurückgekehrt sind und seither gedeihen.
>
> Aufgrund der Zahl und der Vielfalt der Arten sind die natürlichen Klänge im Frühjahr besonders eindrucksvoll. Die Vögel sind unüberhörbar, und auf praktisch jeder Aufnahme, die ich gemacht habe, singt irgendwo ein Exemplar. Für mich wurde der inbrünstige Chor der Morgendämmerung mit seinem Artenreichtum, den wir während unseres Aufenthalts jeden Morgen hörten, einer der charakteristischen Klänge von Tschernobyl. Tschernobyl ist außerdem bekannt wegen der Frösche und Nachtigallen, und so waren auch die Abendkonzerte spektakulär.

Und so schilderte Cusack mir gegenüber seine Eindrücke:

> Die Sperrzone ist heute ein wunderbares Naturreservat. Aber ich weiß natürlich nicht, wie es dort vorher aussah. Ich habe versucht, einen der zuständigen Biologen zu fragen, aber er wollte nicht mit mir sprechen (warum, weiß ich nicht). Überhaupt war es äußerst harte Arbeit, zuverlässige

> Informationen von Behördenvertretern oder Wissenschaftlern zu bekommen … Andere auswärtige Forscher und normale Besucher – Wissenschaftler oder Volkskundler aus Kiew – sagten, sie hätten auch eine deutliche Zunahme der Vielfalt und des Umfangs natürlicher Klänge festgestellt. Ich habe den Eindruck, dass in den Gebieten, wo die Menschen evakuiert wurden, Flora und Fauna wirklich angewachsen
> 9.3 sind. Das kann man an der Klanglandschaft feststellen.

Es gibt noch weitere Beispiele für natürliche Stimmen in einer Welt ohne uns Menschen, für Orte, die wieder den Zustand angenommen haben, wie er vor der Ankunft unserer Spezies existiert haben mag. Aufgrund der Daten von Beobachtungsgeräten, die wir an unbewohnten oder verlassenen Plätzen aufgestellt haben, wo außerdem der Boden immer noch so nährstoffreich ist, dass eine Rückkehr der Vegetation möglich ist, möchte ich die Frage, ob manche Klanglandschaften wiederhergestellt werden können, mit einem vorsichtigen Ja beantworten. Die Welt kann ein sehr lebendiger Ort sein, wo nicht wir auf den Plan treten, um lauthals unsere Anwesenheit zu verkünden.

Man könnte meinen, Wüstenhabitate – trockene, abgeschiedene, dünn besiedelte und extrem anfällige Gebiete – könnten nur schwer zu dem prekären Gleichgewicht zurückfinden, in dem sie sich vor der Einmischung des Menschen befunden haben. Aber auch sie zeigen uns bisweilen, dass es möglich ist, wenn wir sie nur lange genug sich selbst überlassen. Wüsten, häufig als trostlose Region geltend, wo nicht viel passiert, sind in Wirklichkeit sehr lebendige Habitate. Wenn wir mit über 100 Stundenkilometern hindurchfahren, sehen wir meist von der Straße aus gelegentlich Gestrüpp aufblitzen und Kakteen aus Sandmulden oder verkrustetem

Boden emporwachsen. Unsere Armee schießt Granaten in die Wüste und wirft Bomben über ihr ab. Minenarbeiter fördern darin Rohstoffe und schütten Abraumhalden auf. Scharen von Urlaubern brechen mit Strandbuggys, Geländemotorrädern und -autos die vermeintliche Totenstille und zerstören damit rücksichtslos die fragile Flora und Fauna, die versucht, sich unter den harten Bedingungen zu behaupten. Dennoch gibt es immer noch Wüsten – sogar in den Vereinigten Staaten –, die zu den lebendigeren, natürlichen Habitaten der Welt gehören.

Wenn ich beklage, dass 50 Prozent der Lebensräume, in denen ich Aufnahmen gemacht habe, heute nur noch in meinem Archiv zu hören sind, holt mich meine Frau auf den Boden der Tatsachen zurück und macht mir klar, dass folglich 50 Prozent noch existieren. Einige Gebiete in der Übergangszone zwischen der Sonora- und der Chihuahua-Wüste gehören zu den wenigen Orten in den Kernstaaten der USA, die über lange Zeiträume völlig lärmfrei sind. Diese Zone verläuft von Nordmexiko in die Vereinigten Staaten, entlang der südlichen Ausläufer New Mexicos, Arizonas und Kaliforniens. Während wir in einem Gebiet der Nichtregierungsorganisation Nature Conservancy in New Mexico arbeiteten, steckten Ruth Happel und ich ein Gebiet von etwa 13 Quadratkilometern bei der Gray Ranch/Animas ab und machten dort im Frühjahr 1992 Aufnahmen. In dieser Hochwüsten-Bioregion befinden sich viele verschiedene Mikrozonen, die durch klar unterscheidbare Biophonien gekennzeichnet sind. Die Menschen, die dort noch arbeiten, berichten, dass die Natur auf dem Gebiet der Ranch noch vielfältiger geworden ist, da das Weidevieh reduziert wurde und strikte Naturschutzauflagen eingeführt wurden. Nicht in allen dieser offenen, trockenen Regionen findet man die klaren akustischen Gebietsgrenzen,

die in den Tropen so deutlich zum Ausdruck kommen. Die Lebewesen verteilen sich auf ein viel größeres Territorium, und die Biophonie ist bei Weitem nicht so dicht. Aber es gibt
9.4 sie noch.

Nach Jahrhunderten der Überweidung erholt sich das Habitat allmählich und ist fast schon wieder intakt. Espen, Kriechwacholder, Eichen, Mesquitebäume, Kakteen, Bärentrauben, Erlen, Gewöhnliche Traubenkirschen, Sträucher, Schatten-Schachblumen und Sauergrasgewächse, Besenginster, Salbei, *Pluchea sericea* und Jakobsstab sind zurückgekehrt und beherbergen eine einzigartige Mischbevölkerung stimmfähiger Lebewesen. An die Stelle invasiver Pflanzen- und Tierarten treten mehr und mehr solche, die in dieser Umwelt natürlich vorkommen. So haben wieder Kaktus- und Felsenzaunkönige Einzug gehalten, Kolkraben und Weißhalsraben, Wiesenstärlinge, fünf Sperlingsarten, Grünschwanz-Grundammern, Azurbischöfe, Spornammern, Louisianerwürger, Purpur- und Graukehl- und Arkansaskönigstyrannen, Ohrenlerchen, Winternachtschwalben, Kanincheneulen und Virginia-Uhus, Erdtauben, Aplomadofalken, Rotschwanzbussarde, Schuppenwachteln, Laubheuschrecken, Grillen, Kojoten, Graufüchse, Berglöwen, Hasen, Eichhörnchen, Fledermäuse, Mäuse, Käfer, Ameisen, Termiten, Grashüpfer, Mormonengrillen, zahlreiche Kröten- und Froscharten, Geckos, Schildkröten und Schlangen – alle mit einer ausdrucksvollen eigenen Stimme begabt, sodass das Habitat tönt und raunt, ohne dass Rinder, Schafe, Hunde, Flugzeuge, Autos, Züge oder Lastwagen seine Melodie stören würden. Wer hat gesagt, dass es in der Wüste nichts gibt?

Eine andere noch weitgehend intakte Region ist das Arctic National Wildlife Refuge – jenes Naturschutzgebiet, das der inzwischen verstorbene Senator Ted Stevens aus Alaska und viele andere für Ölbohrungen freigeben wollten. Um seine Haltung zu verteidigen, versuchte Stevens seine Kollegen davon zu überzeugen, dass dort außer Öl nichts zu finden sei. In einer Hetzrede im Jahr 2005 argumentierte er vor Mitgliedern des Senats, »10-2«, wie die entlegene und empfindliche Zone genannt wurde, die er im Visier hatte, sei ein unbelebter Landflecken. Dabei hielt er einen weißen, leeren Karton in die Höhe, ein Symbol, mit dem er verdeutlichen wollte, dass seiner Meinung nach das Anzapfen dieser Quelle zur Befriedigung drängender Bedürfnisse der Verbraucher legitim sei.

Stevens' Argumente ließen bei vielen Zweifel aufkommen, auch bei mir. Um Antworten auf meine Fragen zu finden, führte ich im Jahr 2006 drei Teams von Bioakustikern zu Ton- und Filmaufnahmen in das Naturschutzgebiet, eine riesige Fläche im nordöstlichen Winkel Alaskas. Sie hat annähernd die Größe des US-Staats Maine, keine Straßen oder Wege (abgesehen von Wildpfaden), keine Schilder und keine Souvenirshops. Die drei Teams, angeführt von mir (zusammen mit Bob Moore aus Maine) beziehungsweise Martin Stewart, einem BBC-Naturakustiker, und Kevin Colver, einem Ornithologen und Arzt aus Utah, verschafften sich jeweils in einem anderen Teil einen ersten Eindruck von der akustischen Dynamik des Naturparks in völlig verschiedenen Biomen. Colvers Team arbeitete am Nordufer der Beaufortsee nahe der Grenze zu Kanada. Das Team unter Stewarts Leitung begab sich nach Sunset Pass in der North Slope. Die dritte Gruppe mit mir und Moore widmete sich den südlichen Ausläufern der Brooks Range am Timber Lake, am äußersten westlichen Ende des borealen Nadelwalds, der sich von den kanadischen Seeprovinzen quer durch Kanada bis zum Naturpark erstreckt. Es gelang uns, in einem Zeitraum von 10 Tagen insgesamt etwa 80 Stunden atemberaubender Natur-

klänge mit über 80 Vogelarten aufzunehmen, und wir sichteten Bären, Polarfüchse, Wölfe, Karibus, Eichhörnchen und
9.5 Mäuse.

Wie die Klanglandschaften der Wüstenhabitate sind auch die Stimmkollektive der Arktis karg und dünn im Vergleich zu denen in den tropischen und subtropischen Regenwäldern, wo Vegetation und Klima einer äußerst reichen Vielfalt förderlich sind. Die Flora ist hier ebenfalls nicht so dicht und mannigfaltig, und wo Tundragras vorhanden ist, dehnt es sich aus, so weit das Auge reicht. Es ist nicht leicht, sich hier zu orientieren. Selbst der Wanderer muss mit Bedacht vorgehen und benötigt ein gewisses Maß an jugendlicher Energie. Futterquellen, besonders für Vögel, sind weit verstreut. Wenn sich der Rauch sibirischer Feuer, der im Frühjahr und Frühsommer hin und wieder den Himmel über Nordalaska verschleiert, verzogen hat und die Luft wieder rein ist, verströmt die Tundravegetation einen herrlich frischen Duft nach Kräutern. Überall, wohin uns der Weg führte, pflückten wir »Ayuk« oder Labradortee – von den Ureinwohnern Tundratee genannt – und kochten ihn als erfrischende Abwechslung in unserem Speiseplan. Der Gesang der Vögel war äußerst schwach und wegen des fast beständigen Windes, der von Sibirien und der Beaufortsee Richtung Norden und Westen bläst, nur schwer einzufangen. Aber es existieren Vögel, und sie artikulieren sich stimmlich. Sie haben sich sogar viel zu sagen, denn wegen der Kürze des Sommers steht ihnen dafür nur wenig Zeit zur Verfügung. Wie in der Wüste verteilen sich die Vogelpopulationen auch hier über riesige Flächen.

Da es auf den über 60 000 Quadratkilometern des als Naturpark ausgewiesenen Gebiets keine Dienstleistungen gibt, trifft man hier, abgesehen von Jägern, Wanderern und Kanufahrern, im Sommer kaum Menschen an. Daher beeinträchtigen über lange Zeitspannen hinweg nur wenige Störfaktoren das Leben der Tiere und die natürliche Klanglandschaft. Während wir an unserem Lagerfeuer saßen, meinte unser Führer, der Ökologe und Dichter Frank Keim aus Fairbanks: »Manchmal wandere ich wochenlang durch die Brooks Range, ohne einen anderen Menschen zu sehen oder zu hören.«[5]

Keim machte uns auch mit »Candle ice« vertraut, einer Formation von stäbchenförmigem Eis, die sich beim Schmelzen von den Rändern der Eisschollen löst. Dabei klimpern die Stäbchen wie ein hell klingendes Windspiel. Die Klänge schmelzenden Eises weisen auf andere Geschehnisse hin, die wir, wie Keim uns erklärte, ebenfalls berücksichtigen sollten. Er hielt eine Handvoll der bleistiftartigen, schmelzenden Eisstücke hoch und warnte:

> Im Frühjahr, wenn die Sonne scheint, wird ihre Wärme unter die Eisoberfläche geleitet. Zuerst erwärmen sich Staubpartikel, weil sie Hitze schneller aufnehmen. Sie durchdringen das Eis in vertikaler Richtung, sodass das Eis zu bleistiftartigen Formen zusammenschmilzt. Am Grund des Eises gibt es eine riesige Menge Algen, und die Algen fangen an, sich massenhaft zu vermehren. Krustentiere – zum Beispiel Ruderfußkrebse – fressen die Algen und werden selbst wiederum von Fischen gefressen. Seehunde fressen den Fisch, und dann verzehren Eisbären und Menschen die Seehunde. Wenn es dieses Eis nicht mehr gibt – und wegen der Erderwärmung schwindet es rasch –, also, wenn es nicht mehr vorhanden ist, dann gibt es das alles nicht mehr. 9.6

Unsere Zeit in dem Naturschutzgebiet erweiterte bei jedem von uns die Vorstellungen von dem, wie die ursprünglichen

Lebenswelten ohne oder nur mit wenigen menschlichen Eingriffen aussehen würden. In meiner unmittelbaren Umgebung, keine zwanzig Minuten von unserem Wohnort in Nordkalifornien entfernt, verläuft von Norden nach Süden eine niedrige Bergkette, die Mayacamas Mountains, die Napa und Sonoma Valley voneinander trennt. Nicht weit unterhalb des Kamms wurde ein Schutzgebiet ausgewiesen, das sowohl ruhig als auch akustisch aktiv ist. Es handelt sich nicht um eine Primärlandschaft, was ein bisschen zu viel erwartet wäre in einer belebten ländlichen Gegend, dennoch hat sich hier durch ein umsichtiges Management in den letzten Jahrzehnten in einer Höhe von knapp 400 Metern ein Großteil der ursprünglichen Vegetation – Unterholz aus jungen Eichen, Erlen und Douglasien – wieder angesiedelt. Die Morgen- und Abendkonzerte sind voll und schön, auch wenn ich mir sicher bin, dass sie nicht mehr so klingen wie vor hundert oder mehr Jahren, als der Schriftsteller Jack London durch ebendiese Berge streifte. Ihre Textur hat sich sogar in den etwa zwanzig Jahren, seit ich hier wandern gehe, lausche und Aufnahmen mache, verändert. Die sichtbarsten Beeinträchtigungen sind vor allem auf den Klimawandel und möglicherweise auf die Verschiebungen im Magnetfeld der Erde, die man erst kürzlich festgestellt hat, zurückzuführen. Die Niederschlagsmengen variieren im Lauf eines Jahres mehr als früher, und die Winter sind um Wochen kürzer geworden. Die Vögel schwingen sich bei ihren Morgenkonzerten elf bis zwanzig Tage früher zur Höchstform auf als 1994, dem Jahr meines ersten Besuchs.

Ansonsten ist es in dem etwa elf Quadratkilometer großen Park mit seinem kilometerlangen Wegenetz ziemlich ruhig. Am frühen Morgen, wenn es nur geringen Luftverkehr gibt und noch keine Besucher da sind, stört kaum etwas diese Ruhe. Beim ersten Tageslicht kann man durchaus eine halbe

Stunde oder länger Aufnahmen machen, ohne ein einziges Flugzeug oder ein motorisiertes Fahrzeug zu hören – in unserer Zeit und für diesen Teil des Landes eine bemerkenswerte Erscheinung.

Als ich mich noch jünger fühlte, überkam mich wie in meiner Jugend manchmal der Wunsch, »aus der Stadt herauszukommen« und zu exotischen Orten zu reisen, um die echten Naturklänge zu erleben. Aber dann entdeckte ich, dass es quasi direkt vor meiner Haustür Plätze gab, die wohl kaum je ein Mensch mit einem Mikrofon in der Hand aufgesucht hatte. Ich möchte wetten, dass es weitaus mehr solcher ungewöhnlich aktiven ökologischen Nischen gibt, als wir denken. Die meisten Tonleute, die ich kenne, haben Lieblingsorte in ihrer Nähe, die sie immer wieder durchstreifen, über die sie aber nur ungern sprechen, aus Angst, diese kleinen Paradiese könnten von Kollegen überrannt werden, die auf der Suche nach lohnenden Habitaten sind, wo sie lauschen und Aufnahmen machen können.

Um zu den exotischen Orten zu gelangen, an denen man noch intakte Klanglandschaften vorfindet und die beeindruckenden Tierorchester hören kann, muss man sich, fürchte ich, ernsthaft auf Wanderschaft begeben. Aber es lohnt sich – das Erlebnis gleicht der Erfahrung, endlich einmal einen Blick auf einen Elfenbeinspecht zu erhaschen oder die Sternenpracht an einem sonst völlig dunklen Himmel zu sehen. Das Problem ist allerdings, dass die Zahl und Vielfalt der saisonabhängig aktiven Vögel und der Zugvögel, der Frösche und Insekten vielerorts abgenommen hat, zum Teil aufgrund der Tatsache, dass sich die Bedingungen in ihren angestammten Habitaten ebenso verändert haben wie in den Urwäldern. So haben sich vielerorts exotische und invasive Insektenspezies breitgemacht wie die Afrikanisierte Honigbiene, die Gelbe

Spinnerameise, die Feuer- und die Argentinische Ameise; Säugetiere wie das Kaninchen in Australien, das Possum in Neuseeland und der Mungo in Hawaii und schließlich aggressive Vögel, Mollusken, Fische und sogar Frösche. Manche von ihnen wurden angesiedelt, um andere akute Probleme, die sich aufdrängten, zu lösen.

Ein typisches Beispiel für noch existierende größere ökologische Nischen ist der Dzanga-Sangha-Regenwald im Südwesten der Zentralafrikanischen Republik – Heimat der bereits erwähnten Ba'Aka. Auch hier vollziehen sich Veränderungen, vor allem infolge der umfangreichen Abholzungen durch europäische und asiatische Firmen. Zu der Zeit hingegen, als Louis Sarno seine ersten Aufzeichnungen machte, befand sich die afrikanische Klanglandschaft wahrscheinlich in einem ähnlichen Zustand wie vor 15 000 oder 20 000 Jahren. Die Musik des Waldes, die Sarno bei seiner Ankunft Mitte der 1980er-Jahre beschrieb, war »älter als die Pyramiden und unverändert durch den Lauf der Zeit, intakt in ihrem emotionalen Gehalt, ihrer Komplexität und der Ordnung, der nachzuforschen jeden Aufwand lohnt«. Mehr als jeder andere steht Sarno für den Gedanken, dass es eine numinose und praktische, sehr unmittelbare Verbindung gibt zwischen den Klängen einer unberührten Landschaft und der Entwicklung der Musik, des Tanzes und wahrscheinlich sogar der Sprache der Spezies Mensch. Sarno war drei Jahrzehnte lang unmittelbarer Zeuge jener Prozesse, die vor dem Hintergrund der natürlichen Klanglandschaften zu den musikalischen Leistungen des Menschen führten. Da er mit seiner neuen Familie vor Ort, in ebenjenem Regenwald, lebt, wird er nun Zeuge der Folgen, die die moderne Zivilisation für jene hat, die sich einst ausschließlich von den stimmfähigen Lebewesen ihrer Welt akustisch inspirieren ließen.

Aber es ist noch nicht zu spät. Orte in den äußersten Ausläufern Alaskas, in den Pampas Argentiniens und Uruguays, in Kanada (Ontario, in Teilen British Columbias und den Northwest Territories), in den Überschwemmungsgebieten des brasilianischen Pantanal, geschützte Regionen in Papua-Neuguinea und sogar Segmente im Norden Minnesotas sowie die Adirondacks im Bundesstaat New York sind bis heute reich an natürlichen Klängen. Solange wir umsichtig, mit Achtung und Respekt in diese Gebiete reisen, werden manche von ihnen als akustische Denkmäler bestehen bleiben – als Oasen in dem sonst so lärmenden Labyrinth, in dem zu leben wir uns entschlossen haben, als Orte, die voller Weisheit und Spiritualität sind, die uns heilen und musikalisch inspirieren.

Am Schluss meiner öffentlichen Vorträge werde ich fast immer gefragt, was wir tun können, um die noch verbliebenen Naturräume zu erhalten. Es ist ganz einfach: Stören wir sie nicht, und beenden wir den Konsum nutzloser Produkte, die niemand von uns braucht. Wann immer wir die Natur betreten, sollten wir uns still verhalten und die Dinge so lassen, wie sie sind. Wir müssen uns von dem Gedanken befreien, dass wir die natürliche Welt durch unsere Gegenwart oder unsere Schöpfungen verbessern. Sie hat sich über den Großteil der Zeit ohne unseren Einfluss, auf selektive Weise und durch Anpassung nach dem Trial-and-Error-Prinzip entwickelt. Die Zurichtung der Natur nach unseren Vorstellungen und für unsere Zwecke geschieht mit einer Gewalt, die sich gegen uns selbst richtet und deren weitreichende Folgen wir nicht überschauen – und nicht hören – können.

Bevor das Echo des Waldes verebbt, möchten wir vielleicht noch einen Augenblick zurücktreten und achtsam dem Chor der natürlichen Welt lauschen, in der die Klangströme von

Grillen, winzigen Fröschen, schwirrenden Insekten, Zaunkönigen, Kondoren, Geparden, Wölfen und von uns Menschen frei fließen können. Das Wispern jedes Blattes und jedes Geschöpfs beschwört uns, dem zarten Klangteppich der Biophonie unsere Liebe und Sorge zu schenken, denn schließlich bot er die erste Musik, die unsere Spezies vernahm. Er vermittelte dem Menschen die Botschaft, dass er ein wesentlicher Bestandteil eines einzigen fragilen ökologischen Systems ist, eine Stimme in einem vielgestaltigen Orchester, und keinen wichtigeren Auftrag hat als die Feier des Lebens selbst.

Dank

Mein besonderer Dank für Unterstützung und/oder Inspiration geht an: Phil Aaberg, David Abram, Animal Welfare Institute, Skip Ambrose, Jelle Atema, Frank Awbrey, Joseph und Addie Axelrod, Phil Bailey, Ken Balcomb, Christina und Carroll Ballard, Luis Baptista, Gregory Bateson, Paul Beaver, Terry Bell, Wendell Berry, Doug und Cheryl Breitbart, Anne und Alexander Buck, John Cage, Calgary Zoo, California Academy of Sciences, Jack Campisi, Laurence Campling, Joel Chadabe, Leila Chamma, Cleveland Metroparks Zoo, Kevin Colver, Community Foundation, Mike Cumberland, Jim Cummings, Peter Cusack, Lauren Dewey-Platt, Jannie Dresser, Bob Drewes, Dan Dugan, Loren Eiseley, Evan C. Evans III, Gina Farr, Wolfgang Fasser, Kurt Fristrup, Stuart Gage, Google, Patricia Gray, Herman Gygi, John Hanke, Mike Hanke, Gerry Haslam, Don Hodges, Wes Henry, Al und Michal Hillmann, Bob und Olivia Hillmann, Jack Hines, Institute for Music and Brain Science, Antônio Carlos Jobim, Charles Jurasz, Roger Kaye (U.S. Fish and Wildlife Service, Alaska), Sam Keen, Frank Keim, Garret Keizer, Andy Keller, Sherry und Dan Krause, David Kuhn, Linda und Jim Kuhns, Casey Langfelder, Aldo Leopold, Lobitos Creek Ranch (Steve Michelson), Rick Luttmann, Madrone Audubon Society, Malcolm Margolin, George Marsh, Sir George Martin, Doug und Kathy McConnell, Chuna McIntyre, Bill McKibben, Craig Miller, Nick Miller, Stephen Mitchell, Robert Moog, Bob Moore, Rebecca Moore, Farley Mowat, Murie Center (Steve Duerr), NASA (James Hansen), National Park Service, Nature Sounds Society, Nick Nichols, Ken Norris, Kevin O'Farrell, Mary Oliver, Pauline Oliveros, Loran Olsen, Bob Orban, Tim und Meara O'Reilly, Kevin Padian, Aniruddh Patel, Bryan

Pijanowski, Ken Plotkin, Doug Quin, Richard Ranft, Jeff Rice, Mark und Sarah Roos, David Rothenberg, R. Murray Schafer, Bill Schmidt, Alan Shabel, Florence und Paul Shepard, Skywalker Sound, Smithsonian Institution, Derek Solomon, Stanford University (CCRMA und Bibliothek), Wallace Stegner, Christopher Struck, Howie Thompson, Mark Tramo, Karen Treviño, Rudy Trubitt, Jack Turner, U. S. Fish and Wildlife Service, University of Utah (Marriott Library), Van Dyke Parks, Casey Walker, Lilla und Andy Weinberger, Hans-Ulrich Werner, Terry Tempest Williams, E. O. Wilson, Sam Wong und Aaron Ximm.

Große Dankbarkeit empfinde ich gegenüber Pionieren und führenden Bioakustikern wie Ludwig Koch, Jean Roché, Walter Tilgner, Lang Elliott, Louis Sarno, Steven Feld, Fred Trumbull, Roger Payne, Katy Payne, Chris Clark, Martyn Stewart, Chris Watson, Ruth Happel, Rob Danielson, David Monacchi und Volker Widmann, um nur einige der herausragenden Kollegen zu nennen. Und ebenso gegenüber den großen Naturfilmern und Media-Sounddesignern wie Randy Thom, Ren Klyce, Andy Wiskes, Gary Rydstrom, Walter Murch, Joe Harrington und Ben Burtt, die wissen, dass Klang ohne seinen ursprünglichen Kontext schlicht und einfach eine Illusion ist. Jede Auswahl ist eine Bearbeitung, jede Bearbeitung Kunst und jedes daraus entstehende Werk eine Ode und Hommage an Orte von großer Pracht auf diesem Planeten – seien sie real oder ein Produkt der Phantasie. Manche von ihnen kreieren wahre Magie, andere halten ihre Arbeit durch und durch für Täuschung.

Gillian MacKenzie, mein großartiger Agent, entzündete das Feuer. Mein Lektor John Parsley schürte es mit seinen Kenntnissen und seinem untrüglichen Gespür für Stimme und Struktur. Jeff Galas gab dem Text seine Ordnung. Karen Landry, die Redakteurin, gab ihm den letzten Schliff. Kat Krause, meine liebe, tolerante Frau, ertrug mit unendlicher Geduld, dass ich fast zwei Jahre lang jeden Tag dasaß und überlegte, wie ich einen Gedanken zu einer Geschichte ausformen sollte.

Und auch Seaweed möchte ich danken. Wenn sie spürte, dass ich verzweifelt war, sprang sie mir auf den Schoß und schnurrte – eine Stimme der Inspiration, wie sie jedes Lebewesen besitzt, wenn wir nur richtig hinhören. Vielleicht hatte sie aber auch einfach nur Hunger.

Anmerkungen

KAPITEL 1: *Klang als mein Mentor*

1. Eine Anmerkung zu meinen Aufnahmen in Muir Woods: Die ursprünglichen Außenaufnahmen, die für *In a Wild Sanctuary* gemacht wurden, waren von ziemlich schlechter Qualität. Eigentlich hatte ich sie einbringen wollen, aber das Zischen auf dem von mir aufbewahrten Tonband machte es unbrauchbar. Man muss bedenken, dass es mein allererster Versuch war, natürliche Klanglandschaften in der »Wildnis« einzufangen. So verwendete ich stattdessen einen großartigen Audioclip aus dem Archiv von Dan Dugan, Tonmeister, Audioelektronikdesigner und Vorstandsmitglied der Nature Sounds Society (http://www.naturesounds.org), der in den vergangenen Jahren in Muir Woods umfängliche Arbeit geleistet und den akustischen Augenblick wirklich so eingefangen hat, wie ich ihn in Erinnerung habe.
2. *Citadels of Mystery*, Takoma Records, 1975, war das erste Album, auf dem ein Gitarrensynthesizer verwendet wurde und das eine westliche Komposition mit Texten in der Quechua-Sprache enthielt.
3. Tief beeindruckt von den Geräuschen des Wassers an den Küsten der Normandie und der Bretagne, begeisterte sich der impressionistische Komponist Claude Debussy so leidenschaftlich für die akustischen Seestücke, dass diese Empfindungen unauslöschlich in sein Orchesterwerk *La Mer* einflossen.
4. Die Informationen zu Walter Murch, der als Sounddesigner für den Film *Apocalypse Now* den Oscar erhielt und bei den Filmen *Der Dialog, The Rain People* und *Der Pate* mitarbeitete, stammen aus einem

am 17. Februar 2010 aufgezeichneten Interview in Bolinas, Kalifornien.

5. Zum Vergleich zwischen der relativen Lautstärke der Grateful Dead und des Pistolenkrebses: Die bisher höchste Lautstärke bei Musikveranstaltungen wurde am 15. Juli 2009 bei einem KISS-Konzert auf dem Cisco Ottawa Bluesfest im kanadischen Ottawa gemessen. Dort stellten die Ordnungsbeamten der Stadt Ottawa im Sound-Zelt während des Liveauftritts eine Lautstärke von 136 dB fest. Damit war es das lauteste je von einer Band gegebene Konzert.
6. Kurz bevor Schafer den Begriff »soundscape« zum ersten Mal benutzte – um eine allgemeine Idee von den Geräuschen in einer Stadtlandschaft zu bezeichnen –, erwähnte ihn Michael Southworth in seinem Aufsatz »The Sonic Environment of Cities« in der Zeitschrift *Environment and Behavior* 1, Nr. 1 (Juni 1969) (S. 49–70). Southworth hat den Gedanken jedoch nicht weiterverfolgt. Schafer war es, der dem Wort seine umfassende Bedeutung gab und es als Fachbegriff in die Akustik einführte.
7. Um sich den genialen Aufbau eines Tonbands vor Augen zu führen, stellen Sie sich Millionen mikroskopisch kleiner Metallpartikel vor, die nach einem Zufallsmuster angeordnet sind. Wenn der Magnetkopf des Rekorders ein Analogsignal überträgt, ordnen sich die Partikel so an, dass sie, in einer bestimmten Lösung entwickelt, ein Bild ergeben, das an einen Strichcode erinnert. Dieser »Strichcode« wird, wenn man ihn über den Tonkopf eines Analogrekorders zieht, als Ton »gelesen«.
8. Der unvollkommene Eindruck, den wir durch Klangfragmentierung von der akustischen Welt erhalten, ist ausreichend, sofern man einen großen Mangel außer Acht lässt, wie etwa in einem Artikel über Vogelgesang, erschienen in der Anthologie *The Origins of Music* (2000), hg. v. Nils L. Wallin, Björn Merker und Steven Brown: »Der Gesang hat zwei Hauptfunktionen: Rivalen abschrecken und Partnerinnen anlocken.« Obwohl dieses Buch als Standardwerk gilt, befasst sich nicht einer der 26 Texte mit der Beziehung zwischen dem Gesang eines einzelnen Vogels und der komplexen akustischen Struktur der

Klanglandschaft, in der das Lied des Vogels erklingt. Diese produktive Beziehung ist die Grundlage für unser Verständnis nicht nur des Vogelgesangs, sondern aller Tiergeräusche und ihres Einflusses auf die Ursprünge der Musik und menschlicher Rhythmen.

KAPITEL 2: *Stimmen zu Lande*

1. Unter den vielen alten Mythen, in denen es um Wasser und Klang geht, gibt es ein Volksmärchen, das mir besonders gefällt. Es stammt von den Kawésqar, einer Stammesgruppe, von der keine zwei Dutzend Menschen mehr ihre ursprüngliche Sprache beherrschen. Die Kawésqar leben auf der Insel Wellington im Süden Chiles.

> Es gibt eine Geschichte über einen jungen Mann, der an einem Tag, an dem sein Vater Nutrias [eine große Nagetierart] und Vögel jagte, loszog und eine verbotene Nutria tötete. Er tat dies, als sein Vater und seine Mutter das Haus verlassen hatten. Sie waren lange zuvor aufgebrochen: Das erzählt die Geschichte.
> Doch dann heißt es weiter, es sei ein starker Wind aufgekommen, und schließlich habe ein Gewitter begonnen. Es fiel Regen, bis die ganze Erde von Wasser bedeckt war.
> Der junge Mann, der die Nutria getötet hatte, blieb verschont. Er rannte um sein Leben und lief auf einen Hügel hinauf. Dort blieb er und wartete, bis die Flut zurückging. Die Flut weicht immer schnell, nicht wahr?
> Und so war es auch hier, und als der junge Mann dessen gewahr wurde, stieg er wieder hinab. Dabei entdeckte er, dass sein Bruder, seine Mutter und sein Vater ertrunken waren und an einem Baum hingen. So heißt es in der Geschichte.
> Der junge Mann sah, dass alle ertrunken waren; und er sah auch Tiere, Wale und Delfine, die im Wald verstreut lagen, während die Flut zurückwich. Und so zog der junge Mann fort. Unterwegs lernte er ein Mädchen kennen, und die beiden machten sich daran, ein Kanu zu bauen. Es fehlte ihnen jedoch etwas, um das Kanu abzudichten. So beschlossen sie, es mit Gras zu bedecken.

Und sie blieben dort, bis der Morgen kam. So erzählt die Geschichte. Als es kalt wurde, hatte der junge Mann eine Vision: Er träumte von einem »coipo« [chilenisch für Sumpfbiber]. Er sagte, er habe das Nagetier im Traum gesehen. Er sagte auch, dass er von Nahrung geträumt habe und im Traum gegessen habe. Es war eine Art Zukunftsvision.

Und während er im Schlaf aß, wachte er auf und sagte zu sich:

Warum habe ich von diesem »coipo« geträumt? Ich habe den »coipo« getötet und ihn gegessen, während ich schlief; dabei habe ich doch gar kein Feuer.

Dann schlief er wieder ein. Und als er aufwachte, weckte er die Frau, die inzwischen seine Gattin war, wie es in der Geschichte heißt. Und er sagte zu seiner Frau:

Geh und hol einen großen Holzstecken. Ich habe geträumt, dass ein »coipo« auftaucht. Deshalb schicke ich dich, den Stecken zu holen, um ihn zu töten, und wir werden ihn essen.

So schlief er wieder ein. Und alles, was er träumte, trat ein. So war die Erde wieder reich an Tieren, ihren Liedern und anderen Dingen. So erzählt es uns die Geschichte.

KAPITEL 3: *Der orchestrierte Klang des Lebens*

1. Im Bereich der akustischen Bildgebung hatte ich die Möglichkeit, gelegentlich als Praktikant bei dem inzwischen verstorbenen Dr. Thomas Poulter zu arbeiten, der Ende der 1960er-Jahre am Stanford Research Institute in Kalifornien Echoortungsexperimente mit Seelöwen durchführte. Bei einem seiner Versuche platzierte er zwei gleich große Scheiben aus unterschiedlichem Material – aus Holz, Plastik und/oder Metall – in einem Abstand von 25 Metern, um zu prüfen, ob die getesteten Tiere durch Echoortung zwischen ihnen unterscheiden konnten. In den meisten Fällen gelang ihnen das – mit erstaunlicher Präzision.
2. Auf die Pitjantjatjara und das akustische Navigationssystem wurde ich 1989 während meiner Aufnahmen im Flussregenwald von Daintree im Nordosten Australiens durch den inzwischen verstorbenen Öko-

logen Simon Fjell aufmerksam, der im Bereich nachhaltige Landwirtschaft arbeitete. In unserer Waldunterkunft am Fluss erzählte er nach dem Essen von seinen Erlebnissen bei den Pitjantjatjara, einem zentralaustralischen Stamm nomadischer Aborigines:

> Zum Beispiel schildert ein Gruppenmitglied einem anderen einen fernen Versammlungsplatz fast ausschließlich durch akustische Hinweise. Sie sprechen sehr ausführlich über einen riesigen Lebensraum, der in unseren Augen einfach nur eine flache, trockene, gesichtslose Landschaft wäre, wo wir kaum Anhaltspunkte fänden, um einen Ort vom anderen zu unterscheiden. Große Teile Australiens bestehen aus solchen offenen Landschaften, in denen offenkundige geologische Merkmale fehlen – für die Pitjantjatjara dient eine Kombination der akustischen Effekte kleiner standortgebundener Pflanzen und Tiere als Wegweiser. Geräusche gehören zu den wichtigsten Merkmalen, die sie als Teil ihrer holografischen, dreidimensionalen Landkarte der Welt wahrnehmen, wie sie sich in ihrem Denken manifestiert.
>
> Wenn Stammesmitglieder entweder allein oder in kleinen Gruppen von semiariden in aride Gebiete wandern, identifizieren sie die Tierarten, die die verschiedenen Biome [Lebensräume] durchstreifen. Auch haben sie erkannt, dass die Syntax, das Timbre, die Frequenz und Dauer der Laute dieser Tiere auf die subtilen geografischen und klimatischen Varianten in ihrem Lebensraum abgestimmt sind. Auf ihrer Reise durch die Wüste dienen den Stammesleuten diese stimmlichen Unterschiede als Leuchtfeuer.

(Das Zitat stammt aus einem aufgezeichneten Gespräch mit Fjell, das der Autor erstmals in *Notes from the Wild*, Ellipsis Arts, 1996, veröffentlicht hat.)

3. Rainsticks aus dem Amazonasbecken sind in der Regel 120 bis 150 Zentimeter lange, ausgehöhlte Bambuszylinder mit einem Durchmesser von sieben bis zehn Zentimetern. In den Schaft werden der Länge nach winzige Löcher gebohrt, in die man Dornen oder Metallzinken steckt, sodass sie in das Innere des Rohrs hineinragen. Dann

werden kleine Samenkörner oder Glasperlen eingefüllt und das Rohr an beiden Enden versiegelt. Wird der Stick nun gedreht oder geschüttelt oder aus der horizontalen Lage in die senkrechte gebracht, treffen die Samen auf die Dornen, sodass ein Geräusch entsteht, das sich anhört wie Regentropfen.

KAPITEL 4: *Biophonie: Das Proto-Orchester*

1. Bei diesen ersten Aufnahmen in Kenia Anfang der 1980er-Jahre hatte ich mich noch nicht ganz von dem Gedanken verabschiedet, dass einzelne Tierstimmen, ausgehend von einem typologischen Artkonzept, aufschlussreicher seien. Ich wurde aber in meiner damals noch begrenzten Arbeit vor Ort bestärkt durch Anfragen der Vogel- und Säugetierabteilung der California Academy of Science, der ich angehörte. Aufnahmen mit einer größeren Reichweite und einer umfassenderen Zielstellung zu machen war aus zwei Gründen nicht ganz leicht. Zum einen gab es fast keine Hilfe und auch keine Beispiele, sodass ich nicht auf Erfahrungen anderer zurückgreifen konnte. Zum anderen stand keine Ausrüstung für Stereoaufnahmen im Freien zur Verfügung (im Gegensatz etwa zu der Ausstattung eines traditionellen Aufnahmestudios). Daher war Improvisation mit der vorhandenen Technik der Schlüssel zum Erfolg. Wind und Feuchtigkeit stellten die größten Hindernisse dar. Meine Lernkurve fiel steil ab.
2. Als ich zum ersten Mal einen Schliefer hörte, jagte er mir eine Höllenangst ein, denn mein ermüdetes Gehirn interpretierte seine knarrende Stimme als eine Art warnendes Knurren. Dabei handelt es sich um ein absolut freundliches, niedliches Tier mit Fell, etwa so groß wie eine kleine Hauskatze. Anatomisch und genetisch ist es entfernt mit dem Elefanten verwandt.
3. Da sich die nächtlichen Klanglandschaften Kenias als strukturierte akustische Gewebe erwiesen, schwanden nach und nach meine Zweifel an dem, was ich da hörte. Die Spektrogramme, die ich später ausdruckte, bestätigten, dass die Chöre von Fröschen und Insekten mehrere verschiedene Frequenznischen besetzten. Wenn die Vögel und Säugetiere einstimmten, passten ihre charakteristischen Laute

genau in die Stellen, die die Insekten frei gelassen hatten. Zusätzliche Leerstellen wurden von Fledermaus und Schliefer gefüllt, während die aus der Ferne erklingenden Stimmen von Hyänen und Elefanten wiederum andere Nischen fanden.

4. Ken Norris, damals Direktor des Environmental Studies Department der University of California in Santa Cruz, verdankte seine Berühmtheit der Entdeckung, wie die Echoortung bei Delfinen und anderen Zahnwalen funktioniert. Er war zunächst der Einzige, der meine Nischen-Hypothese unterstützte und sofort die Zusammenhänge erkannte. Andere Biologen wie Luis Baptista, E. O. Wilson und mehrere Insektenkundler begriffen nach anfänglicher Skepsis ebenfalls die Bedeutung der akustischen Nischen und die Rolle, die sie im Bereich der Bioakustik spielen.
5. Zu der anderen Menschenaffenspezies gehören Orang-Utans, Bonobos und Schimpansen.
6. Ruth Happel lebt zurzeit in North Carolina, zieht zusammen mit ihrem Mann eine Tochter groß und erforscht mit Foto und Videokamera Natur und Wildnis.
7. Yüan Sung: 4. Jahrhundert, zitiert nach Geissmann, *Vergleichende Primatologie*, Berlin 2003, S. 272.
8. Die Untersuchung der Klanglandschaft als Teil der Landschaftsökologie ist noch ziemlich neu, sodass es nur wenige Aufzeichnungen und Veröffentlichungen insbesondere zu der Frage gibt, *wie* Tiere lernen, bestimmte Nischen zu besetzen. Da ich sehr viel Zeit mit Aufnahmen in alten, nur minimal veränderten Habitaten verbracht habe, kann ich sagen, dass die Spektrogramme der Klanglandschaften dieser Orte klarere Aufteilungen und sehr viel mehr Struktur zeigen als die von belasteten oder Sekundärbiomen. Hier neigen die Muster entweder zur Entropie, oder es sind gar keine vorhanden. Daher hege ich die Vermutung, dass die Lautsignale im gemeinsamen Konzert entwickelt werden, um die Charakteristika der einzigartigen Stimme jedes Lebewesens zur Geltung zu bringen.

KAPITEL 5: *Die ersten Töne*

1. Als ich mich Mitte der 1950er-Jahre an der Musikhochschule der University of Michigan für den Studiengang Komposition bewarb und an einem Herbsttag zum Auswahlgespräch erschien, benutzte Ross Lee Finney, Leiter der Abteilung, genau diese Worte (»die Gitarre ist kein Musikinstrument«). Andere Musikhochschulen (insbesondere Juilliard und Eastman) brachten ihre Ablehnung der Gitarre ganz ähnlich zum Ausdruck. Damals stand in akademischen Kreisen der Vereinigten Staaten die Gitarre nicht auf der Liste der akzeptablen Instrumente.
2. Beim historischen Reunionkonzert der Weavers Anfang Mai 1963 in der Carnegie Hall standen Pete Seeger, Ronnie Gilbert, Lee Hays, Fred Hellerman, Erik Darling, Frank Hamilton und ich auf der Bühne. Bill Lee, der Vater des Filmregisseurs Spike Lee, spielte den Bass.
3. Die Theorie der »Kontrolle des Schalls« war und ist einzig deshalb umstritten, weil jeder Mensch, Musiker und Forscher eine andere Vorstellung von den Komponenten der Musik hat. Ein kleines Kind am Klavier kann eine beliebige Taste aussuchen und anschlagen und somit Schall kontrollieren (Amplitude und Tonstufe). Aber eine Struktur gibt es hier nicht unbedingt, noch ist die Tonart absichtlich gewählt.
4. Curt Olson, Tonmann für Klanglandschaften und Naturforscher aus Minnesota, berichtete mir von seiner Begegnung am Biberdamm und schickte mir die Aufnahme. Auch erteilte er mir die Erlaubnis, beides zu verwenden.
5. Das Gespräch mit Joel Selvin fand am 23. Januar 2011 statt. Verwendet mit Genehmigung.
6. In einem »Orchester«-Szenario – das geradezu einem evolutionären Ablauf folgt – geben die Insekten den Grundrhythmus vor. Die Frequenzen schwirrender Flügel und die Häufigkeit des Zirpens sind meist je nach Spezies vorgegeben, aber sie verändern sich fast unmerklich, weil sie sich unaufhörlich den von außen einwirkenden Kräften wie der Temperatur, dem Sonnenlicht und dem Wetter anpassen. Sobald die einzelnen Positionen im Audiospektrum belegt sind,

gesellen sich die Lurche und Reptilien hinzu und übernehmen klangfreie Nischen. Dann treten die Vögel dem Chor bei, gefolgt von den Säugetieren. Schließlich findet jede Stimme einen freien Kanal oder ein Zeitfenster für ihren Auftritt. Wenn nichtmenschliche Lebewesen zum Überleben auf ihre Stimme angewiesen sind, benötigt jedes eine Nische, in der es störungsfrei Gehör findet.

7. *Oka! Amerikee* ist ein Film von Lavinia Currier aus dem Jahr 2010, der teilweise auf Louis Sarnos Leben beruht.

KAPITEL 6: *Jedem Tierchen sein Pläsierchen*

1. Girolamo Savonarola, der Florentiner Mönch, der von 1494 bis 1498 diktatorisch über die Stadt herrschte und am Ende hingerichtet wurde, verbot alle Kunstwerke, die er für moralisch verderbt hielt.
2. Chuna McIntyres Aufnahmen sind in dem Stück »Drums Across the Tundra« zu hören, verfügbar unter http://www.wildstore.wildsanctuary.com/collections/ native-voices/products/drums-across-the-tundra.
3. Als der Mensch begann, der Natur eine Ordnung aufzuerlegen, war es naheliegend, das Ganze in Teile zu zergliedern, die in krassem Gegensatz zu einer ganzheitlichen Naturwirklichkeit stehen. So kam es zur Trennung zwischen »ihr« (der Natur) und uns.
4. *Auf der Suche nach der verlorenen Zeit.* Bde. 1–3, 1. Aufl. Frankfurt a. M. 2000, S. 12.
5. AmbiSonic-Klangfelder lassen sich am besten mit vielen – die Zahlen liegen zwischen 3 und über 150 – Lautsprechern an einem gegebenen Ort herstellen. Dieses System ist eines der wenigen, die beim Playback wirklich die Illusion eines dreidimensionalen, sphärischen Raums erzeugen.
6. »All God's Critters Got a Place in the Choir«, Copyright 1979, ist ein Song des Folkmusikers und Singer-Songwriters Bill Staines. Eine wunderbare Aufnahme mit Tommy Makem und den Clancy Brothers ist zu finden unter http:// www.youtube.com/watch?v=NcG1JnpazN4 &feature=related. Abdruck des Textes genehmigt.

KAPITEL 7: *Der Geräuschnebel*

1. Auf den Aufnahmen vom Yellowstone sind zu hören: Ohrenlerche, Schwarzkopfmeise, Zedernseidenschwanz, Feldsperling, Rosenbauch-Schneegimpel, Haussperling, Singammer, Diademhäher, Rabe, Elster und Goldspecht.
2. Bei Geräuschen werden Luftmoleküle in Bewegung gebracht, die die Umgebung – vor allem in einem geschlossenen Raum – ein wenig erwärmen.
3. Es gibt mehrere Begriffe zur Beschreibung von Lärm, wobei keiner sich endgültig durchsetzen konnte – etwa »akustischer Abfall«, »unerwünschtes Geräusch« und »nutzlose akustische Information«.
4. Ich zitiere Weimin Zheng mit seiner Erlaubnis nach einem persönlichen Schriftwechsel am 3. Februar 2011.
5. Selbst bei unseren Freizeitaktivitäten stellt vielleicht die mächtige materielle Welt, die den unablässigen amerikanischen Traum von Reichtum und Freiheit symbolisiert, den Kern des Lärmproblems dar. Unser Land hat sich seit jeher für Maschinen begeistert, die unser Machtgefühl stärken.
6. Der WHO-Bericht *Krankheitslast aufgrund von Umgebungslärm* nennt als Grenzwert für nächtlichen Lärm, dem ein Mensch ausgesetzt ist, 40 dBA. Unser 20 Jahre alter Kühlschrank, den meine Frau und ich inzwischen entsorgt haben, hatte in einem Meter Entfernung einen Geräuschpegel von 55 dBA.

KAPITEL 8: *Lärm und Biophonie*

1. Vor meiner Reise zum Mono Lake im Frühjahr 1984 hatte meines Wissens noch niemand die stimmliche Artikulation von Tieren untersucht, die sich halb unter Wasser befinden. Für dieses Experiment mussten wir gleichzeitig in zwei Umgebungsmedien – Luft und Wasser – aufnehmen. In der Folge erfassten wir mit derselben Methode in kurzer Zeit die Stimmen von Alligatoren und Flusspferden. Je nach Übertragungsmedium unterscheiden sich die Klänge stark, und man fragt sich, ob sie vielleicht mehrere verschiedene Informationen übermitteln.

2. Je nach Grad des menschlichen Eingriffs verlassen Raubvögel (zum Beispiel Präriebussarde) ihre Nester und kehren nie mehr zum selben Ort zurück, während sich andere Arten nicht im Geringsten stören lassen und sich sogar auf dicht besiedelte, urbane Regionen einstellen. Meine Frau und ich wohnen in einer relativ ruhigen ländlichen Gegend, dennoch ist es dort zu laut, als dass ich beispielsweise natürliche Geräusche aufnehmen könnte. Doch selbst der Verkehrslärm von einem etwa 2,5 Kilometer entfernten Highway, nahezu ununterbrochen Linien- und Privatflüge den ganzen Tag über und die Anwesenheit von uns Menschen schrecken ein Hausgimpelpärchen nicht davon ab, ihr Nest in den Dachsparren gleich über unserer Eingangstür zu bauen. Jedes Jahr ziehen die beiden im Frühjahr und Sommer eine kleine Schar von Küken auf.
3. Dass die bioakustische Forschung nur langsam Fortschritte macht, beruht im Großen und Ganzen auf vier Faktoren: Desinteresse der traditionellen Institutionen, die immer noch die alten Modelle favorisieren; Mangel an Geldern für die Anschaffung von Geräten und Software, die für die Durchführung von Studien und für die Auswertung großer Datenmengen notwendig wären, das Fehlen von ausgebildetem Personal und schließlich der Mangel an kollektivem kulturellem Willen, das Reich natürlicher Klänge näher zu erforschen im Unterschied zu den Innenräumen (wie Emily Thompson sie in *The Soundscape of Modernity* beschrieben hat). Aber das ändert sich allmählich. So werden im Fachbereich Envirosonics (Umweltklänge) der Michigan State University neue Studien durchgeführt und Publikationen herausgegeben, und an der Purdue University wurde ein ähnliches Projekt unter der Ägide von Bryan Pijanowski installiert.
4. Unsere Auswahl war damals von den Leistungsgrenzen unserer Technik und den uns zur Verfügung stehenden Geldern bestimmt. Eine Bandspule mit einem Durchmesser von 17,8 Zentimetern auf einem tragbaren Stereogerät reichte für circa 22 Minuten, wenn wir mit höchster Qualität aufzeichneten. Die Spulen wogen fast ein halbes Kilo und waren sehr teuer. Für jede Aufnahmestunde benötigten wir

also 1,5 Kilogramm Tonband und 20 Prozent eines frischen Batteriesets, was Ausgaben von circa 40 Dollar bedeutete. Das Aufnahmegerät selbst wog inklusive der zwölf D-Zellen-Batterien etwa zwölf Kilogramm. Allein mit der Ausrüstung summierte sich das Gewicht unserer Rucksäcke für eine Aufnahmezeit von acht Stunden auf etwa 25 Kilogramm. Heute hingegen gibt es ultraleichte Rucksäcke und ganze Wanderausrüstungen, die insgesamt vielleicht zehn Kilogramm wiegen, und wir können mit Kleidern, Lebensmitteln, Wasser, Schlafsäcken, einem Zelt *und* Aufnahmegeräten losziehen und so viel Material mitführen, dass es ohne Weiteres für Aufnahmen von einer Woche oder mehr reicht.

5. In dieselbe Richtung wie Ken Balcombs Arbeit geht ein Bericht über die Auswirkungen mariner Anthropophonie mit dem Titel *Lethal Sounds*, NRDC-Bericht vom 6. Oktober 2008, http://www.nrdc.org/wildlife/marine/sonar. asp.
6. Die Buckelwale treiben zu mehreren Krill oder Heringe mit riesigen Blasen zusammen, zum Teil auch an die Wasseroberfläche, und verschlingen sie dann.
7. Die Informationen von Allison Banks und Chris Gabriele stammen aus einer persönlichen Korrespondenz am 29. Juni 2010, aus der ich hier mit ihrer Genehmigung zitiere.
8. Um »effektive Hörflächen« zu bestimmen, müssen die Forschungsmodelle ein breites Spektrum von Faktoren berücksichtigen. So zum Beispiel die Klangsignaturen ein- oder zweimotoriger Privatmaschinen, verschiedener Hubschraubertypen, von Motorrädern und so weiter, die jeweils von vielerlei atmosphärischen Bedingungen beeinflusst werden. Jede Signatur hat unterschiedliche Auswirkungen nicht nur auf die Wildfauna, sondern auch darauf, wie der Mensch diese erlebt.
9. Ich erhielt vom National Park Service in Boulder, Colorado, eine Kopie des Briefs von Don Young und Richard Pombo an die Innenministerin Gale Norton vom 21. November 2003. Young hatte einmal zusammen mit Senator Ted Stevens versucht, den Bau einer aus Steuergeldern finanzierten, 400 Millionen Dollar teuren Brücke zu

einer kleinen, fünfzigköpfigen Gemeinde im Kongress durchzusetzen. Es war die berühmte »Brücke nach Nirgendwo«, die Ketchikan und Gravina Island in Alaska verbinden sollte.

10. Der im Folgenden geschilderte Inhalt des Briefs von Young und Pombo vermittelt einen Eindruck von der feindseligen Haltung gegenüber Lärmbeschränkungen selbst in geschützten Gebieten. In dem Bemühen, das Programm zu unterminieren, das Ende der 1990er- und Anfang der 2000er-Jahre implementiert wurde, brachten die Abgeordneten, die im Übrigen in wichtigen Kongressausschüssen für die Finanzierung des NPS saßen, im Wesentlichen Bedenken zum Ausdruck, wie die Lärmkontrollen durchgeführt werden sollten. Dabei kritisierten sie jedoch zunächst den Begriff »Klanglandschaft« und äußerten sich dann skeptisch, ob die Auswirkungen von Menschen erzeugten Lärms auf das Verhalten der Tiere oder die Besucher überhaupt quantifizierbar seien – eine Infragestellung bereits durchgeführter oder schon im Planungsstadium befindlicher Studien. Der Brief, der nicht auf die erheblichen Anstrengungen einging, die Beobachtung von Klanglandschaften und Besucheraktivitäten in die NPS-Programme aufzunehmen, war offensichtlich ein Versuch, die Entwicklung weiterer Schritte zum Schutz von Klanglandschaften zu stoppen. Young und Pombo behaupteten darüber hinaus, die natürlichen Klanglandschaften seien nie ausreichend beschrieben worden. Jedenfalls aber handele es sich hier um ein (im politischen Sinn) »radikales« Konzept. Schließlich stellte der Brief Fragen: wie die natürlichen Klanglandschaften (falls es dieses Phänomen überhaupt gebe) durch von Menschen erzeugten Lärm beeinträchtigt werden könnten; ob die Öffentlichkeit die Gelegenheit bekommen hätte, sich über Lärm, das Nationalparkprogramm und die Ideale der Parkverwaltung zu äußern (was durchaus geschehen war); und ob die Programmverantwortlichen wirklich glaubten, die Besucher fühlten sich durch den Lärm von Rundflügen gestört.

11. Einen umfassenden Einblick in die ursprünglichen Dimensionen des »Programms Klanglandschaft« gewinnt man in »Director's Order #47: Soundscape Preservation and Noise Management«, National

Park Service, 2000, auf http://www.nps.gov/policy/DOrders/DOrder47.html.

KAPITEL 9: *Die Coda der Hoffnung*

1. Das Beispiel wäre wahrscheinlich aussagekräftiger, wenn uns Spektrogramme desselben Habitats vor und nach dem Eingreifen des Menschen vorlägen. Doch die bioakustische Analyse von Klanglandschaften als Disziplin ist erst 30 Jahre alt, und so stehen uns nicht genügend Tondokumente zur Verfügung, um genaue Vergleiche anzustellen. Aus dem wenigen dennoch vorhandenen Material wie etwa meinen Aufzeichnungen in Lincoln Meadow, die ich in Kapitel 3 dargestellt habe, können wir aber gewisse Rückschlüsse ziehen.
2. Da wir den natürlichen Klanglandschaften bis vor gar nicht langer Zeit keine Aufmerksamkeit geschenkt haben, sind uns aufschlussreiche biophonische Daten entgangen, die für den Umgang mit unseren Ressourcen hätten nützlich sein können, uns umfassendere Kenntnisse über die komplexe Rolle jeder einzelnen Stimme im gesamten akustischen Mix verschafft hätten, über die bioakustischen Folgen der Erderwärmung für die Artenvielfalt und -dichte und darüber, wie Klanglandschaften unsere Psyche, Physis und Kultur prägen.
3. Richard Louv, *Last Child in the Woods – Saving our Children from Nature-Deficit-Disorder*, New York 2008; dt. *Das letzte Kind im Wald? Geben wir unseren Kindern die Natur zurück!*, Weinheim und Basel 2011, S. 82.
4. Zeile aus: »Place in the Choir« oder »Animal Song« von Bill Staines; s. auch Kap. 6, Anm. 5.
5. Weitere Informationen über die Klanglandschaften im Arctic National Wildlife Refuge sind zu finden auf http://www.wildstore.wildsanctuary.com/pro ducts/voice-of-the-arctic-refuge.

Literatur

ABRAM, DAVID, *The Spell of the Sensuous,* New York 1996; dt. *Im Bann der sinnlichen Natur. Die Kunst der Wahrnehmung und die mehr-als-menschliche Welt,* mit einem Vorwort von Andreas Weber, übers. v. Matthias Fersterer und Jochen Schilk, Klein Jasedow 2012.

BATESON, GREGORY, *Mind and Nature,* New York 2002; dt. *Geist und Natur. Eine notwendige Einheit,* übers. v. Hans Günter Holl, Frankfurt a. M. 1995.

BEAVER, PAUL, UND BERNIE KRAUSE, *The Nonesuch Guide to Electronic Music,* New York 1967.

BELL, PAUL u. a. *Environmental Psychology,* 5. Aufl., London 2005.

BERENDT, JOACHIM-ERNST, *Das dritte Ohr. Vom Hören der Welt,* Reinbek bei Hamburg 1985.

BIERCE, AMBROSE, *The Devil's Dictionary,* Mineola, NY 1958; dt. *Aus dem Wörterbuch des Teufels,* übers. v. Michael Siefener, Wiesbaden 2011.

CARR, NICHOLAS, *The Shallows: What the Internet Is Doing to Our Brains,* New York 2010.

COKINOS, CHRISTOPHER, *Hope Is the Thing with Feathers: A Personal Chronicle of Vanished Birds,* New York 2000.

DOWIE, MARK, *Conservation Refugees: The Hundred-Year Conflict Between Global Conservation and Native Peoples,* Cambridge, MA, 2009.

EISELEY, LOREN, *The Unexpected Universe,* Boston 1969.

GLAVIN, TERRY, *The Sixth Extinction: Journeys Among the Lost and Left Behind,* New York 2007.

KEIZER, GARRET, *The Unwanted Sound of Everything We Want: A Book About Noise,* New York 2010.

KRAUSE, BERNIE, *Wild Soundscapes: Discovering the Voice of the Natural World*, Berkeley, CA, 2002.

LANGONE, MICHAEL D., *Recovery from Cults: Help for Victims of Psychological and Spiritual Abuse,* New York 1995.

LEOPOLD, ALDO, *A Sand County Almanac* 1949, Nachdruck New York 2001; dt. *Am Anfang war die Erde. Plädoyer zur Umweltethik,* München 1992.

LOUV, RICHARD, *Last Child in the Woods,* Chapel Hill, NC, 2008; *Das letzte Kind im Wald? Geben wir unseren Kindern die Natur zurück!*, übers. von Andreas Nohl, Weinheim, Basel 2011.

MATHIEU, W. A., *The Listening Book,* Boston 1991.

MCKIBBEN, BILL, *The Age of Missing Information,* New York 2006.

MITHEN, STEVEN, *The Singing Neanderthals* , Cambridge, MA, 2006.

MUIR, JOHN, *The Mountains of California,* 1894, Nachdruck Whitefish, MT, 2010; dt. *Die Berge Kaliforniens,* Berlin 2013.

PERLIN, JOHN, *A Forest Journey: The Role of Wood in the Development of Civilization,* Cambridge, MA, 1991.

PIAGET, JEAN, *Le langage et la pensee chez l'enfant,* Neuchâtel, Paris 1930; dt. *Sprechen und Denken des Kindes,* übers. v. Nicole Stöber, Düsseldorf 1972.

PINKER, STEVEN, *How the Mind Works,* New York 1997; dt. *Wie das Denken im Kopf entsteht,* übers. v. Martina Wiese u. Sebastian Vogel, München 1998.

DERS., *The Language Instinct,* New York 1994; dt. *Der Sprachinstinkt. Wie der Geist die Sprache bildet,* übers. v. Martina Wiese, München 1996.

PROUST, MARCEL, *Auf der Suche nach der verlorenen Zeit,* Bde. 1–3, 1. Aufl. Frankfurt a. M. 2000.

ROBBINS, MARTHA M., PASCALE SICOTTE UND KELLY J. Stewart, *Mountain Gorillas: Three Decades of Research at Karisoke,* Cambridge, U. K., 2001.

SACKS, OLIVER, *Musicophilia,* New York 2008; dt. *Der einarmige Pianist. Über Musik und das Gehirn,* übers. v. Hainer Kober, Reinbek bei Hamburg 2008.

SARNO, LOUIS, *Song from the Forest,* New York 1993; dt. *Der Gesang des Waldes,* übers. v. Michael Müller, München 2013.

DERS., *Bayaka: The Extraordinary Music of the Babenzélé Pygmies*, New York 1996.

SHEPARD, PAUL, *The Others: How Animals Made Us Human*, Washington, DC, 1996.

SMALL, CHRISTOPHER, *Musicking*, Hanover, NH, 1998.

THOMPSON, EMILY, *The Soundscape of Modernity: Architectural Acoustics and the Culture of Listening in America, 1900–1933*, Cambridge, MA, 2002.

TRUAX, BARRY, HG., *Handbook for Acoustic Ecology*, Reihe hg. v. R. Murray Schafer, Vancouver 1978.

VAN GULIK, Robert, *The Gibbon in China: An Essay in Chinese Animal Lore*, Leiden 1967.

WALLIN, NILS, BJÖRN MERKER UND STEVEN BROWN, Hg., *The Origins of Music*, Cambridge, MA, 2001.

WALLON, HENRI, *De l'acte à la pensée*, Paris 1942.

WEISMAN, ALAN, *The World Without Us*, New York 2007; dt. *Die Welt ohne uns. Reise über eine unbevölkerte Erde*, übers. v. Hainer Kober, München, Zürich 2007.

WILLIAMS, TERRY TEMPEST, *Finding Beauty in a Broken World*, New York 2008.

WILSON, EDWARD O., *The Future of Life*, New York 2005; dt. *Die Zukunft des Lebens*, übers. v. Doris Gerstner, Berlin 2002.

ZEITSCHRIFTENARTIKEL

ANDREWS, MARK A. W., »How Does Background Noise Affect Our Concentration?«, *Scientific American*, 4. Januar 2010.

BALCOMB, KENNETH, »Letter to J. S. Johnson, SURTASS LFA Sonar OEIS/EIS Program Manager«, 23. Februar 2001. Mit Genehmigung veröffentlicht.

BARBER, JESSE R., KEVIN R. CROOKS UND KURT M. FRISTRUP, »Animal Listening Area and Alerting Distance Reduced Substantially By Moderate Human Noise«, *Trends in Ecology and Evolution* (erscheint in Kürze).

DIES., »The Costs of Chronic Noise Exposure for Terrestrial Organisms«, *Trends in Ecology and Evolution* 25, Nr. 3, 2009.

BEAL, TIMOTHY, »In the Beginning(s): Appreciating the Complexity of the Bible«, *Huffington Post,* 15. Februar 2011.

BENZON, WILLIAM L., »Synch, Song, and Society«, *Human Nature Review* 5, 2005.

BURROS, MARIAN, »De Gustibus; Restaurant Noise: Does It Spoil a Good Meal?«, *New York Times,* 29. Oktober 1983.

CONARD, NICHOLAS J., MARIA MALINA UND SUSANNE C. MÜNZEL, »New Flutes Document the Earliest Musical Tradition in Southwestern Germany«, *Nature,* 26. Juni 2009, doi:10.1038/nature08169.

CREEL, SCOTT, U. A., »Snowmobile Activity and Glucocorticoid Stress Responses in Wild Wolves and Elk«, *Conservation Biology,* 2002.

CROCKER, MALCOLM J., HG., »Surface Transportation Noise«, *Encyclopedia of Acoustics,* 1997.

DICKINSON, TIM, »The 10 Worst Congressmen«, *Rolling Stone,* 17. Oktober 2006.

FOOTE, ANDREW J., U. A., »Killer Whales Are Capable of Vocal Learning«, *Biology Letters,* doi:10.1098/rebl.2006.0525, http://www.orcanetwork.org/nathist/vocal learnbiolett.pdf.

FRERE-JONES, SASHA, »Noise Control«, *The New Yorker,* 24. Mai 2010.

FRITSCHI, LIN, U. A., »Burden of Disease from Environmental Noise: Quantification of Healthy Life Years Lost in Europe«, World Health Organization publication, März 2011.

GABRIELE, CHRISTINE M., UND TRACY E. HART, »Population Characteristics of Humpback Whales in Glacier Bay and Adjacent Waters: 2000«, National Park Service report.

GAGE, STUART, UND BERNIE KRAUSE, »Testing Biophony as an Indicator of Habitat Fitness and Dynamics«, National Park Service report, Februar 2002.

GRAHAM, SARAH, »Satellites Spy Changes to Earth's Magnetic Field«, *Scientific American,* 11. April 2002, http://www.scientificamerican.com/article.cfm?id= satellites-spy-changes-to.

HINERFELD, DANIEL, UND ANDREW WETZLER, »Federal Court Restricts Global Deployment of Navy Sonar«, Media Center, NRDC, 26. August 2003, http:// www.nrdc.org/media/pressreleases/030826.asp.

INTAGLIATA, CHRISTOPHER, »Restaurant Noise Can Alter Food Taste«, *Scientific American*, 18. Oktober 2010.

ISING, H., UND B. KRUPPA, »Health Effects Caused by Noise: Evidence in the Literature from the Past 25 Years«, *Noise and Health*, 2004.

JONES, DOUGLAS, UND RAMA RATNAM, »Blind Location and Separation of Callers in a Natural Chorus Using a Microphone Array«, *Journal of the Acoustical Society of America* 126, Nr. 2, August 2009.

JURASZ, CHARLES M., UND V. P. PALMER, »Distribution and Characteristic Responses of Humpback Whales (*Megaptera novaeangliae*) in Glacier Bay National Monument, Alaska, 1973–1979«, National Park Service report, Anchorage, Alaska.

KEIM, BRANDON, »Baby Got Beat: Music May Be Inborn«, Wired.com, 26. Januar 2009, http://www.wired.com/wiredscience/2009/01/babybeats.

KJELLBERG, ANDERS, PER MUHR UND BJÖRN SKÖLDSTRÖM, »Fatigue After Work in Noise – An Epidemiological Survey and Three Quasi-experimental Field Studies«, *Noise and Health* 1, Nr. 1, 1998.

KLATTE, MARIA, THOMAS LACHMANN UND MARKUS MEIS, »Effects of Noise and Reverberation on Speech Perception and Listening Comprehension of Children and Adults in a Classroom-like Setting«, *Noise and Health* 12, Nr. 49, 2010.

KRAUSE, BERNIE, »Bioacoustics, Habitat Ambience in Ecological Balance«, *Whole Earth Review*, Winter 1987.

DERS., »Loss of Natural Soundscape: Global Implications of Its Effect on Humans and Other Creatures«, Rede vor dem San Francisco World Affairs Council und NPR, 31. Januar 2000.

MACHE, FRANÇOIS-BERNARD, »The Necessity of and Problems with a Universal Musicology«, *The Origins of Music*, hg. v. Nils L. Wallin u. a., Cambridge, MA, 2000.

MAREAN, CURTIS W., U. A., »Early Human Use of Marine Resources and Pigment in South Africa During the Middle Pleistocene«, *Nature* 449, 18. Oktober 2007.

MARLER, PETER, »Animal Communication Signals«, *Science* 157, Nr. 3790, 8/1967.

DERS., »Origins of Music and Speech: Insights from Animals«, *The Origins of Music*, hg. v. Nils Wallin u. a., Cambridge, MA, 2000.

MCLEAN, SHEELA, »Work of Pioneering Whale Researcher Provides Longest Record on Humpbacks«, NOAA Newsletter, 14. Mai 2007.

MERKER, BJÖRN H., GUY S. MADISON UND PATRICIA ECKERDAL, »On the Role and Origin of Isochrony in Human Rhythmic Entrainment«, http://www.scie ncedirect.com/science/article/pii/S0010945208002402.

MITANI, JOHN, UND PETER MARLER, »A Phonological Analysis of Male Gibbon Singing Behaviour«, *Behaviour*, 1989.

MOTAVALLI, JIM, »Hybrid Cars May Include Fake Vroom for Safety«, *New York Times*, 14. Oktober 2009.

NAPOLETANO, BRIAN M., »Habitat contributions to biodiversity trends at a subcontinental extent«, PhD diss., Purdue University 2011.

PATEL, ANIRUDDH D., ET AL., »Experimental Evidence for Synchronization to a Musical Beat in a Non-Human Animal«, *Current Biology* 19, 26. Mai 2009.

PHILIPP, ROBIN, »Aesthetic Quality of the Built and Natural Environment: Why Does It Matter?«, *Green Cities: Blue Cities of Europe*, hg. v. Walter Pasini und Franco Rusticali, WHO Collaborating Centre for Tourist Health and Travel Medicine, Rimini 2001.

RALOFF, JANET, »Noise and Stress in Humans«, *Science News* 121, 5. Juni 1982.

RICHTEL, MATT, »Hooked on Gadgets, and Paying a Mental Price«, *New York Times*, 6. Juni 2010.

RIDEOUT, VICTORIA J., ULLA G. FOEHR UND DONALD F. ROBERTS, »Generation M^2: Media in the Lives of 8- to 18-Year-Olds«, Januar 2010, http://www.kff.org/entmedia/upload/8010.pdf.

RITTERS, KURT H., UND JAMES D. WICKHAM, »How Far to the Nearest Road?«, *Frontiers in Ecology and the Environment* 1, 2003.

SIETSEMA, TOM, »No Appetite for Noise«, *Washington Post Magazine,* 5. April 2008.

SLABBEKOORN, HANS, »A Noisy Spring: The Impact of Globally Rising Underwater Sound Levels on Fish«, *Trends in Ecology and Evolution,* 18. Mai 2010.

SUTER, ALICE H., »Noise and Its Effects«, Administrative Conference of the United States, November 1991, http://www.nonoise.org/library/suter/suter.htm. Letzter Zugriff 10. Oktober 2006.

TER HOFSTEDE, HANNAH M., UND HOLGER GOERLITZ, »Barbastella barbastellus: ›Whispering‹ bat Echolocation Tricks Moths‹, *Science Codex,* 19. August 2010, http://www.sciencecodex.com/barbastella_barbastellus_whispering_bat_echo location_tricks_moths.

UNITED NATIONS ENVIRONMENT PROGRAMME (UNEP), »›Garden of Eden‹ in Southern Iraq Likely to Disappear Completely in Five Years Unless Urgent Action Taken«, 22. März 2003, http://www.grid.unep.ch/activities/sustainable/tig ris/2003_march.php.

VERZIJDEN, MACHTELD N., U. A., »Sounds of Male Lake Victoria Cichlids Vary Within and Between Species and Affect Female Mate Preferences«, *Behavioral Ecology* 21, 2010.

WHITE, TIM, U. A., »Macrovertebrate Paleontology and the Pliocene Habitat of *Ardipithecus ramidus*«, *Science* 326, 2009.

AUDIO

BEAVER, PAUL, UND BERNIE KRAUSE, *All Good Men,* Warner Brothers Records 1973.

DIES., *Into a Wild Sanctuary,* Warner Brothers Records, 1970.

DIES., *The Nonesuch Guide to Electronic Music,* Nonesuch Records 1968.

DUGAN, DAN, *Muir Woods recording.*

KRAUSE, BERNIE, *World soundscape collection,* http://www.wildstore.wildsanctuary.com.

MONACCHI, DAVID, *Nightingale*-Ausschnitt, http://www.earthear.com/ecoacoustic.html.

OLSON, CURT, Aufnahme des klagenden Bibers.
PARKER, TED III., Aufnahmen des Urutau-Tagschläfers und des Orpheuszaunkönigs.
SARNO, LOUIS, *Bayaka: The Extraordinary Music of the Babenzélé Pygmies*, Ellipsis Arts 1996.
SCHAFER, R. MURRAY, *Once on a Windy Night*, www.patria.org/arcana.
DERS., Winter *Diary 1997*, Soundscape von R. Murray Schafer, Realisation: R. Murray Schafer mit Claude Schryer Produktion: Studio Akustische Kunst, WDR 1997, Track 11.
WILSON, ELIZABETH, *Nez Percé Stories*, Wild Sanctuary 1991, http://www.wildstore.wildsanctuary.com/collections/native-voices/products/nez-perce-stories.

WICHTIGE BIOAKUSTIK-WEBSITES UND CHAT GROUPS

British Library of Wildlife Sounds: http://www.bl.uk/reshelp/findhelprestype/sound/wildsounds/wildlife.html.
Macaulay Library, Cornell University: http://www.birds.cornell.edu/page. aspx? pid=1676.
Michigan State University Envirosonics program: http://www.cevl.msu.edu/envirosonics.
naturerecording@yahoogroups.com.
naturerecordists@yahoogroups.com.
Purdue University Department of Forestry and Natural Resources: http://www. ag.purdue.edu/fnr/Pages/default.aspx.
Wild Sanctuary: http://www.wildsanctuary.com.
World Forum for Acoustic Ecology: http://wfae.proscenia.net/.
World Listening Project: worldlistening@yahoogroups.com.